反应式应用开发

邓肯·德沃尔(Duncan DeVore)

[美] 肖恩·沃尔什(Sean Walsh)　　著

布赖恩·哈纳菲(Brian Hanafee)

蒲　成　　　　　　　　译

U0348757

清华大学出版社

北　京

北京市版权局著作权合同登记号　图字：01-2020-5165

图书在版编目(CIP)数据

反应式应用开发 / (美) 邓肯·德沃尔 (Duncan DeVore)，(美) 肖恩·沃尔什 (Sean Walsh)，
(美) 布赖恩·哈纳菲 (Brian Hanafee) 著；蒲成译. —北京：清华大学出版社，2020.10
书名原文：Reactive Application Development
ISBN 978-7-302-56356-3

Ⅰ.①反… Ⅱ.①邓… ②肖… ③布… ④蒲… Ⅲ.①软件开发 Ⅳ.①TP311.52

中国版本图书馆 CIP 数据核字(2020)第 167317 号

责任编辑：王　军
封面设计：孔祥峰
版式设计：思创景点
责任校对：成凤进
责任印制：宋　林

出版发行：清华大学出版社
　　　　　网　　址：http://www.tup.com.cn，http://www.wqbook.com
　　　　　地　　址：北京清华大学学研大厦 A 座　　　　　邮　　编：100084
　　　　　社 总 机：010-62770175　　　　　　　　　　　邮　　购：010-62786544
　　　　　投稿与读者服务：010-62776969，c-service@tup.tsinghua.edu.cn
　　　　　质 量 反 馈：010-62772015，zhiliang@tup.tsinghua.edu.cn
印 装 者：三河市吉祥印务有限公司
经　　销：全国新华书店
开　　本：170mm×240mm　　　印　　张：17.5　　　字　　数：343 千字
版　　次：2020 年 10 月第 1 版　　　印　　次：2020 年 10 月第 1 次印刷
定　　价：69.80 元

产品编号：084082-01

译 者 序

反应式编程范畴的一些基本概念虽然可以追溯到几十年前，但其广泛应用其实是这几年才逐渐兴起的，其指导思想源自《反应式宣言》(*The Reactive Manifesto*)。反应式编程的具体实现有几种不同的版本。不过，这些版本都具有两个共同特征：

- 异步处理的非阻塞流——这是实现反应式编程的基础。
- 背压——简单来说，就是处理数据的接收方可以决定发送方何时发送消息以及发送多少消息。

上述两大特征的实现正是为了满足《反应式宣言》中规定的反应式应用所需具备的四大特性：消息驱动、伸缩性、回弹性和响应性。而反应式编程实践的核心要点则是借助 CQRS 与事件溯源来厘清应用的事务关系，从而能够以异步处理的非阻塞流来映射这些事务关系，并以背压实践辅之来保障应用的可用性(也就是可响应性)和安全性。

大型分布式系统通常都由许多较小型的应用构成，因此系统的整体性能取决于其构成部分的反应式特性，而反应式编程则可以使这些特性在各种规模的应用中生效。如今越来越多的大型分布式系统所依赖的架构都基于这些特性，而且每天都服务于数十亿人。因此，对于开发人员而言，是时候在系统设计一开始就有意识地应用这些设计原则了，而不是在开发迭代过程中才拼图式地进行改造。

本书将深入浅出地讲解包含上述内容在内的与反应式应用开发有关的各个基本概念以及一些常用的模型与工具。通过阅读本书，具备一定开发经验的读者将能够充分理解反应式技术领域所涉及的方方面面，并且可以亲自动手开发出具备反应式基本特性的应用。本书示例采用的是渐进演化的方式，以期读者可以逐步实践，循序渐进地掌握反应式编程的微妙之处。

虽然本书内容都是以Akka 框架为基础展开的，不过译者认为，作为开发人员，我们不应仅着眼于某个框架，而是要通过现象看清本质，框架只不过是思想体系或方法论的实践落地而已。希望读者可以通过阅读本书掌握反应式编程的理论精髓，而不是仅仅停留在可以用 Akka框架编写反应式应用这样的层面上。思想的碰撞才能让我们的灵魂变得有趣！

    在此要特别感谢清华大学出版社的编辑们，在本书的翻译过程中他们提供了颇有意义的帮助，没有他们的热情付出，本书将难以付梓。

    由于译者水平有限，书中难免会出现一些错误或翻译不准确之处，如果有读者能够指出并勘正，译者将不胜感激。

译   者

2020 年 6 月

序　言

在过去的五年中，反应式理念从一种几乎不被认可的技术(仅用于精挑细选出的少数企业的边缘项目)发展成众多领域中大型企业整体平台战略的一部分，这些领域包括中间件、金融服务、零售、社交媒体和博彩/游戏业。它的使用已经不再局限于早期采用者和分布式系统专家。如今，它是一些最有意义的新兴技术的基础，这些新兴技术包括云计算、微服务、流/快数据(fast data)和物联网。

我在 2013 年参与撰写的《反应式宣言》将反应式定义为一组架构设计原则，旨在满足系统现今以及未来所面临的需求。这些原则并不新鲜，它们可以追溯到20 世纪 70 年代和 80 年代，以及 Jim Gray 和 Pat Helland 在 Tandem System 上所做的开创性工作，还涉及 Joe Armstrong 和 Robert Virding 在 Erlang 上所做的开创性工作。不过，虽然这些先驱者走在了时代发展的前沿，但是直到过去的 5～10 年，整个技术行业才被迫重新思考当前企业系统开发的最佳实践，并将来之不易的反应式原则知识应用到当今的分布式系统和多核架构之中。

我认为这种学习经验——遇到传统系统设计的局限性和约束，被迫挑战、反思和重新学习当前的实践，并且最终从反应式设计中获益——Duncan、Sean 和Brian 可能也经历过。2012 年，我遇到了 Duncan 和 Sean，当时他们在费城的一家初创公司工作，正在开发一款智能能源领域的产品，目的是让客户通过主动与电网交互来降低能源成本。他们花了大约一年的时间开发了这个基于 Akka 的平台，该平台遵循反应式系统的原则，当时他们正处于使用事件溯源和 CQRS 来坚持不懈地实现梦想的过程中。我还记得当时他们有多么热情，并且他们的这种热情非常具有感染力。后来，Sean 和 Duncan 加入了 Lightbend，他们通过使用反应式设计原则帮助世界各地的许多客户构建了高并发、有回弹性和伸缩性的系统。

本书清楚地表明，这些作者曾经参与其中、亲自动手、从实践中学习。本书充满了来之不易的智慧和实用的建议，将引导读者走上高效的反应式应用开发之路。在此过程中，读者将了解限界上下文、领域事件、Future、参与者、流和事件溯源/CQRS 如何组成高度可响应、可扩展和可用的系统，同时将复杂性保持在可控范围内。本书是一本实用书籍，但为了应用本书介绍的知识，你还需要承担很多工作。不过，付出必定会有回报。

希望大家能够享受阅读本书的过程，正如我自己的阅读体验一样。

——Jonas Bonér

Lightbend 创始人兼首席技术官，Akka 创建者

作者简介

Sean Walsh 已经在技术行业工作了 20 多年。在此期间，他从一开始使用 Microsoft 技术体系的语言和框架进行编程，转变到在 20 世纪 90 年代中期成为 Java 的早期使用者。Sean 为许多垂直领域 (特别是金融、能源和零售行业)的初创公司和企业提供咨询。自 1996 年以来，他一直是曼哈顿一家成功的中型咨询公司的首席技术官和联合创始人。他还是 SOA Software 的服务副总裁，以及一家利润丰厚的软件咨询公司的所有者。

在卖掉上一家公司并休息了一段时间后，Sean 决定再次扬帆起航，并且再次开始在能源行业从事实践咨询工作，最初使用的是 Java 和 Spring，但在看到它们的局限性后，Sean 开始使用 Akka 和 Scala。Sean 在使用 Lightbend 开源技术栈构建分布式应用方面积累了多年的经验，其中包括 Weight Watchers 的数字化转型。

Sean 现在是 Lightbend 的现场 CTO，负责帮助 Lightbend 的客户实现反应式架构。

Duncan Devore 是 Lightbend 的首席系统工程师，并且多年来一直是 Scala、Akka 和反应式应用的坚定支持者，他开发了第一批投入生产使用的反应式应用之一。他还是 Martin Krasser 最初的事件溯源项目的提交者，该项目后来发展成为 Akka Persistence，同时他还维护着 Akka Persistence Mongo Journal。

Brian Hanafee 首次涉足书籍编写是作为《反应式设计模式》(*Reactive Design Patterns*，该书已由清华大学出版社引进并出版)的合著者。他是富国银行(Wells Fargo Bank)的首席系统架构师，负责各种不同的开发活动，并一直提倡提高技术水平。此前，Brian 就职于 Oracle 公司，致力于互动电视和文本处理的新产品及系统的研发。1994 年，他在一辆行驶的汽车上发出了第一封电子邮件。在此之前，Brian 曾在 Booz、Allen & Hamilton 和 Advanced Decision Systems 担任助理，并将人工智能技术应用于军事规划系统。他还为其中的首批弹射安全头盔式显示系统编写了软件。

Brian 在加州大学伯克利分校获得了电子工程和计算机科学学士学位。

致　　谢

本书作者非常感谢技术校对 William Wheeler 和技术开发编辑 Mark Elston 以及曼宁出版社工作人员的帮助，他们出色地完成了这个项目。我们也要感谢许多评论家，他们付出的时间和专业知识使得这本书能够以更好的面貌呈现给读者，这些评论家是 Adrian Bilauca、Amr Gawish、Arun Noronha、Christian Bach、Hugo Sereno Ferreira、Jean-François Morin、John Schwitz、Jürgen De Commer、Shabesh Balan、Subhasis Ghosh、Sven Loesekann、Thomas Lockney 和 William E. Wheeler。

Brian 非常感谢他的妻子 Patty，在本书漫长而艰难的写作过程中，Patty 给予他无限的支持和鼓励。他还感谢他的孩子们能够理解他为写作本书所花的时间。最后，他想要感谢许多演讲者和组织者，正是他们使旧金山湾区成为充满活力的教育社区，从而吸引了众多开发者和充满好奇心的人。

Duncan 特别感谢他的孩子们能够理解他作为作者之一在写作本书的漫长过程中所花费的时间。此外，他也感谢 Lightbend 的许多同事——特别是 Jonas、Roland 和 Viktor——他们是他职业生涯中非常重要的一部分。

前　言

　　Duncan 和 Sean 在 2011 年遇到了各种各样的物联网(Internet of Things，IoT)问题，他们意识到典型的应用架构并不适合他们。他们需要研究其他选项，于是就发现了 Akka，并且接受了领域驱动设计、命令查询责任分离(Command Query Responsibility Segregation，CQRS)和事件溯源的概念。接受了这些概念之后，他们终于能够将精力集中在具有挑战性的业务问题上，并且享用到一种每天无论处理 1000 个事务还是处理 10 亿个事务都同样高效的架构。

　　在经历了早期的成功之后，他们很快意识到反应式 Akka 应用将是未来的潮流，并且随着时间的推移，大规模应用和物联网将成比例地增长。Sean 已经和曼宁出版社取得了联系，并且一直在为该出版社写书评。正是基于这样的关系，Duncan 认为他和 Sean 应该合作编写这本书。反应式架构确实变得非常流行，以至于 Duncan 和 Sean 变得非常忙碌，并一直保持这种忙碌状态。Sean 创立了 Reactibility，并很快成为 Weight Watchers 数字化转型这项工作的首席架构师。Duncan 实现了加入 Lightbend(当时名为 Typesafe)的梦想。他们忙得几乎没有时间写书，不过他们很幸运，Brian 加入进来并且完成了本书的撰写。

　　在撰写本书时，反应式技术世界一直在演进，但是我们认为这种理念仍然是合理的；许多财富 500 强公司都在采用这种技术，其中包括 IBM。IBM 对 Akka 技术和 Lightbend 进行了大量的投资。本书包含一些较新的主题，比如流和 Lightbend 的 Lagom 微服务框架，从而让本书保持最新的技术内容。

　　本书涵盖开发人员在构建、部署和测试反应式应用时需要了解的所有内容。Akka 是编程模型的支柱，虽然我们更喜欢 Scala 语言的简洁性和函数式优雅特性，但是 Akka 也可以和 Java 协同工作。事实上，最近才接触 Akka 的大多数新入行的程序员都在使用 Java。

关于本书

本书旨在向有经验的开发人员介绍使用参与者模型的反应式应用。读者应该熟悉传统的模型-视图-控制器(Model-View-Controller，MVC)设计模式，并对其优缺点有一些了解。

本书读者对象

如果你已经意识到，构建在现实世界中能够可靠运行的分布式系统要远比在白板上画出系统困难得多的话，那么《反应式应用开发》正好适合你。反应式应用使用参与者来平滑地扩展和优雅地处理故障。通过阅读本书，你就可以开启参与者模型的学习之路，并且学习如何使用消息而不是使用线程和锁来处理并发。

要充分挖掘本书的最大价值，读者应该具备一些 Scala 或 Java 知识。本书示例是用 Scala 编写的，其中解释了一些最难以理解的概念。具有同步方法和多线程等并发概念的经验会很有帮助，具有远程调用 REST 服务的经验也是有帮助的。

本书内容结构：阅读路线图

本书分为两大部分。第 I 部分包含三章内容，其中深入探讨了一些因素，这些因素会阻止应用利用现代高性能服务器所提供的强大能力：

- 第 1 章对一个传统应用进行了分解，说明了为什么有时候更多的服务器反而会使性能变差。该章描述了突破这些限制的应用所应具有的属性。
- 第 2 章是对 Akka 工具集的快速介绍。该章从介绍一个在单一进程中运行的简单示例开始；只需要进行一些小的更改，该例就可以转变为跨多个服务器的灵活架构。
- 第 3 章探究了 Akka 工具集的工作原理，并且优雅地应对了故障处理。

第 II 部分介绍构建反应式应用的过程，其中涉及如何将 Akka 的实践方面、反应式流、生产环境的准备以及理论知识(比如领域驱动设计和命令查询职责分离)交织融合起来使用。

- 第 4 章通过将一个领域映射到一个参与者模型来阐释领域驱动设计,其中包括将一些特性转换为工具集的行为,而不是必须自己动手编写它们。
- 第 5 章通过形式化介绍关键概念和有用的模式来巩固你对领域驱动设计的理解。
- 第 6 章介绍一个更具体的编程示例,其中使用了远程参与者来揭示异步对等处理与传统服务调用和响应之间的不同之处。
- 第 7 章讨论了反应式流以及背压这一角色,并研究了 Reactive Streams API 在反应式实现之间的互操作性。
- 第 8 章讨论了处理持久化数据这一有难度的主题,还介绍了命令和事件在使用 CQRS 模式的设计中发挥的作用。
- 第 9 章介绍了用于公开反应式服务的替代方案,以便外部客户端可以使用它们。
- 第 10 章简要探讨了测试模式、应用安全性、日志记录、跟踪、监控、配置和打包,这些会为生产环境的准备就绪铺平道路。

你应该阅读第 I 部分,以便理解反应式设计的重要性,你还将研究一个简单的带有实际代码的反应式应用,并且对参与者模型及其由 Akka 实现的方式进行概览。通过阅读第 4 和 5 章,你可以了解如何将领域驱动设计映像到参与者模型。其余各章可按任意顺序进行阅读。

关于代码

本书包含许多源代码示例,这些示例同时以编号的代码清单和内嵌在正常文本中的形式存在。有时候,代码也用粗体表示,以突显与本章之前步骤中代码的不同,比如在现有代码行中添加新特性时。

在许多示例中,原始的源代码已经被重新格式化过。本书代码已经添加了换行符并重新设计了缩进,以适应书中可用的页面空间。在少数示例中,甚至这一空间还不够用,所以一些代码清单包含了行连续标记(➡)。许多代码清单中都包含代码注释,以便突出重要的概念。

第 2 章、第 4~8 章的源代码可通过使用手机扫描本书封底的二维码来下载。

本书大多数示例是用 Scala 编写的,并且为构建定义使用了 sbt。在线源代码使用了 Scala 2.12.3 版本和 Akka 2.5.4 版本,并且是使用 sbt 1.0.0 构建的。构建和运行这些代码示例需要拥有支持 Java 8 或 Java 9 的 Java 开发工具包。

目　　录

第 I 部分

基础知识

如今，"反应""反应式""流"这几个词非常流行。你可能认为这几个词代表着编程领域的最新趋势，但实际上它们是未来趋势，并且这几个词本身并非新近才出现的。反应式编程技术，尤其是参与者模型(actor model)，都已经问世几十年了。不同之处在于，互联网规模的应用已经不再受限于少数几家巨头公司。我们的应用在需要重写之前，可能就会在非常短的时间内不得不从实验原型发展为"爆款"应用。

像 Amazon Web Services (AWS)这样的服务会让服务器的添加变得容易，但是如果我们的应用本身并未设计为可扩展的，则无法很好地利用这样的能力。本书的第 I 部分将深入研究可能会妨碍应用充分利用此类附加能力的因素。第 1 章将分解一个传统的应用，并且说明为何更多的服务器有时候却会带来更糟糕的性能。其中描述了那些规避了这些约束的应用应该具备哪些特性。第 2 章将快速介绍 Akka 工具集，其中首先讲解了一个以单进程运行的简单示例，之后引入了一些较小的变化，从而将这个示例转换成一种跨多台服务器的灵活架构。第 3 章将审视 Akka 工具集的工作方式，并且解决了一个你在第 2 章中可能没有遇到的问题：优雅地处理故障。了解了这些基础知识之后，你就会理解为何反应式应用可以承受住那些时常出现且不可预测的挑战。

*1*章

什么是反应式应用

本章内容
- 不断变化的技术世界
- 具有海量用户的应用
- 传统应用与反应式应用对比：对复杂、分布式的软件进行建模
- 《反应式宣言》(*Reactive Manifesto*)

自然界最吸引人的事情之一，就是物种适应不断变化的环境的能力。一个典型的例子就是英国的灰蛾。在 19 世纪，当工业化不久的英国的环境开始遭受污染时，覆盖在树表上的生长缓慢且浅色的地衣都死掉了，从而导致树皮发黑。其产生的影响是深远的：曾经，浅色的灰蛾能够伪装得很好并且占据了飞蛾数量中的绝大多数，但现在它们突然发现自己变成了许多饥饿鸟类的明显目标。而它们稀少的深色同类，曾经非常显眼，现在却突然能够融入开始受到污染的生态环境之中。随着鸟类从捕食深色飞蛾转变为捕食浅色飞蛾，之前常见的浅色飞蛾数量随之大量减少，而英国飞蛾的种群数量的动态平衡也随之改变了。

那么飞蛾与编程又有什么关系呢？飞蛾本身与编程之间没什么特别的相关性，但为了适应环境而造成的飞蛾种群的变化与编程是有关系的。英国灰蛾能够生存下来是因为遗传变异允许它们对变化的环境做出反应。同理，根据设计，反

应式应用也会对不断变化的环境做出反应。从一开始，反应式应用就被构建为可以对加载、故障以及用户做出反应。这是通过反应消息这一基本概念实现的，稍后将介绍这一点。

随着现代计算的复杂性日益增长，我们必须能够构建展示这一特质的应用。因为用户期望获得秒级的反应性能、追求最大化地利用应用负载、需要在多核硬件上运行以便实现并行计算，以及数据需要扩展到拍字节，现代应用必须将英国灰蛾般的适应能力纳入 DNA 以便拥抱这些变化。反应式应用就可以应对这些挑战，因为其本身就是完全重新设计以便应对这些挑战的。

英国灰蛾是通过遗传选择的方式来达成适应目标的，而反应式应用是通过一系列有说服力的原则、模式和编程技术来达成相同目标的。对于英国灰蛾的适应能力而言，关键在于包含了遗传选择的基础组成部分的 DNA。对于反应式应用而言，原理也是相通的。

从一开始，像消息驱动、伸缩性、回弹性和响应性这样健全的编程原则就必须融入反应式应用的 DNA。以下清单定义了这些原则，它们都包含在 *Reactive Manifesto*(《反应式宣言》[1]，构建反应式应用的指导方案)中了：

- 消息驱动——基于异步通信，其中发送者和接收者这样的设计不会受消息传播方式的影响，这意味着可以独立设计系统而无须关心消息的传递方式。消息驱动的通信会让设计变得松耦合，以便提供可扩展性、回弹性以及响应性。
- 伸缩性——对加载做出反应。在持续变化的工作负载之下，系统将保持响应。反应式应用可以基于使用情况或者系统设计者采用的其他指标进行主动的垂直扩展或收缩，从而在未使用的计算能力方面节约成本，但(最重要的是)需要确保能够为持续增长的用户提供服务。
- 回弹性——对故障做出反应。在面对故障时，系统仍将保持响应。故障是可预期且可接受的，由于许多系统都是孤立存在的，因此单点故障将被控制在最小影响范围之内。而系统则可以使用重启或重配置的策略进行恰当的响应，从而无缝衔接整个系统。
- 响应性——对用户做出反应。如果可能，系统将及时进行响应。响应性是可用性和实用性的基础；不仅如此，它还意味着可以快速检测到问题并且进行有效处理。

反应式应用并非有统一样板可以遵循的应用，其构建过程极具挑战性。它们旨在无须新增代码的情况下能够反映周遭环境的变化，而这是一项十分艰巨的任务。此外，它们基于的原则和技术并不是新的，只不过现在才变成主流而已。

1　本书将详细地探讨《反应式宣言》。Jonas Bonér、Dave Farley、Roland Kuhn 和 Martin Thompson 对这份用于构建反应式应用的指导方案做出不少贡献，你可以在 http://www.reactivemanifesto.org/ 上找到这份宣言。

目前，许多基于 Java 虚拟机(Java Virtual Machine, JVM)的应用都偏向于选用像 Spring 和 Hibernate 这样的框架，而反应式应用则倾向于选用像 Akka 这样的框架。Akka 既是工具集，又是用于构建高并发、分布式、可回弹、消息驱动的应用的运行时环境。

不要被这一新范式以及像 Akka 这样的健壮工具集的使用吓到。本书会讲解一种完全不同的构建应用的方法，以便使用前面列出的特性。通过阅读本书，你将能够解决与分布式系统、并发编程、容错等有关的复杂问题。本章将介绍反应式应用的关键原则，本书后续内容将对这些关键原则进行讲解。

1.1 为何需要反应式应用

可以认为，人类在过去 50 年中最伟大的发明之一就是互联网。互联网的诞生可以追溯到 20 世纪 60 年代，当时美国政府委托研究机构构建了一种健壮的、可容错的计算机网络，这一过程开始于麻省理工学院的 J.C.R. Licklider 于 1962 年 8 月编写的一系列备忘录，我们将之称为 Galactic Network。Licklider 展望了一种全球计算机的互联网络，以便让用户可以从世界的任何地方访问数据与程序。Licklider 曾担任美国高级规划研究局的信息处理办公室主任一职，美国高级规划研究局也就是如今的美国国防部高级研究计划署(Defense Advanced Research Projects Agency，DARPA)。

1964 年，MIT 教授 Leonard Kleinrock 出版了首部关于网络数据包交换理论的书籍。Kleinrock 说服了 Licklider 的继任者 Lawrence G. Roberts，于是通过数据包而非电子回路进行通信的理论成为网络计算机的下一个主要目标。为了探究这一理论，Thomas Merrill 和 Lawrence Roberts 连接了两台计算机——马萨诸塞州的一台 TX-2 计算机以及加利福尼亚州的一台 Q-32 计算机——通过一条低速拨号线路进行连接。这一重大事件代表世界上首个广域网的诞生，并且允许基于分时机制的计算机进行数据交换以及在远程机器上运行程序。这一努力在 1968 年促成了被称为 ARPANET 的由 DARPA 发起的 RFQ(询价邀请)。这份 RFQ 的重点是关于如下关键组成部分的开发：被称为 Interface Message Protocol(接口消息协议)的数据包交换接口。1968 年 12 月，Bolt Beranek and Newman (BBN)公司的 Frank Heart 赢得了这份 RFQ，该公司与加州大学洛杉矶分校合作，在 1969 年 9 月发明了首个计算机节点联机网络。

1.1.1 分布式计算

20 世纪 60 年代和 70 年代，美国在这方面所做的工作以及英国和法国所开展的一些额外工作，为我们所熟知的互联网的诞生铺平了道路。这些工作的开展也促成了一种新的计算机模型，称为分布式系统，这种系统描述了计算范式的转变。在分布式系统出现之前，基础的计算机模型都是大型的、昂贵的主机系统，它们也被亲切地称为大铁块(Big Iron)。

大型主机在历史上代表着一种中央计算模型，它们的关注重点是效率、本地扩展性以及可靠性。这种模型虽然是有效的，但同时也非常昂贵，远超许多公司所能承受的范围，其中内存、存储单元和处理芯片的费用开销都很大，很可能往往需要花费数百万美元。而分布式系统则是一种不那么昂贵的方案，这种系统所提供的计算能力能够达到甚至远超典型大型主机配置所能提供的原始计算能力。

不过，话虽如此，分布式系统并没有妨碍大型主机的发展。分布式系统可以由大型机、小型机以及个人计算机构成。分布式系统的目标在于，将一组计算机联网，以便作为单一系统提供计算能力。本书通篇都会介绍分布式系统，第 3 和 4 章将会对其进行专门讲解。

1.1.2　云计算

分布式系统的出现以及性能更高、花费更少的计算硬件的不断更新，为云计算的诞生铺平了道路。云计算代表了编写和管理计算机应用方式的又一次重大范式转换。

分布式系统专注于互联的独立计算机系统的技术细节，而云计算的重点则是经济性。云计算偏离了管理、运维和开发 IT 系统的传统规范，但是能够带来可观的经济效益以及更好的敏捷性与灵活性，并且这一发展趋势持续至今。

2008 年 1 月，Amazon 宣称，Amazon Web Services (AWS)消耗的网络带宽超过了其所有零售服务全球网络的带宽。分布式云计算的这一新格局为现代编程人员带来了引人注目的变化，非常类似于 19 世纪工业革命对于英国灰蛾产生的显著影响。最近的硬件改进迭代越来越快，比如多核中央处理器(CPU)以及多路服务器，它们所能提供的计算能力已经远超五年前。

存储、CPU 计算周期和带宽的成本持续降低，与此同时，网络节点持续增加，这意味着云计算正逐渐形成一种竞争环境[1]。反应式范式的出现正是为了适应这一环境，以便在处理能力这一浩瀚海洋的基础上提供现成的分布式计算，同时又能保持回弹性与响应性。

要理解反应式架构相较于其他架构的优势，最佳方式就是查看对比示例。这里的示例使用了大家都很熟悉的构造体：网上购物车。本章将提供一个简单示例，

---

1 参阅 Setting the stage: http://radar.oreilly.com/2011/08/building-data-startups.html。

其中顾客会浏览在线库存、选择商品并且结账，这一系列处理将同时以单体架构(这类应用中的所有层都是互相依赖的)和反应式架构进行阐释。本章将探究这两种架构会如何应对刚才提到的复杂性，以展示这两种方式之间的鲜明差异以及反应式解决方案的明显优势。

1.2　网上购物车：表象之下的复杂性

在深入探究前面提到的对比之前，我们需要知晓关于网上购物车的一些事情。从表面上看，这似乎只是一个简单的用例，但实际情况远比我们所能看到的要复杂得多。在互联网上，顾客就是上帝。因而，现代零售商都必须力求留住顾客，现代零售商需要具有维持顾客群的优势。为此，他们为在线网站设计制作了一种场景，其中顾客会愉快地浏览商品类目并且将商品放入购物车；同时，在后台，应用会忙于检查库存、拉取评论、找到要显示的图片，还可能为顾客提供具有诱惑力的折扣。

这其中的每个活动都需要与其他系统进行交互、管理响应并且处理故障，而顾客却毫无所知。在传统的单体式应用中，这些交互可能会很慢或者完全失败，因为其健壮性就如木桶原理一般，取决于最薄弱的环节。反应式设计范式会以一种孤立、简洁的方式来应对这些挑战，以便最大化整体性能和可靠性。

1.2.1　单体式架构：难以分布

自从 Web 开发兴起以来，大多数 Web 应用都是基于单体式架构的。在单体式架构中，于系统功能层面上可识别的组成部分在架构上都没有分离开。图 1.1 显示了示例购物车在单体式架构中可能的样子。

可以看出，像数据访问、错误处理以及用户界面这样的组件都是紧耦合的。阻塞 I/O 是正常的，但为了容错，通常需要一个硬件组件。

1. 集中式关系数据库管理系统

如图 1.1 所示，若自上而下地查看单体式架构，可以看出，单体式架构是以集中式关系数据库管理系统为基础的。于是，我们遇到了这一模型所带来的许多挑战中的第一个挑战。

如今，大多数关系数据库都使用同步阻塞驱动来实现事务管理。但这扼杀了可扩展性，因为所有的组件都必须运行在同一应用空间中，比如单个 JVM 进程。它们通常会共享一个连接池，并且时常会变成单点故障。通常，久而久之就需要针对这一问题进行优化，需要借助于队列技术和企业服务总线(Enterprise Service Buses，ESB)来编排流程并且允许系统到系统的通信。这一技术固然是一种改进，因为服务级别的阻塞总好过数据库事务的阻塞，但是光这样做还不够，因为任何阻塞都会产生不良影响，并且总是会造成收益递减(甚至可能导致回报大幅缩水)，其原因就在于处理问题时需要采购更多硬件。

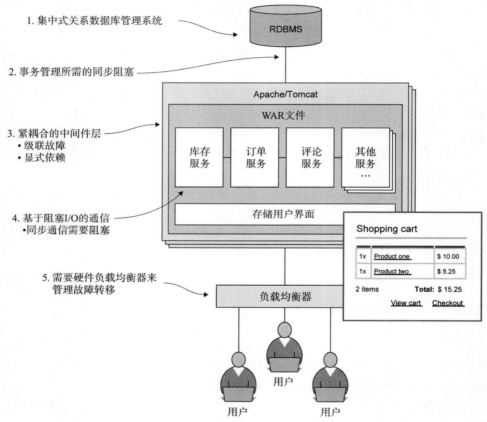

图 1.1　以典型的单体式架构建模的示例购物车

2. 紧耦合的中间件层

接下来就是紧耦合的中间件层，它由几个服务构成，这些服务通常都依赖基于阻塞式同步 I/O 的通信。这样的紧耦合与阻塞式 I/O 会损害可扩展性；更糟的是，它们可能会造成应用编程接口(Application Programming Interface，API)的版本化难以进行。我们将无法仅更新 API 的某个部分，因为存在相互依赖。通常，必须将整个系统视作整体，因为紧耦合会造成连锁效应。这些通信的阻塞特性将变成实质性的瓶颈。我们可以预料到会有很多对其他服务组件的调用，比如检索日常交易、其他顾客的评论、图片等。为了创建最终的组合视图，就必须等待所有相关的数据被检索到，而这会造成延迟。

为了解决其中一些问题，我们通常需要进入并发编程的复杂世界。我们要尝试大量使用线程、编写同步阻塞、锁定可变状态、使用原子变量，以及使用线程环境中提供的其他工具。虽然线程化编程为并发或并行执行提供了有用的抽象，但代价让人难以长期承受。我们在理解代码时就会开始遇到明显的障碍，更不用说预测或判定代码的设计用途了，因而，代码将变得具有大量的不确定性。

Edward A. Lee 很好地总结了这一情况：

尽管线程似乎只是从顺序计算跨越了一小步，但实际上，它们代表着很大的进步。它们丢弃了顺序计算最本质且最吸引人的属性：易理解性、可预测性以及确定性。作为一种计算模型，线程具有很大的不确定性，并且编程人员的工作变成了一种减少非确定性的任务[1]。

在单体式应用中，这些服务共享一个领域模型，通常构建在对象关系映射 (Object Relational Mapping，ORM)抽象层之上，这一抽象层实现了创建、读取、更新和删除(CRUD)处理过程以便管理领域的当前状态。我们稍后将会讲到，这一 CRUD 模式会显著减少数据的价值。通常，这些服务在设计上都是彼此严格依赖的，并且还依赖于阻塞 I/O 通信。

3. 负载均衡器

最后，为了支持容错和负载峰值，我们必须实现负载均衡器。虽然负载均衡器可以将负载峰值缓解到一定程度，但它们并不会处理潜在的问题，因为它们会在整体操作层面出现失败/进行重试，而不是仅仅出现局部失败。为了让架构实现真正意义上的容错，负载均衡器必须具有回弹性，这需要通过在运行时接受故障并且自行恢复来实现。回弹性这一概念需要在一开始就融入架构之中，事后才进行回弹性的实践是于事无补的。我们通常还会使用另一项技术，也就是服务器集群化。这一技术的挑战在于，其成本非常高，并且可能面临造成整个集群不可用的恶性级联故障场景。

事实已证明，在各种层次上，所有这类 I/O 阻塞都是必须不计代价也要避免的不良现象，正如 Gunther 和 Amdahl 的通用可扩展性定律所宣称的那样。

4. 通用可扩展性定律

系统中任何位置、任何种类的阻塞都已被证明会明显影响到可扩展性，原因如下：

1　*The Problem with Threads*，Edward A. Lee，由 Berkeley 出版社于 2006 年出版。

- 竞争——等待队列或共享资源。
- 一致性——因为数据变得一致而造成的延迟。

最初，这一影响是由计算机架构师 Gene Amdahl 揭示出来的，Amdahl 建立的理论就是，阻塞会造成关于扩展性的收益递减。该理论后来被称为阿姆达尔定律(Amdahl's Law)。Neil J. Gunther 是一位计算机系统研究者，他进一步证明了在对系统进行扩展时，阻塞会降低并发能力。这一理论直到今天都是真理，它被称为冈瑟定律(Gunther's Law)，但其更为人所熟知的名称是通用可扩展性定律。其原因在于，随着系统的演化，一致性的成本就会开始妨碍到系统的整体性能，并且会造成全局性损失，如图 1.2 所示。

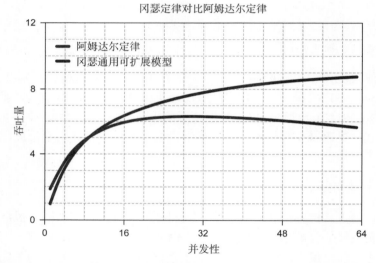

图 1.2   冈瑟定律和阿姆达尔定律(http://cmg.org/publications/measureit/2007)

图 1.2 清晰地表明，当 Amdahl 推导出收益递减的结论时，Gunther 证明了并发性——也就是可扩展性——会在某个点之后下降。这一定律意味着，无论针对一个问题堆积多少硬件，都会让阻塞式系统变得更遭。

一致性是传统单体式系统设计者常常认为理所当然的另一个主题，因为紧耦合的服务是连接到集中式数据库的。这些系统默认会保持强一致性，因为对于数据的访问(读写方面)会确保顺序一致。也就是说，每次读操作都必须基于上一次的写操作，反之亦然。这个一致性模型对于总是单点访问最新数据而言是很棒的，但它在分布式方面的成本是很高的，这一点将在 CAP 原则中有所阐释。

5. 一致性与 CAP 原则

在计算机科学理论中，CAP 原则(也称为布鲁尔定理，Brewer's Theorem)宣称，分布式系统不可能同时提供以下三种保障：

- 一致性——所有节点都会同时接收到相同的数据。
- 可用性——确保每一个请求都接收到请求是否成功的响应。
- 分区容错性——无论是否存在消息故障或局部系统故障，系统都会持续运行。

图 1.3 展示了这三种保障的维恩图。

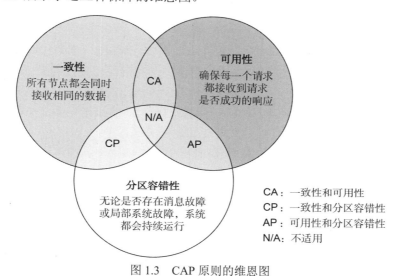

图 1.3　CAP 原则的维恩图

如图 1.3 所示，在分布式计算中是不可能做到三种保障都兼顾的。从设计上讲，分布式系统都是异步且松耦合的，依赖于像原子共享内存系统、分布式数据存储以及一致性模型这样的模式来达成可用性和分区容错性。设计良好的系统都必须具备分区容错性，因此我们必须决定是实现较高的可用性还是实现较强的一致性。

6. 一致性模型

在分布式计算中，如果操作遵循指定的一致性模型所认定的特定规则，那么系统就支持该一致性模型。一致性模型会指定编程人员与系统之间的契约协议，其中系统会确保在遵循规则的情况下，使数据保持一致并且结果将是可预测的。

- 强一致性或线性一致性是一致性的最强方法，这样就会确保在所有处理过程中，数据读取都能反映最新的写入。强一致性在扩展方面的成本极高，因此在构建反应式应用时必须极力避免。
- 最终一致性是用于分布式计算的一种一致性模型。简而言之，这种模型将确保：如果没有对指定的数据项进行新的更新，那么对于该数据项的所有访问最终都会返回上一次更新的值。最终一致性是现代分布式系统的一部分，通常都披着"乐观复制"这层外衣，并且源自早期的移动计算项目。人们常说，达成最终一致性的系统已经实现了收敛或者达成了复制收敛。最终一致性服务通常被归类为基本可用、软状态、最终一致性(Basically Available、Soft state、Eventual consistency，BASE)这类语义词，与之形成鲜明对比的就是较为传统的原子性、一致性、隔离性和持久性(ACID)保障。

● 因果一致性是更强一些的一致性模型，它会确保操作都是按照预期顺序被处理的。因果一致性是在保持可用性的同时确保一致性的最强方法。更准确地说，就是通过元数据强制实现了针对操作的部分有序性。如果操作 A 发生在操作 B 之前，比如，任何接收操作 B 的数据存储都必须先接收操作 A。有三个规则可以定义可能的因果关系：

➤ 执行线程——如果 A 和 B 是单个执行线程中的两项操作，那么如果操作 A 发生在 B 之前，则 A→B。

➤ 读取自——如果 A 是写操作，而 B 是返回由操作 A 写入的值的读操作，则 A→B。

➤ 传递性——对于操作 A、B 和 C，如果 A→B 并且 B→C，那么 A→C。因此，这三个操作之间的因果关系就是前两个规则的传递闭包。

因果一致性比最终一致性具有更强的一致性约束，因为前者会确保这些操作按顺序发生。在分布式系统中，因果一致性是难以达成的，因为任何事务都具有多个分布式相关方。

即使是 Akka(稍后讲解购物车的反应式架构模型时会介绍)也没有开箱即用的因果一致性实现，因此责任就落在了编程人员身上。在基于 Akka 的参与者模型中，实现因果一致性的最常用方式是通过 Process Manager 模式完成 Become/Unbecome。

为何要使用 Akka

如果将构建系统视为建造一幢房子，就能清晰地发现，对于确保成功建造而言，工具是最重要的。数年下来，建筑工人会积累各种工具，并且总是可以获取到更多、更好的经实践证明能够很好完成工作的工具。软件编程人员也在做着相同的事情，我们会持续学习并且掌握新的构建软件的技术。Akka 就是编程人员工具集中的重要一项，因为 Akka 是运行时软件库，主要针对在 JVM 之上构建高并发、分布式、可恢复、消息驱动的应用。Akka 本身就是反应式的。从核心看，Akka 依赖于一种并行计算的数学模型，也称为参与者模型。在这种模型中，参与者提供了一种轻量级的编程构造体，其中可以发送和接收消息、执行本地决策以及创建新的参与者——所有这些都是异步的，不会出现锁。

Akka 的价值定位

Akka 是单一且统一的编程模型，它提供了以下特性：

- 更简单的并发机制——代码以单线程形式编写，没有锁、同步或原子变量。
- 更简单的分布——代码按照默认、远程或本地配置进行分布。
- 更简单的容错——通过监督将通信与故障解耦。

由于面临着并发性、非确定性、一致性保障以及其他快速技术变化(比如多核处理器与即付即用的云服务)带来的挑战，单体式架构已经无法很好地解释分布式计算的现代环境。并发性、事务管理、可扩展性以及容错性的问题层出不穷。

1.2.2 节将介绍反应式架构并且展示这些架构是如何应对这些挑战的。

1.2.2　反应式架构：默认就是分布式的

反应式应用采用了与单体式应用完全不同的架构方式。不同于在非分布式环境之上构建架构，然后尝试进行调整以便将锁用于并发、负载均衡等，反应式应用本身就是以适应分布式环境为目标的。

反应式应用完全融入了本章之前阐释过的四个关键特性：消息驱动、伸缩性、回弹性和响应性。图 1.4 显示了反应式应用中的示例购物车。

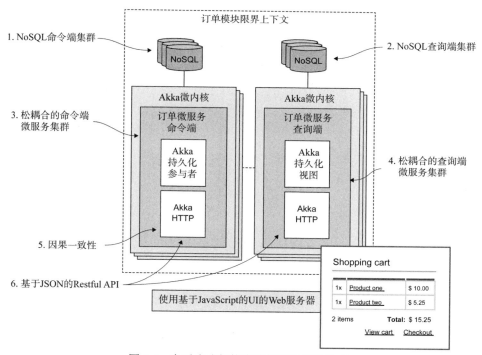

图 1.4　在反应式架构中建模的示例购物车

这种架构可能看起来要比单体式架构更为复杂,这是因为它确实更复杂一些。分布式应用并不易于构建,但随着 Akka 的出现,这项任务已经比从前要简单一些了。为简洁起见,这里仅展示了订单微服务;从结构上讲,库存、评论以及其他服务都是相同的。

自上而下地查看图 1.4,你将会看到以下组成部分:

- 订单服务——我们注意到的第一件事就是,图 1.4 的顶部没有单一的集中式数据存储,这不同于图 1.1 中的单体式示例。订单服务被划分为两端:命令端和查询端,每端都有集群式 NoSQL 数据存储提供支持并且基于自己的 JVM。这一模式通常被称为命令查询职责分离(Command Query Responsibility Segregation,CQRS)。第 8 章会将这一模式分解为几个关键部分(C、Q、R 和 S)进行讲解。

  订单服务的每一端在性质上都是微服务,并且都基于集群式 Akka 实例。你目前应该关注的概念,就是将应用设计为一套小型服务,其中的每个服务都运行自己的处理进程,使用一种轻量级的消息驱动过程进行松耦合并且实现之间的通信——在此我们使用了 Akka。这些服务都封装在 Akka 微内核中,Akka 微内核提供了一种捆绑机制并且可以作为单一负载来分布部署。这样就无需 Java 应用服务器或启动脚本了。

- 松耦合的命令端微服务集群——命令端使用 Akka 持久化作为存储机制,并且使用 Akka HTTP 处理来自用户界面(UI)的命令。Akka 持久化为应用提供了持久性,这是通过持久化每个参与者的内部状态来实现的,从而允许在参与者启动时进行恢复、在 JVM 崩溃之后重启或通过监督者重启,以及在集群中迁移。Akka 持久化是《反应式宣言》中回弹性的基础。

  Akka HTTP 为应用提供了一种基于参与者的、异步的、轻量级的、快速的 REST/HTTP 层。第 5 章将详细探讨命令构造体。

- 松耦合的查询端微服务集群——查询端使用 Akka 持久化视图来投射来自数据存储的数据,并且使用 Akka HTTP 来将投射数据提供给 UI。

- 一致性模型——最终,这两端都是通过一致性模型来同步的,一致性模型是分布式计算中的一种常用技术,以便保持各个分离系统的同步。本章之前的内容探讨过与 CAP 原则有关的一致性模型。一致性模型可以是最终一致的(最终,对于某一项的所有访问都会返回最近更新的值)或因果一致的(各个操作都按照预期顺序进行处理)。

  第 5 和 8 章将介绍更多与一致性模型的重要性有关的内容,不过目前,可以将一致性视作一种逻辑黏合剂,它可以将命令和查询端维系在一起。一致性实质上是一种契约协议,它表明,在命令端发生的一切都会到达查询端,这受一些指标的约束,比如内容与时间。第 8 章将详细探究查询构造体。

1.2.3 节将深入讲解《反应式宣言》的原则，本章开头已做过介绍，1.2.3 节还会介绍反应式架构是如何基于这些原则来实现的。

1.2.3 理解反应式架构

反应式架构的权威指南就是《反应式宣言》。就像我们许多人一样，作为 Typesafe 的首席技术官，Jonas Bonér 对于现代应用的架构方式感到越来越沮丧；他认为业内需要一种清晰、简洁的方式来清楚表达良好的分布式设计理念。因而，《反应式宣言》于 2013 年 9 月 23 日发表了，并于 2014 年 9 月 16 日做了更新。

《反应式宣言》聚焦于奠定反应式应用基础的四个特性，如图 1.5 所示。

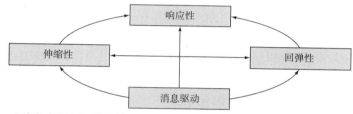

图 1.5 《反应式宣言》的特性(www.reactivemanifesto.org/images/reactive-traits.svg)

本章前面的内容探讨过图 1.5 所示的四个特性。下面探究它们对于反应式设计的意义。

1. 消息驱动

消息驱动的架构是松耦合的、异步的并且非阻塞的。在进一步讲解之前，首先需要解释这几个词的含义是什么，因为它们对于消息驱动这一概念至关重要：

- 松耦合——系统中的各个组件彼此依赖最小。
- 异步——能够执行一项任务而无须等待该任务完成(非阻塞)。
- 非阻塞——永远不会等待一项任务的完成。

这一模式将不会产生任何具体的依赖，并且允许使用分布式领域模型，该模型对于可扩展性而言至关重要，并会带来较低的延迟和较高的吞吐量。因而，反应式架构天然就是可扩展的，能够弹性伸缩。这类架构可以减少财务风险，允许按需使用硬件和服务，比如 Amazon 提供的广受欢迎的 Web 服务。当负荷较低时，就可以收缩服务的硬件资源；而当负荷出现峰值时，则可以恢复拉起服务的硬件资源。由于仅对使用的资源付费，因此也就节省了资金。第 4 章将介绍有关分布式领域建模的详细内容。

2. 伸缩性

伸缩架构是分布式计算的关键所在。这类架构将随着负载需求的变化而通过伸缩性进行扩展和定约——也就是在运行时添加或移除节点的能力。这一独有特性允许对这些架构进行横向和纵向扩展，而无须重新设计或重写应用。伸缩性还会降低风险，因为可以按需使用硬件，而这可以消除保留未使用服务器以等待出现负荷高峰的需要。允许这一可伸缩行为的技术对位置是透明的，它使用逻辑名称来找到网络资源，这样就无须知道用户和资源的物理位置了。第 2 和 3 章将详细介绍伸缩性，其中将探究 Akka 参与者模型。

3. 回弹性

反应式应用不使用传统的容错技术。相反，它们融入了回弹性这一概念。韦氏大词典将回弹性定义为

- 物质或对象恢复原状的能力
- 从困难中快速恢复的能力

回弹性的实现机制是，接受故障并且让它们成为编程模型中的一等公民，通过隔离和恢复技术对它们进行管理，比如使用舱壁模式，另外还允许应用自行恢复。比较典型的示例可能就是购物车。

假设一种场景，其中发货模块暂时出现故障了。在反应式系统中，用户仍然可以对购物车进行操作，比如添加和删除商品，而同时发货模块(在后台)会识别故障并且自行修复。第 3~5 章将探讨回弹性，其中会讲解分布式领域模型和其他的错误恢复概念。

4. 响应性

最后，反应式应用都是响应性的。用户并不关心应用在表层之下实际在做哪些处理；用户期望应用随时随地都能正常运行，不管是处于高负载还是低负载情形，抑或处于故障转移或非故障转移模式。如今我们都期望应用能够具备实时性、吸引力和协作性，并且能够即时反映用户操作。例如，如果发货模块出现故障，应用仍需要继续做出响应。反应式应用使用有状态客户端、流处理和可观察模型等，以便为用户提供丰富的、协作式的环境。第 7 和 8 章将非常详细地讲解这些概念。

本节已经介绍了很多概念。最为重要的是，其中展示了如何使用异步消息传递和无共享设计。不必担心；本书从头到尾都会详细讲解所有这些概念。就目前而言，最重要的就是理解反应式架构的通用概念。

1.2.4 节将稍微深入一些，以便通过购物车示例挖掘出实现这两种架构的细节。其中将详细讲解如何在单体式和反应式购物车中设置在线订单功能，以便展示反应式应用的反应式范式与消息驱动特性的特有优势，这与单体式应用是截然不同的。

1.2.4　单体式购物车：创建订单

如本章之前内容所述，在单体式应用中，并发性、可扩展性和容错性的架构问题十分明显，但也会面临其他挑战。挑战之一就是单体式应用会持久化数据的值。通常，单体式应用会以当前状态形式而非行为形式来存储领域信息。因而，所存储数据的大量含义都会丢失。为了理解这个问题，可以详细查看顾客是如何将商品添加到单体式和反应式设计的示例购物车中的。

在单体式架构中，通常会以客户端-服务器方式来构建购物车应用，其中会使用 CRUD 来管理领域模型的当前状态。顾客会浏览可用库存，选中四件商品，添加发货信息，然后付款。同时在这一过程中，后台还会做其他许多处理。比如会抓取图片、加载评论、提供每日特惠信息等。应用需要处理所有这些活动。为了保持示例的简单性，本节主要关注单体式应用中数据持久化的问题。

订单最可能通过 ORM 实现封装在单一事务中，ORM 实现负责将值插入如下三个表中：order、order_item 和 shipping_information。这三个表中存储的信息代表着购物车订单的当前状态，如图 1.6 所示。

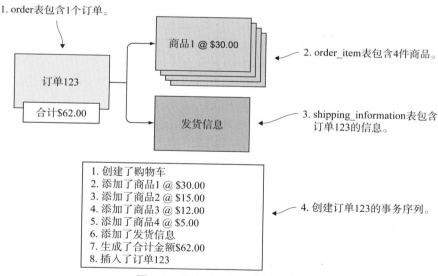

图 1.6　购物车订单的当前状态

在未来的某个时间点，在订单发货之前，顾客决定不再购买之前订购的其中一件商品。他于是登录回购物车应用，找到订单，并且删除不想要的商品。此时，订单就由三件商品构成，总金额为 47 美元（见图 1.7）。删除商品 2 的意图已经丢失了。

由于关心删除商品的收入损失，监管购物车应用的经理会要求开发团队生成一份报告，其中要包含订单发货之前被顾客删除的所有商品。这就是问题所在！

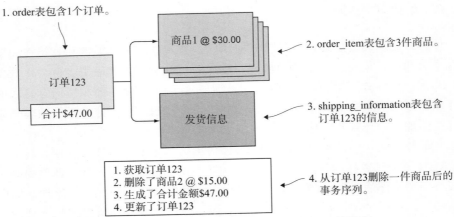

图 1.7　顾客删除一件商品后的购物车订单的当前状态

问题：未捕获到用户意图

　　由于采用 CRUD 方式的领域模型仅存储当前状态，因此已删除的数据丢失了。开发团队必须将这一任务添加到下一个冲刺迭代中，并且实现跟踪所删除商品的审计日志。更糟糕的是，在实现了审计日志之后，开发团队也仅能够跟踪到在那之后的删除信息，而这会对数据价值产生实质性影响。

　　我们应该关注对用户意图的捕获，因为从业务角度看，顾客行为是至高无上的。相较于将领域建模为当前状态模型，我们应该将用户行为视作一系列被记录的事务或事件。大家都非常熟悉的用于持久化当前状态的 CRUD 模型的确也会捕获行为，但捕获的行为都是以创建、读取、更新和删除的形式存在的系统行为，这些行为无法告知我们更多关于用户的信息，并且无法最大化数据的价值。如今大部分系统主要都依赖于这种模型，因为将关系数据库管理系统(RDBMS)用作 Web 架构核心的做法已被大家普遍接受。幸运的是，这并非考虑持久化的唯一方式。

　　事件溯源或持久化事件(行为)序列——不要困惑于消息驱动这个词，它指的是对一条消息做出反应——提供了一种方法，通过该方法就可以捕获用户的真实意图。在事件溯源系统中，所有的数据操作都会被视作一系列事件，这些事件会被记录到仅允许执行添加行为的存储中。本节将提供两个示例，它们能够很好地展示出事件溯源的能力：银行账户登记以及将 CRUD 购物车重制为反应式购物车。

消息、命令与事件之间的区别

　　消息、命令与事件之间的区别很重要，在过于深入地探讨架构之前，我们需要先弄清楚。消息有两种：抽象消息和具体消息。下面是两个简单示例。

- 可以将抽象消息视为一张白纸——一种捕获双方之间对话的结构。这张纸本身并不是一场对话，除非在这张纸上记录对话内容。作为探讨的开头，假设我们在这张纸上写下一条向某人借书的请求。这条抽象消息就会变成(已经被实现为)命令——请求执行某件事。作为回应，出借人会写上已经把书寄出了。此时，这条抽象消息已经变成了(已经被实现为)事件——发生了某件事情的通知。在这个示例中，命令和事件使用的都是消息的形式。以计算机术语而言，它们实现了消息接口。

- 具体消息就像一封信一样——一种具有负荷的容器。负荷可以是任意对象。在前面的示例中，负荷就是命令或事件。区别在于，消息是具体的，比如具体的命令或事件。

1.2.5　事件溯源：银行账户登记

在成熟的业务模型中，行为跟踪这一概念非常普遍。思考一下图 1.8 所示的银行账户系统。这个系统允许客户存款、开支票、取款、向另一个账户转账等。

观察图 1.8 展示的典型的银行账户登记交易日志，其中账户持有者存了 10 000 美元、开了一张 4000 美元的支票、在 ATM 上进行了取款、开了另一张支票，并且进行了另一笔存款。

日　期	描　述	变　动	余　额
7/1/2014	从3300存款	+ 10,000.00	10,000.00
7/3/2014	开支票001	−4,000.00	6,000.00
7/4/2014	ATM取款	−3.00	5,997.00
7/11/2014	开支票002	−5.00	5,992.00
7/12/2014	从3301存款	+ 2,000.00	7,992.00

图 1.8　具有五笔交易的银行账户登记交易日志

该系统会将每笔交易的记录存储为独立事件。为了计算余额，差值(由当前交易造成的变动)会被应用到最后一个已知值(所有之前交易之和)。因而，该系统会提供一份可验证的审计日志以便能够通过对账来确保有效性。任何时刻的余额都可通过将之前的所有交易重新汇总计算而推导出来。此外，该系统会捕获账户持有者管理财务的真实意图。

假定银行仅持久化账户的当前状态，那么当账户持有者尝试对账户进行对账时，就会发现差异。他会再三检查对账信息并且断定银行出错了。他很快就会给银行打电话并且描述碰到的问题，而银行职员将立即回复，"很抱歉；我们没有这笔交易的记录。我们仅保存了余额的最后一次更新。"

这样的场景是很荒唐的。尽管这是丢失用户意图(余额变动)的极端示例，但遗憾的是，类似的场景常出现在基于 CRUD 的单体式应用中。

1.2.6　反应式购物车：使用事件溯源创建订单

查看事件(可以视为交易)的另一种方式就是，将它们看成某件事情发生的通知。事件在情绪层面具有指示性或者可用作证据，因为它们描述了所记录的事实。第 5 和 6 章将深入探讨一些细节，比如事件溯源的细节，尤其是与 CQRS 有关的内容和常用的命令。

目前，先回过头来继续探究购物车示例，以事件溯源方式对其进行建模，如图 1.9 所示。可以看出，工作流处理的关切点与之前的 CRUD 示例相同，但它们具有明显的差异：

- 没有生成合计金额。
- 每一项都是按顺序存储的独有差值。
- 作为差值流存在的整个构造体被写入仅支持添加行为的存储中。

如图 1.9 所示，反应式购物车没有显示订单或所保存的行条目的当前状态。相反，它按顺序存储了捕获用户行为的一系列差值。注意事件的指示性时态，比如商品已添加或者发货信息已添加。事件就是已经发生过的事情，这是与命令相比非常重要的一个区别。可以拒绝一个命令，因为它是做某件事情的请求；但是不能拒绝事件，因为它代表已经发生的某件事。

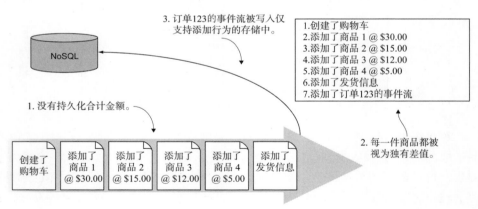

图 1.9　反应式购物车会存储事件

现在总结一下关于单体式和反应式应用之间的区别，图 1.10 揭示了在使用这两种类型应用的购物车中创建订单的情况。

本节的其余内容将展示在未来某个时间点，在订单发货之前，当顾客决定不再购买已订购的某件商品时会发生什么。

顾客会登录回购物车应用，找到订单，并且删除不想要的商品，如图 1.11 所示。

单体式购物车持久化当前状态——创建

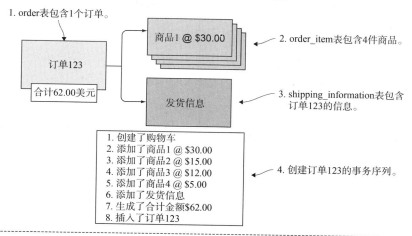

1. order表包含1个订单。

2. order_item表包含4件商品。

3. shipping_information表包含订单123的信息。

1. 创建了购物车
2. 添加了商品1 @ $30.00
3. 添加了商品2 @ $15.00
4. 添加了商品3 @ $12.00
5. 添加了商品4 @ $5.00
6. 添加了发货信息
7. 生成了合计金额$62.00
8. 插入了订单123

4. 创建订单123的事务序列。

订单123

合计62.00美元

商品1 @ $30.00

发货信息

反应式购物车会持久化行为——创建

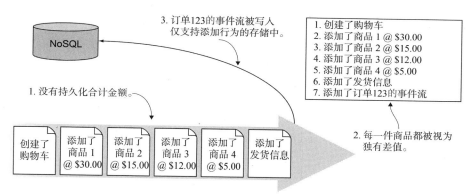

3. 订单123的事件流被写入仅支持添加行为的存储中。

1. 创建了购物车
2. 添加了商品 1 @ $30.00
3. 添加了商品 2 @ $15.00
4. 添加了商品 3 @ $12.00
5. 添加了商品 4 @ $5.00
6. 添加了发货信息
7. 添加了订单123的事件流

1. 没有持久化合计金额。

2. 每一件商品都被视为独有差值。

图 1.10　CRUD 购物车创建当前状态；反应式购物车持久化行为

反应式购物车持久化行为——删除

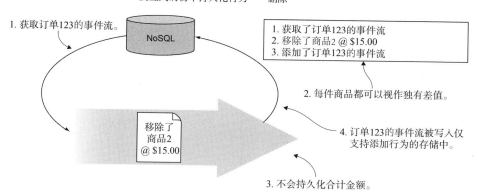

1. 获取订单123的事件流。

1. 获取了订单123的事件流
2. 移除了商品2 @ $15.00
3. 添加了订单123的事件流

2. 每件商品都可以视作独有差值。

4. 订单123的事件流被写入仅支持添加行为的存储中。

3. 不会持久化合计金额。

图 1.11　反应式购物车附加了删除事件

同样，工作流类似于 CRUD 示例，具有如下细微但至关重要的区别：

● 没有生成合计金额。

● 删除事件是持久化在事件流结尾处的独有差值。

就像 CRUD 购物车一样，监管购物车应用的经理会要求开发团队生成一份订单发货之前被顾客移除的所有商品的报告。从数据的角度看，这种情况使反应式应用突显优势：

● 我们拥有生成这份报告所需的所有信息，因为我们捕获了以事件形式存在的用户意图，而不是模型的当前状态。

● 删除操作并不是对当前状态的更新，这与 CRUD 解决方案不同；它们只是用户行为工作流中捕获到的事件而已。

● 在反应式系统中，删除操作是显式的且可检验；而在 CRUD 解决方案中，它们是隐式的且需要跟踪。

图 1.12 对比了单体式和反应式购物车在处理删除商品方面的差异。

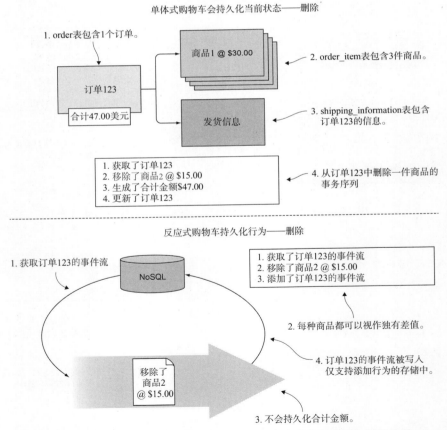

图 1.12　CRUD 购物车删除状态的重写；反应式购物车会附加删除事件

至此，我们已经介绍了反应式架构如何以对事件和事务做出反应的方式来解决一些问题：这也是《反应式宣言》中定义的反应式应用的第一个特性。1.3 节将讲解反应式应用还可以对其他哪些对象做出反应。

1.3　反应式应用能对哪些对象做出反应

即将到来的技术浪潮将会对应用的设计产生巨大的影响。这一技术浪潮就是物联网(IoT，Internet of Things)。一些理论家相信，在 2020 年，互联网将会由 300 亿台互联设备组成，如图 1.13 所示[1]。

图 1.13　IoT 的逻辑视图

思考一下 300 亿台设备带来的影响。当前，大约有 120 亿台设备是互联的，并且我们已经能够看到由此导致的结果了：缓慢的网站、超过预期的较长时间的宕机、每隔几个月的电子邮件服务中断。在七年之内增加为三倍数量的设备所带来的影响将是惊人的。更糟糕的是，未来可能联入互联网的 99% 的物理对象(房屋、汽车、建筑物、可穿戴设备等)都仍将不可连接[2]。

因为负载高峰，IoT 将对应用故障率产生显著的影响，并且将有损于应用对用户群提供反应的能力。在面对这些情况时，单体式应用将崩溃，进而影响到每

1　ABI Research 研究报告，详见 https://www.abiresearch.com/press/more-than-30-billion-devices-will-wirelessly-conne/。

2　《福布斯》杂志，详见 https://www.forbes.com/forbes/welcome/?toURL=https://www.forbes.com/sites/quora/2013/01/07/how-many-things-are-currently-connected-to-the-internet-of-things-iot/&refURL=&referrer=。

一家公司的底线。

现代编程人员如果想要取得成功(而不是屈服于工业革命期间英国灰蛾的类似命运的话),就必须学习新的旨在应对这一新环境的工具和技术,从而拥抱分布式系统和云计算。这正是反应式应用的全部价值所在。

1.4 通过本书能学到什么

笔者相信,反应式范式将扎下根来稳步发展,并且会在未来几年里影响和塑形计算领域。为了促进这一过程,本书提供了读者可能不太熟悉的各种理念、模式以及技术。本书的目的在于逐步引领读者学习这一过程,最后让读者具备达成目标的能力。

下面介绍那些根据《反应式宣言》中描述的特性分解而来的理念、模式和技术,以便让你更好地理解后续几章的内容。请做好准备,接下来开始探索之旅。

1.4.1 使用松耦合设计的异步通信

- Akka——作为工具集和运行时,用于构建基于 JVM 的高并发、分布式和可恢复的消息驱动的应用。
- Akka 参与者——轻量级并发实体,使用消息驱动的邮箱模式(参阅第 2 和 3 章)以异步方式处理消息。
- Akka HTTP——完全基于 Akka 参与者构建的可嵌入 HTTP 栈。
- CQRS-ES——通过事件消息进行通信的一组模式(参阅第 8 章)。

1.4.2 伸缩性

伸缩性意味着能够按需扩展和升级:
- Akka 集群——容错、去中心化、基于点到点的集群成员服务,没有单点故障或单点瓶颈。
- Akka 分片——跨集群中多个节点自动分布的具有标识符的参与者。
- Akka 流——流模型可以保护数据的每个消费者,以免由于生产者快速生产数据而造成的背压传播导致消费端失控。
- CQRS——这是一种方法,其中用于命令(写)的模型与用于查询(读)的模型不同。
- 分布式领域驱动设计(Distributed Domain-Driven Design,DDDD)——为满足复杂需求而进行软件开发的一种分布式方法,可以将实现与不断演化的模型连接起来。

- 伸缩性——根据负荷对系统进行扩展或收缩。
- 事件溯源——持久化行为序列。

1.4.3　回弹性

回弹性的含义超出了仅仅容错的范畴，它要求提供自行恢复的能力：
- Akka 集群——容错、去中心化、基于点到点的集群成员服务，没有单点故障或单点瓶颈。
- Akka 持久化——启用有状态的参与者来持久化内部状态，以便能够在启动参与者时进行恢复、在 JVM 崩溃之后重启或由监督者重启，抑或在集群中迁移。
- Akka 分片——跨集群中多个节点自动分布的具有标识符的参与者。
- Akka 流——流模型可以保护数据的每个消费者，以免由于生产者快速生产数据而造成的背压传播导致消费端失控。
- 故障检测——负责检测分布式系统中的节点故障或崩溃情况。
- 模块化/微服务架构——将软件应用设计为大量独立可部署服务的一种方式。

1.4.4　响应性

响应性就是无论任何环境均能提供响应的能力：
- CQRS——用于命令(写)的模型与用于查询(读)的模型不同。
- Future——一种用于检索某些并发操作结果的数据结构。
- Akka HTTP——完全基于 Akka 参与者构建的可嵌入 HTTP 栈。
- Akka 流——这种流模型可以保护数据的每个消费者，以免由于生产者快速生产数据而造成的背压传播导致消费端失控。

1.4.5　测试

- 测试驱动开发(Test-Driven Development，TDD)——一种依赖于短开发周期重复进行的软件开发过程：首先由开发人员编写一个(最初执行失败的)自动化测试用例，其中定义了期望的改进或新的功能，之后编写最少量的代码以便通过测试，并且最终将新代码重构为可接受的标准。
- 行为驱动开发(Behavioral-Driven Development，BDD)——一种结合了通用技术与 TDD 原则的软件开发过程，并且融合了来自领域驱动设计和面向对象分析与设计的概念，为软件开发和管理团队提供共享工具以及一种用于软件开发协作的共享过程。

- 测试工具集——测试工具集会提供异步测试参与者所需的一切方法，以便模拟这些参与者在真实环境中运行时的行为。
- 多 JVM 测试——一种支持同时在多个 JVM 中运行应用(包含主方法的对象)和 ScalaTest 测试的过程，对于存在多个系统间通信的集成测试而言十分有用。

1.5 本章小结

- 《反应式宣言》聚焦于反应式应用的如下特性：
  - ➢ 消息驱动。
  - ➢ 伸缩性，可根据负载进行扩展和收缩。
  - ➢ 面对故障的回弹性。
  - ➢ 能对用户做出响应。
- 传统的单体式架构具有缺陷和限制。
- 阻塞会限制并发性，因此会影响分布和扩展性。
- 反应式设计可以解决人们如今面临的分布式编程问题。

第 2 章

初识 Akka

本章内容
- 构建参与者系统
- 分布式和横向扩展
- 应用反应式原则

第 1 章介绍了反应式设计的原则，但是还没有结合实践进行讲解。本章将开始学以致用。本章将使用第 1 章介绍的参与者模型构建一个简单的反应式系统。参与者模型是最常用的响应模式之一。参与者可以发送和接收消息、进行本地决策、创建新的参与者，所有这些处理都采用异步方式并且没有锁。本章将使用 Akka 工具集来构建示例，上一章在结尾处对其进行过介绍。Akka 是一种创建和运行参与者的强大系统。Akka 是用 Scala 语言编写的，并且本章的示例也是用 Scala 语言编写的。第 3 和 4 章将更为深入地讲解 Akka。

要构建的这个反应式系统由两个彼此传递消息的参与者构成，可以使用相同的技术来创建更大型的应用。接下来本章将讲解如何通过添加其中一个参与者的更多副本来横向扩展该系统。最后，我们将看到这一方法是如何产生由消息驱动且具有伸缩性的系统的。

2.1 理解消息和参与者

反应式系统都是消息驱动的，因此消息在其中扮演着关键角色就不让人感到意外了。参与者和消息都是参与者系统的构造块。参与者会接收消息并且执行一些处理作为对消息的响应。这些处理可能包括执行一项计算、更新内部状态、发送更多的消息，甚或启动一些 I/O。

普通的函数调用差不多也执行此类相同的处理。为了理解参与者是什么，比较有用的做法是首先思考一下普通函数调用中可能会出现的一些问题。函数会接收一些输入参数，执行一些处理，并且返回一个值。处理过程可能很快，也可能需要花费较长时间。无论这一处理过程需要花费多长时间，在等待返回值期间调用方都会被阻塞。

2.1.1 从函数转向参与者

如果一个函数包含一项 I/O 操作，那么在调用方等待响应时，处理器内核的控制权很可能会转交给另一个线程。于是在该 I/O 操作完成之前，调用方将无法继续进行处理，并且调度器会将控制权转交最初的处理线程，如图 2.1 所示。线程调度会使调用方保持一种错觉，让调用方认为是在进行简单的同步调用。但实际上，其他许多线程都可能在后台运行着，这甚至有可能改变通过最初输入参数引用的数据结构。

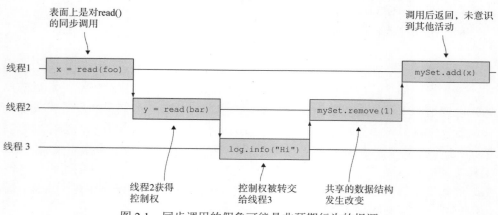

图 2.1   同步调用的假象可能是非预期行为的根源

开发人员可能知道函数有可能需要花费较长时间并且可能会对系统进行设计以便适应线程安全性和时序。不过有时候，开发人员无法预测函数需要花费的实际时长。举个例子，如果一个函数具有存储在内存中的最近使用过的数据的缓存，但是当缓存中没有数据时又必须访问数据库，那么运行该函数所需要花费的时长可能会由于从一个调用到下一个调用的切换而造成许多数量级的变化。要确保调用方和被调用方具有恰当的同步并且没有死锁的线程安全性将是非常难以实现的。如果应用编程接口(API)是正确封装的,那么整个实现就可以替换成具有不同特征的实现。进行替换后,围绕原始特征的极佳设计可能会变成一种不恰当的设计。

其结果通常就是充斥着异常处理程序、回调函数、同步阻塞、线程池、超时、神秘的调试参数,以及开发人员似乎永远也无法在测试环境中重现的缺陷。所有这些的共同之处,就是它们与业务领域没有任何关系。准确地说,它们是计算领域的各个部分在应用上的反映。

参与者模型将这些关切点推出业务领域之外并且引入参与者系统之中。

1. 参与者都是异步消息处理程序

图 2.2 所示的参与者简化视图是一个接收函数,它接收一条消息并且不生成任何返回值;当参与者系统接收到每一条消息时,就会处理这些消息。参与者系统管理着提交给参与者的消息的邮箱,从而确保参与者每次必须仅处理一条消息。这一设计产生的重要结果就是,发送者绝不会直接调用参与者。作为替代,发送者会将消息提交到参与者并且转交给参与者系统以便进行递送。

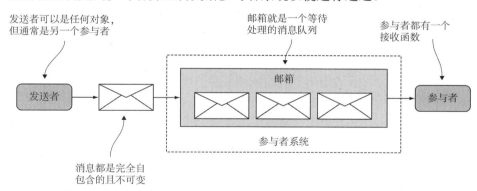

图 2.2 发送者包含一个引用以便通过参与者系统将消息提交到参与者

通过摒弃所有一切都是同步的这一错觉,参与者免除了许多函数调用的问题。作为替代,参与者采用所有执行都是单向且异步的方式。底层系统负责将消息传递给接收端参与者,这一动作可能是即时的,也可能会延迟一些时间再发送。参与者只有在准备好处理一条新消息时才会接收消息。在那之前,参与者系统都会持有消息。发送者可以立即着手处理其他任务,而不是等待可能会延迟到达或者根本不会到达的响应。如果接收端参与者会对发送者进行响应,就会用另一条异步消息来处理响应。

提示:发送者绝不会直接调用参与者。发送者与参与者之间的所有交互都是通过参与者系统来调节的。

2. 消息都是自包含的且不可变

当消息在参与者之间传递时，它们可能会移动到另一台服务器上的参与者系统中。消息必须经过设计，这样才能将它们从一个系统复制到另一个系统，而这意味着所有信息都必须包含在消息自身之中。一条消息不能包含对于这条消息之外数据的引用。有时候，消息无法送达目的地并且必须再次发送。第 4 章将介绍，同一条消息可以被广播给多个参与者。

为了确保这一过程是有效的，消息必须是不可变的。当消息被发送时，消息是只读的且不允许变更。如果消息在发送之后确实发生了变更，则没有办法知晓这一变更发生在消息被接收之前还是之后，甚至有可能是在消息被另一个参与者处理时发生的变更。如果消息正好已经被发送到另一台服务器上的某个参与者，且变更可能会在消息被传输之前或之后发生，则没有办法知晓变更的时间。更糟糕的是，如果消息必须被多次发送，那么就可能有些消息副本包含变更，而有些则不包含变更。不可变的消息则可以避免所有这些问题。

2.1.2　使用参与者和消息进行领域建模

参与者应该对应于领域模型中的真实事物。本章中的示例由一名想了解某个国家的游客和为该游客提供指引的旅行指南构成。

示例参与者系统如图 2.3 所示。该系统包含两个参与者：Tourist(游客)和 Guidebook(旅行指南)。游客会向旅行指南发送一条问询(Inquiry)消息，而旅行指南则会将指引(Guidance)消息发送给游客。消息都是单向的，因此问询和指引被定义为单独的消息。就像现实世界一样，作为对单条问询消息的响应，游客必须做好接收不到任何指引消息以及接收到单条甚至多条指引消息的准备(示例中的游客可以接收多条指引消息，至于如何确定采信哪一条则不在本书探讨范围内)。

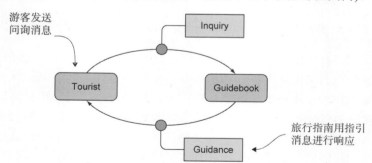

图 2.3　游客将问询消息发送到旅行指南，旅行指南会将指引
消息返回给游客作为响应

2.1.3 定义消息

大家都知道，消息是自包含的且不可变，并且现在我们已经识别出示例所需的一些消息。在 Scala 中，样本类(case class)提供了实现消息的一种简单方式。代码清单 2.1 所示的示例消息为每一种消息定义了一个样本类。这些定义遵循的约定是：消息定义在接收消息的参与者的伴随对象中。Guidebook 参与者接收 Inquiry 消息，其中包括要问询的国家编码的字符串。Tourist 参与者接收 Guidance 消息，其中包含原始的国家编码以及一段关于对应国家的描述。原始的国家编码包含在旅行指南中，这样消息中的信息就是完全自包含的。否则，就没有办法将旅行指引与问询关联起来。最后，Start 消息会在随后被用来告知 Tourist 参与者开始发送问询。

Scala 样本类

在此对不熟悉 Scala 的读者说明一下，样本类是通过类名和一些参数来定义的。默认情况下，样本类的实例都是不可变的。每一个参数都对应一个只读的值，这个值会被传递给构造函数。编译器会负责生成样板的其余部分。如下简洁的 Scala 定义

```
case class Inquiry(code: String)
```

可以生成如下 Java 对等类：

```
public class Inquiry {
  private final String code;
  public Inquiry(String code) {
    this.code = code;
  }

  public String getCode() {
    return this.code;
  }
  // ...more methods are generated automatically
}
```

样本类会生成更多的获取器。它们会自动包含正确的等式、哈希码、易于阅读的 toString 和 copy 方法、伴随对象、对于模式匹配的支持，以及可用于更多高级函数式编程技术的额外方法。

代码清单 2.1：消息定义

```
object Guidebook {
```

```
  case class Inquiry(code: String)
}
object Tourist {
  case class Guidance(code: String, description: String)
  case class Start(codes: Seq[String])
}
```

Inquiry 和 Guidance 消息都是简单的样本类

Start 消息用来告知游客开始发送问询

既然已经定义好了消息，那么是时候介绍参与者了。

2.1.4　定义参与者

此处的示例需要一个 Tourist 参与者和一个 Guidebook 参与者。参与者的大部分行为都是通过扩展 akka.actor.Actor 特性来提供的。无法被内置到参与者特性中的一个行为就是接收到消息时如何处理，因为该行为是特定于应用的。该行为需要通过实现抽象的 receive 方法来提供。

1. Tourist 参与者

如代码清单 2.2 所示，Tourist 样本类的 receive 方法会定义处理 Tourist 期望的两类消息的样本。在针对 Start 消息的响应中，将提取出国家编码并且为找到的每一个编码向 Guidebook 参与者发送一条 Inquiry 消息。receive 方法还会接收 Guidance 消息，并且将消息中的国家编码和描述打印到控制台。

Tourist 需要将消息递交到 Guidebook，不过参与者永远不会保持对其他参与者的直接引用。注意，Guidebook 是作为 ActorRef 而非 Actor 被传递到构造函数的。ActorRef 就是对参与者的引用。由于参与者可能位于另一台服务器上，因此使用直接引用并不总是可行的。此外，参与者实例可能会反复进入参与者系统的生命周期。引用提供了一种隔离级别，允许参与者系统管理那些事件，并且防止一个参与者直接改变其他参与者的状态。参与者之间的通信必须通过消息来进行。

代码清单 2.2：Tourist 参与者

```
import akka.actor.{Actor, ActorRef}

import Guidebook.Inquiry
import Tourist.{Guidance, Start}

class Tourist(guidebook: ActorRef) extends Actor {

  override def receive = {
    case Start(codes) =>
```

从消息中提取国家编码

```
    codes.foreach(guidebook ! Inquiry(_))
  case Guidance(code, description) =>
    println(s"$code: $description")
  }
}
```

对于每个国家编码,都要使用!运算符向旅行指南发送一条问询消息

将指引消息打印到控制台

!运算符

使用!运算符从一个参与者将消息发送到另一个参与者的做法可能一开始会让大家感到困惑。这种方法是由 ActorRef 特性定义的。编写

```
ref ! Message(x)
```

等同于编写

```
ref.!(Message(x))(self)
```

这两个方法都使用了 self 值, self 值是由 Actor 特性提供的 ActorRef,用作对自身的引用。!运算符利用了 Scala 中缀表示法的优点,但实际上,self 会被声明为隐式值。

2. Guidebook 参与者

代码清单 2.3 中的 Guidebook 类似于代码清单 2.2 中的 Tourist。Guidebook 会处理一种消息:Inquiry 消息。当 Guidebook 接收到一条问询消息时,就会使用一些内置到 java.util 包中的类来生成适用于此例的基本描述,然后生成一条 Guidebook 消息以便发送回给游客。

Guidebook 需要将消息递交给发送问询消息的游客。Guidebook 和 Tourist 之间的一项重要区别就在于,这两种参与者对于另一种参与者的引用的获取方式是不同的。在 Tourist 中,可将对于 Guidebook 的固定引用作为参数提供给构造函数,因为许多 Tourist 可以向同一个 Guidebook 进行咨询;而对于 Guidebook 而言,这一方式是行不通的,我们不可能预先告知 Guidebook 会有哪些 Tourist 将使用旅行指南。因而,Guidebook 会将指引消息发送回最初发送问询消息的同一参与者。Sender 继承自 Actor 特性,并且提供了对于发出消息的参与者的反向引用。这一引用可用于简单的请求-回复消息传递。

注意:了解到 Akka 被用于并发应用之后,大家可能会期望同步化 Sender 引用,以避免某条消息的接收处理被无意间响应给另一条消息的发送者。第 3 和 4 章将会介绍,Akka 设计避免了此种情况的发生。所以目前请放心,我们不用担心这一点。

代码清单 2.3：Guidebook 参与者

```scala
import akka.actor.Actor

import Guidebook.Inquiry
import Tourist.Guidance

import java.util.{Currency, Locale}                        使用 Java 内置包生成一
                                                           段非常基础的描述
class Guidebook extends Actor {
  def describe(locale: Locale) =
    s"""In ${locale.getDisplayCountry},
    ➥ ${locale.getDisplayLanguage} is spoken and the currency
    ➥ is the ${Currency.getInstance(locale).getDisplayName}"""

  override def receive = {                      将日志消息打印
    case Inquiry(code) =>                       到控制台
  println(s"Actor ${self.path.name}
  ➥ responding to inquiry about $code")
    Locale.getAvailableLocales.                 使用匹配的国家编码找到每一
    filter(_.getCountry == code).               个区域，这一实现相当低效
    foreach { locale =>
      sender ! Guidance(code, describe(locale))    将指引消息发送
    }                                                回发送者
  }
}
```

现在我们已经实现了两个完整的参与者，并且在它们两者之间实现了一些消息传递，接下来你可能希望自行实践一下。首先你要设置开发环境，以便构建和运行参与者系统。

2.2　安装示例项目

本书中的示例都是使用 sbt 构建的，sbt 是常用于 Scala 项目的一种构建工具。sbt 工具的主页位于 www.scala-sbt.org，在这个页面上你可以找到为操作系统安装 sbt 工具所需的指令。示例代码可以在线下载。可以使用以下命令获取完整示例的副本：

```
git clone https://github.com/ironfish/reactive-application-development-scala
```

源代码位于 chapter2_001_guidebook_demo 目录中。示例项目的结构如图 2.4 所示，类似于其他构建工具使用的结构，比如 Maven 和 Gradle。示例项目包含了源代码和以下文件：

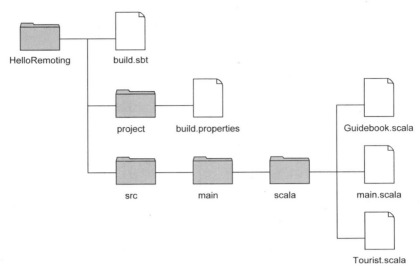

图 2.4　sbt 项目的结构类似于其他构建系统使用的结构，比如 Maven 和 Gradle

- build.sbt——包含构建指令。
- build.properties——告知要使用哪个版本的 sbt。

像其他现代工具一样，sbt 选用了约定而非配置。代码清单 2.4 所示的 build.sbt 文件包含了项目名称和版本、Scala 版本、仓库 URL 以及对于 akka-actor 的依赖。

代码清单 2.4：build.sbt

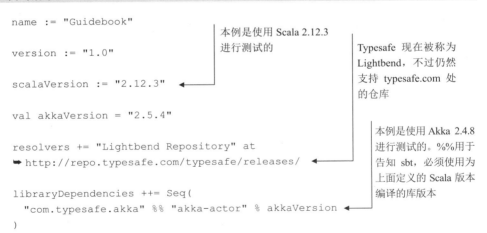

build.properties 文件允许 sbt 为每个项目使用不同的 sbt 版本。可以在控制台输入 sbt about 来获知默认的版本。代码清单 2.5 显示了这一完整的单行文件。

代码清单 2.5：build.properties

```
sbt.version=0.13.12
```
◀──── 本例是使用 sbt 0.13.12 进行测试的

前面已经介绍过用于消息和两个参与者的源代码，在本章中，这部分代码将保持不变。示例参与者应该位于单个参与者系统中还是跨多台服务器分布在多个参与者系统中，完全取决于配置以及驱动系统的 Main 程序。2.3 节会将这两个参与者运行在单个参与者系统中，然后将介绍如何使用多个参与者系统对系统进行扩展。

2.3　启动参与者系统

对 Akka 的启动无须进行太多处理。我们只需要创建参与者系统并且添加一些参与者，而 Akka 库会执行其余处理。有时，如图 2.5 所示，通过向系统发送第一条消息以便启动处理的做法十分有用。第 3 和 4 章将对 Akka 在后台所做的处理进行更多介绍。如果要了解与内部机制有关的更多内容，可以参阅 Raymond Roestenburg、Rob Bakker 和 Rob Williams 所著的 *Akka in Action* 一书(由 Manning 出版社于 2016 年出版)。

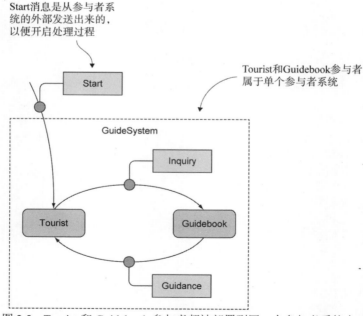

图 2.5　Tourist 和 Guidebook 参与者都被部署到同一个参与者系统中，
Start 消息是从参与者系统的外部发送出来的

2.3.1 创建驱动

代码清单 2.6 所示的驱动程序(driver program)将如预期般执行：创建参与者系统、定义参与者以及发送 Start 消息。参与者的定义是很有意思的。参与者实例可能会反复进入参与者系统的生命周期。参与者系统负责创建新实例，因此需要有足够的信息。这些信息是通过 Props 对象传递的。处理步骤如下：

(1) 创建一个 Props 对象，其中包含参与者的类以及构造函数的参数(如果有的话)。

(2) 将这个 Props 对象传递给 actorOf 方法，以便创建新的参与者并且赋予名称。actorOf 方法是通过 ActorRefFactory 特性定义的。该特性可通过几个类来扩展，其中包括 ActorSystem 类。

(3) 记录由 actorOf 方法返回的 ActorRef。调用方不会接收到对新参与者的直接引用。

代码清单 2.6：Main 驱动程序

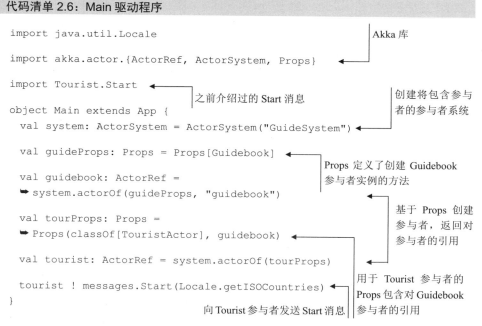

```
import java.util.Locale                                          Akka 库

import akka.actor.{ActorRef, ActorSystem, Props}

import Tourist.Start                之前介绍过的 Start 消息       创建将包含参与
                                                                  者的参与者系统
object Main extends App {
  val system: ActorSystem = ActorSystem("GuideSystem")

  val guideProps: Props = Props[Guidebook]
                                                    Props 定义了创建 Guidebook
  val guidebook: ActorRef =                         参与者实例的方法
➥ system.actorOf(guideProps, "guidebook")
                                                    基于 Props 创建
  val tourProps: Props =                            参与者，返回对
➥ Props(classOf[TouristActor], guidebook)          参与者的引用

  val tourist: ActorRef = system.actorOf(tourProps)
                                                    用于 Tourist 参与者的
  tourist ! messages.Start(Locale.getISOCountries)  Props 包含对 Guidebook
}                         向Tourist 参与者发送 Start 消息  参与者的引用
```

驱动程序本身没什么特别之处。因为扩展了 App 特性，所以驱动程序会自动包含 Main 函数，就像所有其他 Scala 或 Java 应用一样。

2.3.2 运行驱动程序

构建的输出是一个 Java Archive (JAR)文件。可以使用 sbt 来生成构建，然后

使用 java 命令启动，但是在开发期间，让 sbt 同时负责这项任务会更容易一些。可使用 sbt run 来构建和启动应用。几乎和其他任何框架一样，首次构建应用可能花费时间较长，因为需要下载依赖项。sbt 工具使用 Apache Ivy(http://ant.apache.org/ivy)来管理依赖项，而 Apache Ivy 可以本地缓存这些依赖项。

大家期待的结果来了：如果一切构建正常，那么应该看到 Guidebook 会为接收的每一次问询都打印了一条消息，而 Tourist 会为每一个国家打印简洁的旅行指南。恭喜大家！我们已经启动了首个参与者系统。更为复杂的应用可能会发送另一条消息来告知参与者将自身优雅地关闭。目前，你需要使用 Ctrl+C 快捷键来停止该参与者系统。

2.4　跨多个系统分布参与者

参与者都是轻量级的对象。每个参与者所需的内存开销都很小，大约 300 字节，这只是由单个线程消费的一小部分栈空间。可以在单个 Java 虚拟机(JVM)中驻留大量参与者。有些时候，单个 JVM 仍然是不够的，必须跨多台机器来扩展参与者。

我们已经实践过让分布式参与者成为可能的最重要的一些概念。也就是说，参与者仅通过参与者引用来彼此引用。Tourist 参与者通过使用提供给构造函数的 ActorRef 来引用 Guidebook，而 Guidebook 参与者仅通过发送者 ActorRef 来引用 Tourist。ActorRef 可以引用本地参与者或远程参与者，因此这两类参与者都已经能够用于分布式参与者系统了。对本地参与者或远程参与者进行引用对于代码而言并没有什么区别。

为了让消息传递机制能够跨多台机器工作，首先就要让消息不可变。当消息从一台机器发送到另一台机器之后，就不能再修改消息的内容了。剩下的让消息完全自包含的步骤就是让消息可序列化，这样它们就能被传输并且被接收消息的参与者系统重构。同样，Scala 样本类可以提供帮助。只要样本类中的属性可以被序列化，整个类就可以被序列化。

最后，系统需要某种方法来解决引用远程参与者系统中的参与者的问题。接下来我们将介绍解决方案。

2.4.1　分布到两个 JVM

当示例从一个 JVM 变为两个 JVM 时，参与者和消息仍将保持不变。那么什么么会有所改变呢？图 2.6 显示了新的版本。图 2.6 和图 2.5 所示的示例之间的重要区别在于，图 2.6 展示了两个参与者系统。每个 JVM 都需要自己的参与者系统来管理参与者。

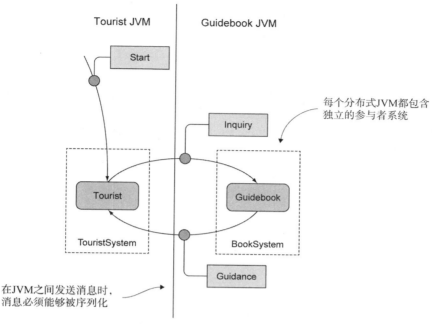

图 2.6　参与者跨本地 JVM 通信

如果从 Git 仓库中克隆了原始示例，则可以使用 chapter2_002_two_jvm 目录中的源代码。

2.4.2　为远程参与者进行配置

相较于所有一切都位于 JVM 上，分布式参与者需要一些更多的设置，这并不令人意外。这一设置过程需要配置额外的名为 akka-remote 的 Akka 库。受影响的文件如下：

- build.sbt——增加了对 akka-remote 的依赖。
- application.conf——为远程参与者提供了一些配置信息。

与之前的 build.sbt 示例相比，改变的仅仅是包含了额外的库而已，如代码清单 2.7 所示。

代码清单 2.7：用于远程参与者的 build.sbt

```
name := "Guidebook"

version := "1.0"

scalaVersion := "2.12.3"
```

```
val akkaVersion = "2.5.4"

resolvers += "Lightbend Repository" at "http://repo.typesafe.com/typesafe/
    releases/"

libraryDependencies ++= Seq(
  "com.typesafe.akka" %% "akka-actor" % akkaVersion,
  "com.typesafe.akka" %% "akka-remote" % akkaVersion

)
```

增加对远程参与者的
依赖，应该确保 Akka
版本号的匹配

在启动期间，Akka 会自动读取代码清单 2.8 所示的配置文件。这个示例中的
游客 JVM 和旅行指南 JVM 可以使用同一个配置文件。较为复杂的应用则需要为
每个 JVM 使用独立的配置文件，不过本例非常简单，所以可以共享同一个配置文
件。使用的语法是人性化配置对象表示法(HOCON，Human-Optimized Configure
Object Notation)，这是 JavaScript 对象表示法(JSON)的超集，旨在更利于人们进行
编辑。

代码清单 2.8：用于远程参与者的 application.conf

```
akka {
  actor {
    provider = "akka.remote.RemoteActorRefProvider"
  }
  remote {
    enabled-transports = ["akka.remote.netty.tcp"]
    netty.tcp {
      hostname = "127.0.0.1"
      port = ${?PORT}
    }
  }
}
```

使用 RemoteActorRefProvider 替换
默认的 LocalActorRefProvider

通过使用传输控制协议
(TCP)来启用远程通信，
可查看 Akka 文档以了解
其他选择，比如安全套接
字层(SSL)加密

示例中的远程参与
者将运行在本地机
器上

从 PORT 环境变量获取端口号。如
果没有指定，端口号默认为 0，并
且 Akka 会自动选择一个端口

2.4.3　设置驱动程序

现在配置步骤已经完成了，下一步就是添加一个程序来充当 Guidebook 参与
者系统的驱动程序。

1. Guidebook 驱动程序

Guidebook 参与者系统的驱动程序是整个系统的初始驱动程序的简化版本。
除了移除 Tourist 参与者之外，唯一的变化就是为参与者系统和 Guidebook 参与者提
供了唯一的名称。这些名称会让 Tourist 参与者更容易获取 Guidebook 的 ActorRef。

代码清单 2.9 显示了完整的代码。

代码清单 2.9：Guidebook JVM 的驱动程序

```
import akka.actor.{ActorRef, ActorSystem, Props}

object GuidebookMain extends App {
  val system: ActorSystem = ActorSystem("BookSystem")    ◀──────── 唯一地命名
                                                                  参与者系统
  val guideProps: Props =Props[Guidebook]    ◀─────────────
  val guidebook: ActorRef =                                生成的 ActorRef 与单个
➡ system.actorOf(guideProps, "guidebook")    ◀──────────  JVM 示例中的相同
}
                                               唯一地命名参与者
```

现在 Guidebook 驱动程序已经完成，可以处理 Tourist 驱动程序了。

2. Tourist 驱动程序

Tourist 参与者的构造函数需要引用 Guidebook 参与者。在原来的示例中，这项任务很简单，因为定义 Guidebook 参与者时会返回该引用。而现在 Guidebook 参与者位于远程 JVM 中，所以这一技术将无法使用。为了获取远程 Guidebook 参与者的引用，驱动程序需要：

- 获取远程参与者的类似于 URL 的路径。
- 从该路径创建一个 ActorSelection。
- 将选择解析成一个 ActorRef。

解析选择会引发本地参与者系统尝试与远程参与者进行通信并且验证其是否存在。由于这一过程需要花一些时间，因此将参与者选择解析成引用就需要一个超时值，并且返回一个 Future[ActorRef]。大家无须关心 Future 的工作细节。目前，只需要理解一点即可，那就是在路径解析成功时，就可以像之前的单个 JVM 示例那样使用生成的 ActorRef。代码清单 2.10 显示了这一完整的驱动程序。

注意：此处使用的 scala.concurrent.Future[T] 与 java.util.concurrent.Future\<T> 并不相同，前者更接近于——不过并不相同——Java 8 中的 java.util.concurrent.CompletableFuture\<T>。

代码清单 2.10：Tourist JVM 的驱动程序

```
import java.util.Locale
import akka.actor.{ActorRef, ActorSystem, Props}
import akka.util.Timeout
import tourist.TouristActor
import scala.concurrent.ExecutionContext.Implicits.global
import scala.concurrent.duration.SECONDS
```

```
import scala.util.{Failure, Success}
object TouristMain extends App {
  val system: ActorSystem = ActorSystem("TouristSystem")

  val path =
    "akka.tcp://BookSystem@127.0.0.1:2553/user/guidebook"
  implicit val timeout: Timeout = Timeout(5, SECONDS)


  system.actorSelection(path).resolveOne().onComplete {
    case Success(guidebook) =>

      val tourProps: Props =
    ➡   Props(classOf[TouristActor], guidebook)
      val tourist: ActorRef = system.actorOf(tourProps)

      tourist ! messages.Start(Locale.getISOCountries)


    case Failure(e) => println(e)
  }
}
```

唯一地命名
参与者系统

指定 Guidebook 参与者
的远程 URL 路径

等待 5 秒以便
Guidebook 响应

将路径转换成
actorSelection
并进行解析

如果成功解析了
Guidebook，则可
以像单个 JVM 示
例那样继续处理

如果 Guidebook 解析失败，则打
印一条错误消息以表示失败

此时，我们已经准备好配置和驱动程序了，可以在不同 JVM 的单个参与者系统中运行初始的 Tourist 和 Guidebook 参与者了。注意，消息和参与者与原来那个示例相比并没有发生变化，而这并非常见情形。从设计上讲，参与者默认就是可分布的。

现在是时候尝试分布式参与者了。

2.4.4 运行分布式参与者

为了运行两个 JVM，需要两个命令提示符。首先打开一个终端会话，就像 2.3 节介绍的在单个参与者系统中所做的那样。这一次，sbt 命令行必须指定要使用哪个 Main 类，因为现在有两个 Main 类。回顾一下，代码清单 2.8 中的 application.conf 文件指定了应该从 PORT 环境变量中读取监听器端口，因此还必须指定该端口。

由于 Guidebook 会一直等待参与者联系它，而 Tourist 会等待几秒才能找到 Guidebook，因此需要首先启动 Guidebook。以下命令行

–D 参数的双引号在 Windows 中是必需的，但是在其他平台中是可选的

```
sbt "-Dakka.remote.netty.tcp.port=2553" "runMain GuidebookMain"
```

应该会在控制台中打印几条消息，其中会以一条日志记录作为结束，这条日志记录会告知我们，指南系统现在正监听端口 2553。

接下来打开另一个终端窗口。运行 Tourist 参与者的命令行几乎相同：

```
sbt "runMain TouristMain"
```

区别在于端口号以及所选的要运行的 Main 类。

如果一切正常，则 Tourist 应该会像原来那个示例那样打印相同的 Guidebook 信息。祝贺大家！我们已经创建了一个分布式参与者系统。

作为练习，可以尝试打开第三个终端窗口并且在另一个端口号上运行另一个 Tourist。代码将会正常运行，因为 Guidebook 总是会对消息发送者进行响应；Guidebook 并不关心是一个 Tourist 还是一千个 Tourist 在发送消息。不过，如果有数千个 Tourist，那么我们也可能希望使用多个 Guidebook，2.5 节将介绍如何实现。

2.5　使用多个参与者进行扩展

在 Akka 2.0 于 2012 年发布之后不久，一项基准测试(http://letitcrash.com/post/20397701710/50-million-messages-per-second-on-a-single)的结果表明，在单台机器上可以每秒发送 5000 万条消息——这远超单个 Guidebook 参与者所能够处理的消息数量。回顾一下，参与者系统会确保同一时间不会有多个线程访问参与者。最终，对于单个参与者而言就会有过多的传入消息，因而必然需要多个 Guidebook 参与者来服务所有的请求。

参与者系统可以很容易地添加多个参与者。基于参与者的系统会均衡地应对多个参与者的扩展，无论参与者位于本地还是远程。附加的 Guidebook 参与者可以运行在同一个 JVM 中，也可以运行在不同的 JVM 中。本章后续内容将介绍如何在同一个 JVM 中放入同一参与者的额外实例，然后讲解如何水平扩展到另一个 JVM，这显然是我们未来必定所要面对的事情。第 4 章将更深入地介绍这些概念。

在扩展参与者系统之前，我们先介绍一下不使用参与者的传统系统如何解决相同的问题。

2.5.1　传统方案

在传统系统中，扩展的处理方式完全不同，这取决于是将额外的实例放入同一 JVM 中还是远程部署它们。如果实例都位于同一 JVM 中，那么不使用参与者的系统可能就会转而使用显式的线程池来均衡处理请求，如图 2.7 所示。

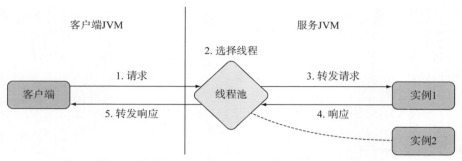

图 2.7　线程池可用于管理对服务的多个实例的访问

如果实例都位于单独的 JVM 中，则系统可以使用介于客户端 JVM 和服务 JVM 之间的专用负载均衡器，如图 2.8 所示。大部分情况下，通过负载均衡器的通信都会使用 HTTP 协议。

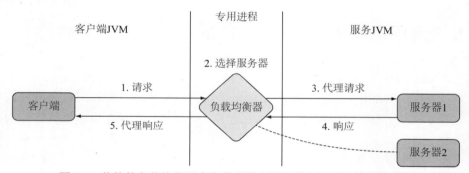

图 2.8　传统的负载均衡器会在客户端和服务器之间引入单独的进程

有许多很棒的负载均衡器可用。HAProxy(www.haproxy.org)是一种专用的软件解决方案，而 NGINX(www.nginx.com)可以被配置为反向代理。有些公司甚至提供了硬件解决方案，比如 F5 Networks 股份有限公司的 BIG-IP Local Traffic Manager。不过，这些解决方案并不在本书讨论范围之内，因为它们并非必要的。作为替代，负载均衡可以由参与者系统来处理。

2.5.2　像参与者函数那样路由

在基于参与者的系统中，可以将负载均衡器当作专用于路由消息的参与者来处理。客户端对于路由器的 ActorRef 的处理方式与对于服务自身的引用的处理方式相同。之前讲过，本地和远程参与者会被同等对待，这一规则在这里也是适用的。客户端本身无须关心路由器是本地的还是远程的。这一判定可以作为系统配置的一部分来处理，独立于客户端或服务的编码实现方式之外。

回到旅行指南示例，Tourist 参与者会向路由器发送问询消息，路由器会选择

Guidebook 参与者，而 Guidebook 则会将指引消息直接发送回 Tourist，所有这一切如图 2.9 所示。

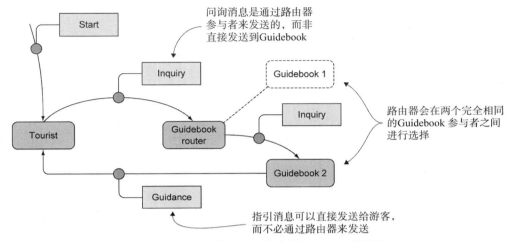

图 2.9　通过执行负载均衡的路由器将消息从 Tourist 发送到 Guidebook

　　回顾一下 2.1 节，Guidebook 参与者会将响应发送回发出消息的发送者。大家可能会想知道，当消息来自路由器而非初始客户端时，处理过程是如何进行的。答案就是，路由器不会像发送者那样传递对自身的引用。路由器所做的是转发初始发送者，因此路由的消息看上去就像是直接来自客户端一样。

2.6　创建参与者池

　　就像旅行指南示例一样，单个参与者每次只能处理一个请求，这极大地简化了编码复杂度，因为参与者不必关心同步问题。但由此延伸出来的一个问题就是，Guidebook 会变成瓶颈，因为只有一个 Guidebook，并且每一个请求都必须等待Guidebook 变为可用才能处理。进行扩展的最简单方式就是，在单个参与者系统中添加 Guidebook 参与者池，并且创建一个路由器来均衡处理问询。图 2.10 展示了这一方式。

　　Tourist 和 Guidebook 参与者与之前的示例相比仍旧保持不变。实际上，整个游客系统都仍将保持不变。正如稍后将会介绍的，需要修改旅行指南系统以便将变更融入其中。

　　如果从 Git 仓库中克隆了原始示例，则可以使用 chapter2_003_pool 目录中的源代码，其中使用了两个 JVM 和一个参与者池。

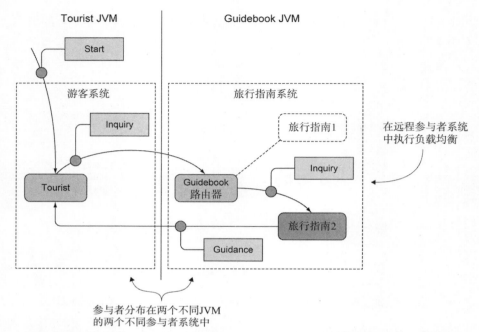

图 2.10 进行扩展的一种方式就是在同一个参与者系统内创建 Guidebook 参与者池

2.6.1 添加池路由器

池路由器也是参与者，用于替代初始的 Guidebook 参与者。就像任何其他参与者一样，路由器参与者也需要 Props。可以完全在代码中配置参与者池，不过最好还是使用配置文件进行配置。Akka 路由包含一个便利的 FromConfig 工具，用于告知 Akka 需要配置一个池。代码清单 2.11 中的驱动程序会将初始的旅行指南 Props 传递到 FromConfig，以便让 Akka 知晓如何创建新的池成员以及来自配置文件的其他所有配置内容。

代码清单 2.11：用于旅行指南 JVM 的具有旅行指南池的驱动程序

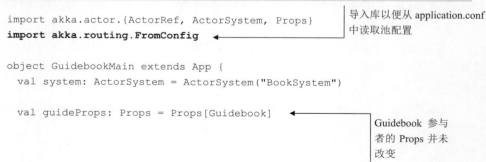

```
import akka.actor.{ActorRef, ActorSystem, Props}
import akka.routing.FromConfig

object GuidebookMain extends App {
  val system: ActorSystem = ActorSystem("BookSystem")

  val guideProps: Props = Props[Guidebook]
```

导入库以便从 application.conf 中读取池配置

Guidebook 参与者的 Props 并未改变

```
val routerProps: Props =
➥ FromConfig.props(guideProps) ◄─────────────────┐
                                                  │  封装用于 Guidebook 参与
val guidebook: ActorRef =                         │  者的初始 Props 的池配置
➥ system.actorOf(routerProps, "guidebook") ◄──┐
}                                              │
                                               │  参与者的名称必须匹配配
                                               │  置文件中的名称
```

　　Akka 包含几个内置的池路由器。其中最常用的就是轮询池。这一实现会创建一定数量的参与者实例，并且依次将请求转发给每一个参与者。第 4 章将描述一些其他的池实现。

　　代码清单 2.11 展示了如何配置一个包含五个 Guidebook 参与者实例的轮询池。这些实例又称为被路由对象(routee)。

代码清单 2.12：具有 Guidebook 参与者池的 application.conf

```
akka {
  actor {
    provider = "akka.remote.RemoteActorRefProvider"     配置 Guidebook
    deployment {                                          参与者池
      /guidebook { ◄───────────────────┐
        router = round-robin-pool
        nr-of-instances = 5
      }                                    使用具有五个实例
    }                                      的内置轮询池
  }
  remote {
    enabled-transports = ["akka.remote.netty.tcp"]
    netty.tcp {
      hostname = "127.0.0.1"
      port = ${?PORT}
    }
  }
}
```

　　如前所述，使用 Akka 可以很容易地在一个池中创建许多参与者。可创建一个池参与者，为其提供创建新的池条目所需的 Props，并且通过配置文件按需配置这个池。

2.6.2　运行池化的参与者系统

　　参与者池的运行也很容易。过程与之前介绍的两个参与者系统的运行相同。像之前一样，如下命令行

```
sbt "-Dakka.remote.netty.tcp.port=2553" "runMain GuidebookMain"
```

会启动旅行指南系统，而如下命令行

```
sbt "runMain TouristMain"
```

则会启动未发生变化的游客系统。游客控制台中的输出应该与之前相同。区别在于旅行指南控制台。在添加池之前，每条问询消息都会引发 Guidebook 参与者打印一行信息，比如：

```
Actor guidebook responding to inquiry about AD
```

现在，名为 Guidebook 的参与者就是路由器参与者，池中的 Guidebook 参与者的每个实例都会被赋予不同的随机名称。现在，问询会使每个 Guidebook 参与者打印一行下面这样的信息：

```
Actor $a responding to inquiry about AD
```

由于配置了五个参与者，因此控制台输出应该显示五个不同的参与者名称，比如$a、$b、$c、$d 和$e。

注意：轮询池(round-robin pool)是 Akka 中包含的几种池的实现之一。可以通过修改配置文件来尝试其他一些类型。可以尝试的其他类型包括随机池(random-pool)、均衡池(balancing-pool)、最小邮箱(空闲)池(smallest-mailbox-pool)、分散聚集池(scatter-gather-pool)以及尾部断续池(tail-chopping-pool)。

本节扩展了一个参与者系统，实现方式是：使用具有完全相同的参与者的池路由器来替换单个参与者。2.7 节将应用相同的概念将消息分布到多个 JVM 的多参与者系统中。

2.7　使用多参与者系统进行扩展

路由器参与者负责持续跟踪被路由对象，这些对象会处理接收到的消息。池路由器是通过创建和管理被路由对象本身来处理这一任务的。另一方式就是，为路由器提供一组参与者，但分开管理它们。这一方式类似于传统负载均衡器的工作方式。区别在于，传统负载均衡器使用了一种专用的处理过程来管理分组成员关系并且执行路由，而在基于参与者的系统中，可以通过客户端的路由器参与者来执行路由，如图 2.11 所示。

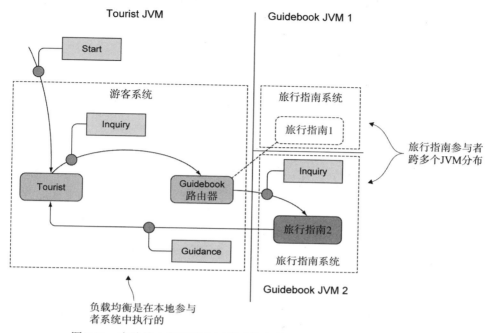

图 2.11　本地路由器可以在远程系统中的参与者之间均衡路由请求

这两种方式是互斥的。首先让客户端的路由器选择远程参与者系统来为请求提供服务，然后让服务参与者系统中的另一个路由层从池中选择特定的参与者实例，这样的做法是合理的。响应消息仍然会从服务参与者直接流向初始的客户端参与者。

如果从 Git 仓库中克隆了原始示例，则可以使用 chapter2_004_group 目录中的源代码，其中保留了旅行指南系统中的池路由并且将一个分组路由器添加到了游客系统中。

2.7.1　添加分组路由器

如果使用分组，那么 Tourist 参与者系统的驱动程序就会比最初使用单个远程参与者的系统更简单。在最初的示例(详见代码清单 2.10)中，驱动程序是使用 Future[ActorRef]来解析远程参与者路径的，而在创建 Tourist 参与者之前，系统会等待远程参与者系统已验证通过的确认消息。使用分组路由器后，所有这些工作就可以由分组路由器来处理，如代码清单 2.13 所示。

代码清单 2.13：具有 Guidebook 系统分组的 Tourist JVM 的驱动程序

```
import java.util.Locale
```

导入库以便从
application.conf
中读取池配置

```
import akka.actor.{ActorRef, ActorSystem, Props}
import akka.routing.FromConfig  ◄

import Tourist.Start

object TouristMain extends App {
  val system: ActorSystem = ActorSystem("TouristSystem")

  val guidebook: ActorRef =
    system.actorOf(FromConfig.props(), "balancer")  ◄

  val tourProps: Props =
    Props(classOf[Tourist], guidebook)

  val tourist: ActorRef = system.actorOf(tourProps)

  tourist ! Start(Locale.getISOCountries)
}
```

使用另一个名称以
便将这个路由器与
Guidebook 驱动程
序使用的路由器区
分开来

剩余的步骤与代码
清单 2.6 所示的单个
JVM 驱动程序的步
骤相同

路由器分组的配置由配置文件来处理。

均衡器的分组配置使用的是轮询分组而非轮询池，如代码清单 2.14 所示。分组路由器期望提供被路由对象，这些被路由对象由 routees.paths 提供。第 4 章将介绍其他一些分组实现。

代码清单 2.14：具有 Guidebook 系统分组的 application.conf

```
akka {
  actor {
    provider = "akka.remote.RemoteActorRefProvider"
    deployment {
      /guidebook {
        router = round-robin-pool
        nr-of-instances = 5
      }
      /balancer {
        router = round-robin-group
        routees.paths = [
          "akka.tcp://BookSystem@127.0.0.1:2553/user/guidebook",
          "akka.tcp://BookSystem@127.0.0.1:2554/user/guidebook",
          "akka.tcp://BookSystem@127.0.0.1:2555/user/guidebook"]
      }
    }
  }
  remote {
```

保留旅行指南参与者池，
由 Guidebook 继续使用

创建具有三个
分组成员的名
为 balancer 的轮
询分组路由器

```
    enabled-transports = ["akka.remote.netty.tcp"]
    netty.tcp {
      hostname = "127.0.0.1"
      port = ${?PORT}
    }
  }
}
```

配置文件的其余内容仍旧保持不变。

2.7.2　运行多个参与者系统

2.7.1 节所做的配置指示均衡器通过联系 BookSystem 参与者系统的监听端口 2553、2554 和 2555 来查找三个旅行指南。打开三个终端窗口，并且使用以下命令启动这三个系统：

```
sbt "-Dakka.remote.netty.tcp.port=2553" "runMain GuidebookMain"    在单独的终端窗口
sbt "-Dakka.remote.netty.tcp.port=2554" "runMain GuidebookMain"    中运行这些命令中
sbt "-Dakka.remote.netty.tcp.port=2555" "runMain GuidebookMain"    的每一个命令
```

接下来在第四个终端窗口中运行游客系统：

```
sbt "runMain TouristMain"
```

游客控制台中应该会出现常见的指引消息。

现在切换到运行旅行指南实例的每一个终端窗口。从中应该可以看出，三个实例都已经响应了一些消息，并且应该能够验证每一个实例都接收了对不同国家的请求。

位于每一个参与者系统中的池仍旧没有变动，因此现在运行中的分布式参与者系统包含 16 个参与者：1 个 Tourist 参与者和 3 个 Guidebook 系统，其中每个 Guidebook 系统都包含具有 5 个 Guidebook 参与者的池。这对于这样一小段代码而言还真不少。

2.8　应用反应式原则

在本章中，相同的 Tourist 和 Guidebook 参与者仍旧保持不变。此时，这两个驱动程序都从 application.conf 中获取配置，而不是使用硬编码进行配置。完整的系统只需要非常少的代码。这两个参与者及其驱动程序的 Scala 代码少于 100 行，并且系统还展现出了反应式特性。

第 1 章提到的《反应式宣言》已经介绍过奠定反应式应用基础的四个特性。

反应式应用是消息驱动的，且具有伸缩性、回弹性和响应性。

本章中的示例就是消息驱动的。所发生的一切都是为了响应相同的三条不可变消息。参与者之间的所有通信都是异步完成的，并且绝不会出现从一个参与者到另一个参与者的直接函数调用。只有参与者系统会调用参与者以便向其传递消息。消息传递展现出位置透明性。发送者本身并不必关心消息接收者是本地的还是远程的。

位置透明性还允许将路由器注入消息流，这有助于获得另一个反应式特性——反应式应用也将是易伸缩的，能够通过扩展本地参与者池来应用更多的资源并且还能通过添加远程参与者进行远程扩展。

换言之，我们现在拥有的是一个易伸缩的、消息驱动的系统，可以对其进行水平扩展而无须编写任何新的代码，这是一项了不起的成就。大家可以随意使用配置进行各种尝试。

如果进行尝试，就会发现该系统还具有一些回弹性和响应性，但在这方面还可以做得更好。第 3 和 4 章将介绍创建一个完整的反应式应用所需的其余组成部分。其中会讲解更多关于 Akka 设计的内容，以及各个组件如何共同运行以便为本章创建的系统奠定基础。

2.9　本章小结

- 参与者都有用于接收消息的 receive 函数，该函数不会返回任何值。
- 参与者都通过参与者系统来调用，而不会被其他参与者直接调用。参与者系统会确保在调用某个参与者的 receive 函数时，每次都只有一个线程存在，这样可以简化 receive 函数，因为它不必具备线程安全性。
- 参与者默认都是可分布的。本章使用的参与者和消息都是相同的。在从单个 JVM 中的两个交换消息的参与者演化为分布在三个 JVM 中的 16 个参与者时，只有驱动程序和配置发生了改变。
- 不可变消息会在参与者之间流转。不可变消息都是线程安全的且可以安全复制，当消息被序列化且被发送到另一个参与者系统时，这是很有必要的。Scala 样本类提供了一种安全、简单的方式来定义不可变消息。
- 发送者使用 ActorRef 来处理消息，ActorRef 是从参与者系统中获取的。ActorRef 可以引用本地或远程参与者。
- 可以通过路由器对参与者系统进行扩展，将请求均衡分布到多个参与者之间。路由器可以被配置为路由器池，以便创建和管理参与者实例。分组路由器需要单独创建和管理参与者。

第 *3* 章

理解 Akka

本章内容

- 参与者模型
- 参与者系统
- Akka 具有并发性和异步性
- 不共享任何内容，非阻塞设计
- Akka 监管与路由器

现在大家已经能够很好地理解反应式应用是什么以及为何需要反应式应用了，是时候选取工具集以便构建这样的系统了。在开始构建之前，可以快速回顾一下反应式系统的特性，以确保选取的工具可以胜任此项工作。

《反应式宣言》(见第 1 章)展示了反应式系统的四个关键特性：

- 响应性——如果可能，系统将及时响应。响应性是可用性和实用性的基石；不仅如此，响应性还意味着可以快速检测并且有效处理问题。
- 回弹性——在面对故障时系统可以保持响应。回弹性并不仅仅适用于高可用的、承担关键任务的系统；任何不具有回弹性的系统在发生故障之后都将不可响应。
- 伸缩性——在不同的工作负荷下，系统能够保持响应。反应式系统可以通过增加或减少资源配置来响应负载的变化。

- 消息驱动——反应式系统是基于异步通信的,其中发送者和接收者的设计并不会受消息传播方式的影响。因而,我们可以单独设计系统,而不必关心消息传递方式。消息驱动的通信将引出松耦合设计,以便为响应性、回弹性和伸缩性提供基础。

在详细了解这四个特性时,请注意前三个特性——响应性、回弹性和伸缩性——都与反应式系统的行为有关,而消息驱动特性起的是辅助作用,以便让前三个特性能够各司其职。可以将这一特性视作实现的一部分:需要实现一种异步的、消息驱动的架构以便促成响应式、可回弹和易伸缩行为。因此,你选择的工具集所应具备的关键能力之一就是提供异步消息传递支持。

尽管还有其他工具集可以支持消息传递,但本书选择的工具集就是 Akka[1]。做出这一决定的出发点就是 Akka 的分布式特性,以及笔者在生产环境中使用 Akka 的大量经验。虽然本章会深入探讨 Akka 及其许多特性,但本章并不打算对其进行详尽介绍。本章将使用类比、说明和一些代码示例来展示 Akka 的反应式特性。这里提供的基础内容将有助于大家理解本书后续内容中将要使用的所有 Akka 知识。本书后续内容将讲解集群和分片、CQRS、事件溯源、基于微服务的设计、分布式测试以及其他技术以便完成我们的反应式学习。

提示:如果读者已经阅读过关于 Akka 的资料,那么可能已经熟悉 hAkking 这个词了。hAkking 是一个描述用 Akka 进行编码或快速编程的充满感情色彩的俚语,诞生于 2009 年。

3.1　Akka 是什么

Akka 是由 Jonas Bonér 创造的,Jonas 是 Typesafe 公司的首席技术官和联合创始人。作为一位经验丰富的 Java 架构师,Jonas 精通分布式应用技术,比如 CORBA、EJB 和 RPC(具有具体的本地和远程接口的重量级协议),Jonas 对于较老的技术在扩展性和回弹性方面的限制以及同步特性感到很失望。他开始意识到,这些技术以及用于实现 JVM 中的分布式计算的标准及抽象技术,无法满足快速发展的分布式计算的需求。

Jonas 不是轻言放弃的人,他开始将目光转向 Java 企业应用领域之外以便寻求答案,后来他遇到了 Erlang 以及 Erlang 开放电信平台(OTP, Open Telecom Platform)。Erlang 是一种编程语言,用于电信业、银行业以及其他行业以便构建可扩展的、软性(用于跟踪真实世界问题场景的系统方法)实时系统,这类系

---

1 使用参与者进行编程(http://en.wikipedia.org/wiki/Actor_model)。

统的目标是实现高可用性。Erlang 通过 Erlang OTP 库来支持《反应式宣言》中的特性。OTP 旨在成为一种能够为开发过程提供必需工具的中间件。Jonas 意识到，Erlang 用于故障管理以及像电信这样的关键基础设施服务分布的方法也可以应用到主流企业中。从 Akka 的角度看，OTP 最知名的就是具有监管树的参与者实现，用于为自我修复提供语义，从而让 Erlang 和 Akka 都具有回弹性。

　　Erlang 有一个组件尤为吸引 Jonas：参与者模型。这是一种并行计算的数学模型，决策都是在参与者内进行的，然后将决策作为一条轻量级消息发出。通过参与者模型，Jonas 意识到可以构建松耦合的系统，这类系统能够无视崩溃，可以包容故障并且允许在多线程环境中进行确定性推理[1]。对于 Jonas 而言，这是灵光乍现的一刻，在几个月的 hAkking 之后，他于 2009 年 6 月 12 日发布了 Akka 的第一个版本(v0.5)[2]。

　　作为经久不衰的 Akka 设计的证明，Akka v0.5 README.md 中的以下内容片段至今仍旧有效：

- Akka 内核实现了一种独特的混合。
- 参与者模型(参与者以及 Active 对象)。
- 异步的、非阻塞的高并发组件。
- 能够无视崩溃的监管，组件都是松耦合的并且能够在出现故障时重启。

什么是内核

计算机科学中的内核是指操作系统中的核心部分，用于管理计算机和硬件的任务，并且是系统最基础的部分。内核有两种形式：

- 微内核——仅包含核心功能。
- 宏内核——包含核心功能和许多驱动程序。

宏内核主要用于操作系统的核心，比如 Linux，并且可以通过一系列驱动程序进行扩展。微内核专注于特定问题，比如在操作系统中控制内存或 CPU 周期。微内核这个词通常适用于多种操作系统，比如 Akka 就是这样。在 Akka 中，微内核是一种捆绑机制，允许我们部署和运行应用，而无须使用应用服务器或者启动脚本。

3.2　Akka 现状

　　在当今世界，对分布式系统的需求已经呈现爆发式增长。随着客户对即时响

---

1 Akka 5 周年纪念，htttp://goo.gl/WXRYxI。
2 Akka v0.5，https://github.com/akka/akka/releases/tag/v0.5。

应、无故障和可随处访问的期望日益增多，各个公司已经开始意识到，分布式计算是唯一可行的解决方案。相应地，对分布式技术的要求也已经变得越来越严格。应用集群、分布式持久化、分布式缓存以及大数据管理正迅速变成所有合格工具集的预期组成部分。

核心 Akka 库 akka-actor 为消息传递、序列化、分发和路由提供了所有的语义。为了满足这些日益增长的需求，像 Akka 这样的工具集必须通过强化现有工具和添加新工具来持续做出反应。过去几年来，Akka 团队已经为 Akka 工具集添加了一些高质量的分布式工具。下面将对其中一些工具进行高层次概述，本书将对这些工具中的许多进行详细探讨。

3.2.1　变得可响应

反应式应用都是消息驱动的并且会使用与传统同步式方法不同的设计模式。要介绍的第一组工具包含反应式应用的构造块。

1. Future

反应式应用可以与 Future(用于获取某些并发操作结果的数据结构)无缝集成。因而，可以同步式推导异步计算并且安全地修改共享状态。

2. 路由器和分发器

Akka 中的路由器和分发器为并行编程提供了一种强有力的机制。

3. Akka Streams

Akka Streams 是最近才添加到 Akka 工具集中的。其目标是，通过管理背压来治理跨异步边界的流数据交换。这一技术的意义非常深远，因此 Akka 中的其他许多工具——比如 Akka 持久化、Spray.io(现在称为 Akka HTTP)以及像 Play 框架这样的产品——都将被更新以便充分利用 Akka Streams 的优点。

4. Akka HTTP

Akka HTTP 基于 Spray.io 库并且提供了一种按需合并流式数据的 HTTP 请求/响应模型。背压的底层依赖于 Akka Streams，背压是隐式管理的，为 HTTP 范式带来了显著的响应性提升。

3.2.2　可靠地保留数据

在参与者模型中，参与者管理着状态。一个参与者如果失败，它就不再具有自己持有的数据。Akka 会同时使用内存和硬盘复制方式来应对这一数据可靠性问题。

1. Akka 数据复制

Akka 数据复制是 Akka 应对无冲突复制数据类型(CRDT)的解决方案。CRDT 允许复制内存中的数据，具有最终一致性并且具有低延迟和完全可用性。可以将 CRDT 视作一种分布式缓存。

2. Akka 持久化

持久化状态管理是大多数应用的热门主题。Akka 持久化不仅提供了这种管理机制，还会在由于故障或迁移造成系统重启时进行自动恢复。此外，Akka 持久化为构建基于 CQRS 和事件溯源的系统提供了基础。

3.2.3　需求越来越大的回弹性和伸缩性

Akka 采用了一种默认分布式的理念，这是通过一种具有引用性或本地透明性的统一编程模型来实现的。本地和远程场景使用相同的 API 并且根据配置进行区分，以便提供一种更为简洁的方式来编码消息驱动的应用。远程能力提供了高级集群化和持久化特性的基础，以便让 Akka 系统可以抵御故障并且按需进行扩展。

1. Akka 集群

Akka 集群是松耦合的系统分组，可将自身呈现为单个系统，从而提供一种没有单点故障或单点瓶颈的可恢复、去中心化、基于点到点的集群成员服务。Akka 集群的工作机制用到了流行病协议(gossip protocol)和一种自动化的故障检测器。

2. 集群感知路由器

Akka 的集群感知路由器让 Akka 路由器的应用更进了一步，其中实现了新成员加入集群时的自动化负载再平衡。

3. 集群单例

有时候，我们正好需要在集群中运行某个进程的实例，比如某个外部系统的单点入口。Akka 为这样的使用场景提供了集群单例。

4. 集群分片

集群分片允许通过逻辑标识符与集群中跨多个节点分布的参与者进行交互。

当集合中的参与者消耗的资源大于一台机器所能提供的资源时，这种通过逻辑标识符进行访问的方式就会很重要。比如，系统也许只能为一小部分参与者提供足够的内存。分片允许参与者跨多个节点分布，而不必为了找到每个参与者的正确节点将额外的逻辑嵌入客户端。

3.2.4　使用 Spark 支持大数据

Spark 作为库，可以通过将计算移到数据中来颠倒数据操作顺序，而不是在计算过程中读取数据。因此，Spark 在数据密集型操作和转换方面性能表现极佳。大数据管理正快速成为对分布式系统的最重要的要求之一。幸运的是，像 Spark(一种大数据流计算引擎)这样的技术可以提供帮助，Spark 是一种利用 Akka 实现的 Scala 应用。虽然并非 Akka 工具集的正式组成部分，但任何反应式环境中都可以随意使用 Spark，这正是由于 Spark 使用 Akka 作为基础。

如今，Akka 已被定义为在 JVM 中构建高并发、分布式、可回弹、消息驱动的应用的工具集和运行时。3.3 节将介绍这一定义背后的原理，并且明确阐释一些有助于大家将 Akka 特性和反应式范式建立联系的专用术语。

3.3　Akka 专用术语

目前已经介绍了 Akka 的起源并且讲解了 Akka 的一些高级特性，是时候深入介绍让 Akka 具备反应式特性所应采用的方法了。本节将定义一些重要的术语。

> **Akka 名称的由来**
>
> Akka(萨米语中 Ahkka 的瑞典语形式)是瑞典北部的群山(密集的山脉群，有别于其他山脉群)，拥有 10 个冰川和 12 座山峰，其中 Stortoppen 为最高峰。
>
> Akka 也是瑞典神话中一位女神的名字，代表着世界上所有的美丽和美好。这座山可以视作这位女神的化身。

3.3.1　并发和并行

并发和并行有时候会被混为一谈，不过虽然这两个词具有相关性，但它们是有区别的。图 3.1 展示了收费站是如何变成阻塞点并且减慢整个交通的。增加第二个收费站就会让阻塞消失并且允许更多的车辆通行。

- 并发会提升吞吐量，这是通过允许以某种非确定方式处理两个或更多任务来实现的，这可能是同时运行的，也可能不是。因而，并发编程专注于非确定性控制流中产生的复杂性,正如第 1 章关于紧耦合中间件的内容中所探讨的那样。

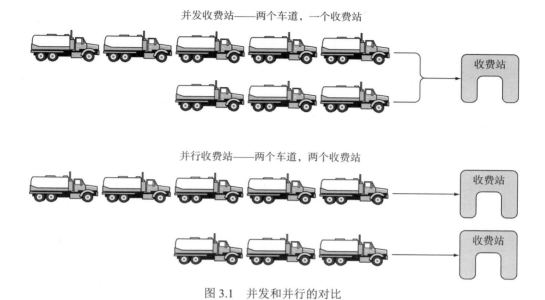

图 3.1　并发和并行的对比

- 另外,当多个任务同时执行时就会出现并行现象。并行编程专注于通过让流程控制变得确定来提升吞吐量。

　　并发和并行是反应式系统的关键,因为它们会提升响应性、支持伸缩性,并且是 Akka 天然特性的一部分。反过来看,它们又引入了不确定性和隔离式处理,而这就需要进行整体管理,表明我们无法确保进程在何时何地发生。在阅读本书时,大家将了解 Akka 如何利用这些构造,以及通过构建的应用来实现和管理这些构造的最佳方式。

3.3.2　异步和同步

　　并发和并行与如何处理吞吐量有关;异步和同步与如何访问吞吐量有关。将一个方法称为同步方法就意味着,该方法的调用方必须等待返回或失败情况。对异步而言则正好相反,异步方法不需要调用方等待。

　　如果调用方想要获得响应,就需要某种形式的完成信号,比如回调函数、Future 或消息传递。图 3.2 展示了异步方法的一些完成信号的常见形式。

阻塞的异步调用 = 不好

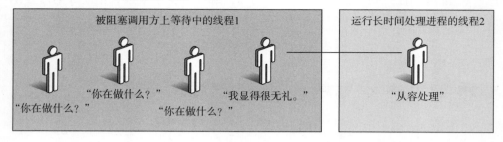

使用注册了回调函数的异步调用 = 良好

使用了Future的异步调用 = 更好

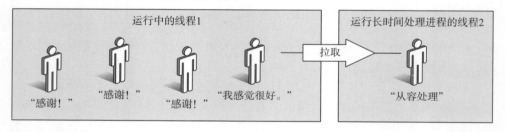

使用了消息传递的异步调用 = 最佳

图 3.2　完成信号的不同形式

　　当发送方希望通过将异步调用封装在阻塞式结构中以便等待异步调用结果时，就会发生阻塞。这样的阻塞不仅会让发送者的所有处理全部停止，还会停止整个线程，而在这种情况下很可能还有其他进程正在运行。如大家所料，阻塞并非好的做法，因为会带来明显的性能影响并且是实现伸缩性的主要障碍(事实上的确如此)。如果在前进路线上存在阻碍，我们将无法动弹(纵向或横向扩展)。基于此，除非有必要，否则应该避免阻塞，并且像 Akka 这样的消息传递工具集也不建议有阻塞情况存在。

注册的回调函数都是构造体，调用可以凭此提供异步方法以便能够获取完成信号。因而，调用方不必等待完成并且可以继续进行处理。当异步方法完成时，就会使用回调函数将完成信号推送给调用方。Akka 已将 Future 构造体用于自己的回调函数。

Future 是一种数据构造体，用于捕获并发操作的结果并且提供访问操作结果的回调函数。在异步方法中，通常会以两种方式之一使用 Future：调用方将异步方法封装在 Future 中，或者由异步方法返回一个 Future。无论采用何种方式，调用方都可以继续进行处理并且拉取异步方法完成时的信号。对于将本身非同步的事件组成事件序列以及帮助实现响应性而言，Future 是绝佳方式。Akka 已经内置对 Future 的支持。

稍后将详细探讨消息传递。目前，你需要理解的是，消息传递是所有参与者系统的核心，并且提供了基于参与者的语义以便通过向异步方法所有者发送一条消息来调用它们。这种传播方式对于调用方是透明的，在参与者的术语中，调用方就是发送者。消息传递是 Akka 系统中的主要通信手段，在阅读完本章内容之后，消息传递将成为大家手头上可以信手拈来的技术。异步方法调用为响应性带来了显著提升，因而成为反应式系统的关键并且是 Akka 的核心部分。调用方(或者说参与者中的发送方)不会等待响应，因此可以自由进行其他方面的处理。不过，这种通信形式还需要独立于传输方式之外对结果进行协调解析。之前已经讲过，对异步调用不利的阻塞(一种协调方式)需要避免，因为阻塞会妨碍响应性并且破坏回弹性。好消息是，前面还介绍过，有其他方法(比如回调函数、Future 和消息传递)可以在不受阻碍的情况下管理异步调用。

到目前为止，本章已经介绍了关于 Akka 为构建具有响应性并且支持回弹性的应用而提供的专业术语。不过大家可能还不清楚回弹性指的是什么。回弹性这一概念指的是，系统可以通过增加和减少分配的资源，在各种负载情况下保持响应。换句话说，系统的响应性与系统获取和利用资源的能力是正相关的。这样的资源分配可以在本地进行，也就是纵向扩展，也可以在分布式环境下进行横向扩展。

这一定义带来的结果就是，可以认为响应性和回弹性这两个概念在反应式系统中是相关的。除了相关之外，它们两者还面临一个共同的问题。如果不能很好地应对这一问题，则可能对它们两者产生明显阻碍。3.3.3 节将探究这个共同的问题——竞争——并且讲解如何应对。

3.3.3 竞争

竞争(用计算机科学中的术语来说就是资源竞争)就是在访问像随机存取存储器、内存缓存和磁盘这样的共享资源时产生的冲突。本章之前的图 3.1 简要描绘了这一冲突，其中两列汽车试图通过同一个收费站。底层操作系统主要负责处理这一级别的竞争；因此，我们通常不必处理。不过，我们必须自行应对的另一级别的竞争就是应用级别的竞争。在应用级别，竞争几乎总是源自跨多个线程的共享状态的错误管理。这一情况造成的结果包括：

- 死锁
- 活锁
- 饥饿
- 竞争条件

死锁的情况就是，几个参与方都被冻结，需要彼此互相等待才能达到某个特定状态。所有参与方都会停止处理，因而整个子系统都会暂停运行。

活锁的情况就像死锁一样，就是所有参与方都无法进一步进行处理。主要区别在于，相较于冻结，活锁这种情况中的参与方可以继续变更状态以便让其他参与方继续尝试处理。

而另一方面，饥饿有所不同。但总的来说，表现出来的影响是相同的。饥饿的情况就是，其中有些参与方的优先权总是会大于其他参与方，从而阻止其他参与方进行进一步处理。

竞争条件特别令人讨厌，因为它们会表现出处理中的假象。当多个参与方都访问未保护的共享可变状态，并且状态的变化被认为可判定时，就会出现竞争条件。这种情况会造成交错的变更，这些变更可能并非处于正确顺序，从而会破坏状态，而这会导致非期望的结果。这样的假象就是，尽管取得了处理进展，但很可能最终结果是错误并且有害的。

图 3.3 很好地揭示了这几类竞争场景。

如大家所见，竞争是需要尽可能避免的问题。竞争会对响应性造成重大影响并且反过来限制可伸缩能力。那么如何解决这个问题呢？当然，我们必定需要并行处理，并且需要管理某种程度上共享的状态。不过，我们本来就在探讨拥抱分布式的反应式系统，对吧？没错，所以这个问题的答案就是完全无共享。

死锁场景：两个参与方都等待对方改变状态

活锁场景：两个参与方都为彼此改变状态

饥饿场景：赋予某些参与方优先权，但不赋予其他参与方

竞争条件：有序的共享状态的变化会产生非期望结果

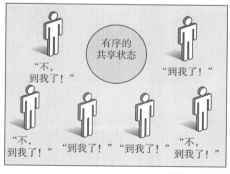

图 3.3　不同类型的竞争

3.3.4　完全无共享

我们编写的几乎每一个应用都需要某种形式的状态，并且这种状态通常需要

被多个参与方访问。典型的例子就是并发计数器，由于要跟踪对指定资源的访问次数并且正确更新而不阻塞，因此必须保持可响应。在像 Java 这样的语言中，我们可以使用像 AtomicInteger 这样的构造体来解决这个问题。AtomicInteger 提供了一种在并发环境中变更计数器值的安全方式。其影响在于，所有的变动都具有原子性。也就是说，在出现变动时，不会出现任何来自外部的干扰。在使用更复杂的状态模型(比如员工状态模型)时，会发生什么呢？员工状态模型可能包含多个变量(firstName、lastName、address 等)，并且支持不同的状态(活动、非活动等)。所有这些变量和状态变迁都需要被多个参与方访问。遗憾的是，Java 中并没有AtomicEmployee。那么该怎么办呢？

一种方法是直接掉入通过同步和锁定构造体来实现的并发编程世界。虽然这种方法对于处理并发环境中的状态模型而言非常常见，但却令人乏味并且常常难以调试，而且还会造成竞争。这种方法的挑战和细节已经远超本书所能涵盖的内容，如果大家有兴趣，那么有许多资源可供参考。

管理状态的另一种方法就是完全无共享，本书将重点介绍这种方法。完全无共享可能一开始听上去有点极端，但事实并非如此。完全无共享代表着三个概念：

● 通过单一真实源进行隔离。
● 对变动进行封装。
● 传递不可变状态转移。

下面将阐释这三个概念的含义。

1. 通过单一真实源进行隔离

通过单一真实源进行隔离是一种设计模式，其中状态模型隔离在单一权限授权方手中，单一权限授权方单独负责包括创建在内的所有变动。这一模式会确保总是仅有一条真实记录并且通过封装来最小化竞争。

2. 对变动进行封装

根据定义进行封装意味着限制权限方之外的其他任何对象访问状态模型。那么，参与方如何使用状态模型呢？答案就是进行保护性拷贝。

保护性拷贝指的是，权限方在任何时候接收到请求时，都会首先制作状态模型的一份不可变副本。在可变情况下，该操作涉及创建一个替换原始实例的新实例，这需要通过构造函数语义以便应用变更来实现(本章后续将探讨构造函数语义)。权限方还要确保所有的变动都按顺序处理，这是通过调停或丢弃由于异步性而得不到处理的变动来实现的。在不可变请求中，比如 get 请求，权限方在实质上会做同样的处理，但不需要替换原始实例，因为缺乏变动。保护性拷贝允许以安全方式访问状态，并且通过不可变传递来确保外部使用方无法修改状态。

3. 传递不可变状态

不可变传递是共享状态的唯一安全方式。如果状态结构是不可变的，那么任何人都不可以修改，并且我们可以随意共享而不必担心竞争。在消息传递中，不可变性用来确保发送的消息与接收方接收的消息相同。通过让消息不可变，就可以确保消息的准确性并且消除竞争的可能性。

完全无共享的方法可能有些麻烦，尤其是在面对过去一直依赖对象关系映射(ORM)的 CRUD 语义时。为此，第 5 章将介绍一种替代方案：事件溯源。我们认为，事件溯源不仅仅是非常适合反应式环境的一种方案，还是一种推导出状态进而进行管理的绝佳方式。

之前已经讲过，使用 Akka 并发机制、平行结构以及异步消息，就可以为构建支持伸缩性的反应式应用打下坚实的基础。前面还提到过，我们必须管理这些概念以便通过采用完全无共享的思维模式来避免竞争。到目前为止，关于反应式行为，我们已经在建立可信赖的工具集方面迈出良好的一步。本书还有很多内容要讲，尤其是分布式方面，第 5 章将进行探讨。3.4 节将介绍 Akka 的核心：参与者。

3.4　参与者

参与者并非新概念，自 1970 年开始参考者就已经以各种形式存在了。实际上，在 Akka 完全发展起来之前，Scala 就已经包含了一个较早的且较为简单的参与者版本，但 Akka 在发展起来之后就替代了它们。参与者是编程逻辑的较小封装，其中包含行为和状态，并且通过消息传递进行通信。在 Akka 中，参与者主要是基于两个主要概念来构建的：参与者模型和参与者系统。

根据设计者的定义，参与者模型是一种计算用的数学理论，它会将参与者处理为并行数字计算的通用基元，其灵感来源于广义相对论和量子力学理论[1]。这一定义可能有点吓人，但它并不是太复杂，至少在应用级别来说不算太复杂。

参与者的主要目的是提供两个概念：

* 在并发环境中进行推导计算的一种安全、有效方式。
* 在本地、平行和分布式环境中进行通信的一种常用方式。

为了更好地理解 Akka 参与者如何支持这些概念，可以看下参与者的主要组成部分：

* 状态
* 参与者引用

---

1 Carl Hewitt、Peter Bishop、Richard Steiger 发表的《一种通用的人工智能模块化参与者形式》(IJCAI，1973 年)。

- 异步消息传递
- 邮箱
- 行为和 receive 循环
- 监管

3.4.1 状态

首先介绍状态模型，因为之前已经探讨过并发环境中状态管理背后的挑战。参与者提供了封装状态的语义，在这样的封装方式中，参与者会变成基于完全无共享思维模式的参与者状态模型的单一真实源。

Akka 会将每一个参与者隔离在一个轻量级线程上，该线程会保护参与者免受系统其余部分的干扰。参与者本身(托管在轻量级线程内)运行在一套真正的线程之上；单个线程可以托管许多参与者，其中对于某个指定参与者的后续调用都会在另一个线程上进行。

在底层，Akka 会管理所有这些并发交互的复杂性，而无须使用同步和锁语义来满足并发要求。因而，我们能使用一种安全、有效的方式在并发环境中推导计算。

3.4.2 参与者引用

在最初的 Scala 参与者实现中，参与者的实例化都是直接使用具体引用来实现的。这一具体引用需要一种不同的实现以及用于本地和远程参与者的 API，从而最终会变得很笨重。Akka 选择了另一种方法来指派参与者实例，这种方法被称为 ActorRef。在使用 ActorRef 时，我们无需另外的实现，因而可以将单个 API 同时用于本地和远程参与者。

ActorRef 是参与者的一种不可变处入口，这些参与者都是可序列化的且可以位于本地或远程系统中。从功能上讲，ActorRef 会为它所代表的参与者操作某种类型的代理机制。这一代理行为在远程环境中很重要，因为 ActorRef 可以代表参与者被序列化以及跨网发送。对于远程参与者获取 ActorRef 而言，真实参与者(ActorRef 所代表的那个参与者)的位置是透明的。Akka 的这一特性被称为位置透明性。一言以蔽之，位置透明性是回弹性和伸缩性的关键。

3.4.3 异步消息传递

《反应式宣言》中提出的反应式应用的四大特性之一，就是反应式架构应该是消息驱动的，这也是参与者的通信方式。使用异步消息传递语义，参与者就可以通过向彼此的 ActorRef 发送消息来进行交互。这样的设计使得支持可扩展(横向或纵向)的松耦合系统成为可能。Akka 参与者支持两种操作，或者说，在 Java 中有两种方法可用来发送消息：

- !(Scala)或 tell(Java)用于异步发送消息，这通常被称为即发即弃。
- ?(Scala)或 ask(Java)用于异步发送消息并且期望得到 Future 形式的回复。

Akka 消息传递语义的背后是两条规则：最多递送一次以及消息按照发送方-接收方配对来排序。此处将解释第一条规则，3.4.4 节将解释第二条规则。

为了解释最多递送一次这条规则，需要阐述递送机制分类的背景知识，分类有三：

- 最多递送一次意味着，所处理的每条消息的接收方都仅接收零次或一次。其影响是，在传输期间，消息可能会丢失。
- 至少递送一次意味着，对于所处理的每条消息，在递送成功之前可能会尝试发送多次。其影响是，接收方可能会接收到重复的消息。
- 正好递送一次意味着，对于所处理的每条消息，接收方都仅接收到一份副本。其影响是，消息不会丢失或重复。

大家可能会奇怪，"为何要选用最多递送一次机制？我希望得到保障。"Akka 的确可以通过持久化库来支持至少递送一次机制。为了解决这个问题，我们首先在表 3.1 中说明一下使用这些递送方法所需付出的代价。

表 3.1　消息递送方法

代价	递送方法
<ul><li>代价最小</li><li>性能最佳</li><li>实现开销最少</li><li>不需要状态管理，因为使用了即发即弃语义</li></ul>	最多递送一次
<ul><li>代价较大</li><li>根据接收方的接收情况，性能将有所不同</li><li>实现开销中等</li><li>需要发送方进行状态管理以进行消息协调</li><li>需要接收方确认接收以进行发送方协调</li></ul>	至少递送一次
<ul><li>代价最大</li><li>性能最差</li><li>实现开销最大</li><li>需要发送方进行状态管理以进行消息协调</li><li>需要接收方确认接收以进行发送方协调</li><li>需要接收方进行状态管理以进行消息协调</li></ul>	正好递送一次

在分布式环境中，我们希望尽可能最小化开销以便保持响应性。其中一种开销最大的形式就是后两种递送机制所需的通信状态管理。有保障的消息递送这个

话题很复杂，并且超出了本书的讨论范围，不过大家如果感兴趣，可以在 InfoQ 上阅读一篇很棒的标题为"没人需要可靠的消息传递机制"(Nobody Needs Reliable Messaging)的帖子[1]。Akka 说明文档也包含标题为《消息递送可靠性》(Message Delivery Reliability)的一节很棒的内容[2]。

3.4.4　邮箱

通过往来传递消息进行的参与者通信，非常类似于人们收发电子邮件或者通过邮政系统收发信件。在这两种情况中，都需要一种接收消息的方式，就像人们通信一样，参与者使用了邮箱机制。每个参与者都有一个邮箱，以便将所有消息按照接收顺序进行排队。这一接收顺序在并发环境中具有一种可能并不明显的有意思的影响。对于某个指定的发送方，接收方总是会按照发送顺序接收到消息——之前提到过的基于发送方-接收方配对的消息顺序。

但是，对于以集合形式发送的消息而言就并非如此了。如果单个接收方接收来自多个发送方的消息，由于线程随机性，集合中的消息可能是交错的。图 3.4 清晰地显示了这一点。

不要因为图 3.4 而感到困惑。接收方总是会按顺序接收来自指定发送方的消息。当涉及多个发送方时，如图 3.4 所示，将会出现交错情况。

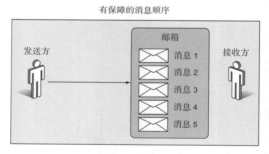

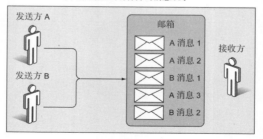

图 3.4　有保障的消息顺序

---

1 http://www.infoq.com/articles/no-reliable-messaging。
2 http://doc.akka.io/docs/akka/current/general/message-delivery-reliability.html。

3.4.5　行为和 receive 循环

Akka 还为参与者行为提供了语义。参与者每次接收一条消息时，就会依靠被称为 receive 循环的方法中定义的行为来处理该消息。

接下来将在代码中对 receive 循环进行探讨，我们将简要介绍参与者行为管理，并且在 Java 和 Scala 中建模支持两类消息(Hello 和 Goodbye)的 Greetings 参与者，如图 3.5 所示。

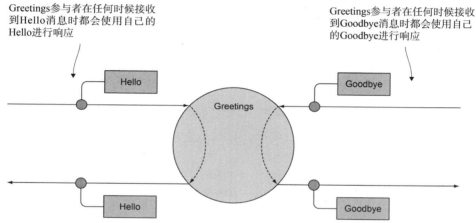

Greetings参与者在任何时候接收到Hello消息时都会使用自己的Hello进行响应

Greetings参与者在任何时候接收到Goodbye消息时都会使用自己的Goodbye进行响应

图 3.5　响应 Hello 和 Goodbye 的 Greetings 参与者

1. Java 中的 Hello

代码清单 3.1 展示了 Java 中的 Hello 消息。

代码清单 3.1：Java 中的 ImmutableHello 消息

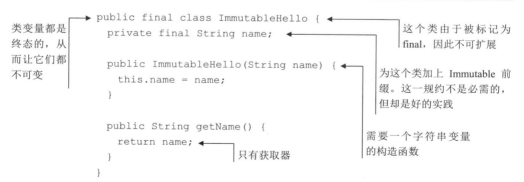

类变量都是终态的，从而让它们都不可变

这个类由于被标记为 final，因此不可扩展

为这个类加上 Immutable 前缀。这一规约不是必需的，但却是好的实践

需要一个字符串变量的构造函数

只有获取器

下面对代码清单 3.1 进行详细分析：

- 你要注意的第一件事就是，这个类被标记为 final，因此不可扩展，也就不

会出现违背不可变性要求的可能。

- 然后，为这个类加上 Immutable 前缀。该前缀作为规约，对这个类没有其他方面的影响，只是可以很容易地将它识别为不应修改的类。
- 接着，所有的类变量都是终态的。在 Java 中，final 关键字会确保在设置变量时，变量在自己的生命周期中无法变更。
- 接下来是一个构造函数，它要求所有的类变量都按预期进行创建。另外，这也是设置被标记为 final 的变量的值的唯一方式。
- 最后，只有获取器但没有设置器。设置器没有任何值，因为无法对标记为 final 的变量进行设置。

还有另一种方式可以对 Java 类进行建模以便实现不可变性，但有些人会对这种方式嗤之以鼻，因为没有遵循 Java 类设计的公认最佳实践。

替代方式与之前方式的主要区别在于，缺少获取器和公共变量。这些区别也会改变访问类数据的方式。在代码清单 3.1 中，我们必须调用获取器；而在代码清单 3.2 中，可直接使用变量。最终效果相同：这两个类都是不可变的。Goodbye 消息 ImmutableGoodbye 也一样，唯一的区别是类和构造函数的名称有所不同，因此为了简单明了，这里不再建模了。

代码清单 3.2：Java 中的 ImmutableHello 消息(替代方式)

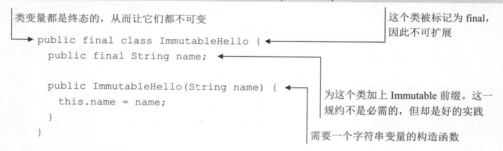

```
public final class ImmutableHello {
    public final String name;

    public ImmutableHello(String name) {
        this.name = name;
    }
}
```

类变量都是终态的，从而让它们都不可变

这个类被标记为 final，因此不可扩展

为这个类加上 Immutable 前缀。这一规约不是必需的，但却是好的实践

需要一个字符串变量的构造函数

2. Scala 中的 Hello

代码清单 3.3 展示了 Scala 中的 Hello 消息。

代码清单 3.3：Scala 中的 Hello 消息

```
final case class Hello(name: String)
```

类名是 Hello。无需 Immutable 前缀，因为在设计上 Scala 样本类就是不可变的

这一版本与 Java 版本完全不同。如果大家刚开始接触 Scala，那么这个版本——单行代码——可能会让人惊讶。不过单行代码并没有什么问题，并且这也是 Scala 样本类的强大之处。样本类就是普通类，只不过在编译时应用了一些语法糖(很奇

妙），以便实现不可变性。下面对代码清单 3.3 进行详细分析：

- 这个类是 final 类，并且实现了 scala.ScalaObject 和 scala.Serializable。
- 构造函数的参数被导出为公共的终态变量。
- 编译器会增加生成的 toString、equals 和 hashCode 方法。
- 编译器会增加 apply 方法，以允许不使用 new 关键字就进行创建。

如果大家希望看到编译后的 Scala 样本类在底层是什么样子，可以参考 JVM 提供的名为 javap 的实用工具。可以直接运行 run javap <样本类的名称.scala>，将输出打印到控制台。同样，为了简约，这里不会对 Goodbye 样本类进行建模。

接下来介绍 GreetingsActor，先用 Java 建模，再用 Scala 建模。

3. Java 中的 GreetingsActor

代码清单 3.4 在 Java 中设置了 GreetingsActor。

代码清单 3.4：Java 中使用简单 receive 循环的 GreetingActor

```
import akka.actor.AbstractActor;          日志是使用 Logging 和      参与者在 Java 中是通过扩
import akka.event.Logging;                LoggingAdapter 实现的      展 AbstractActor 来实现的
import akka.event.LoggingAdapter;

getSelf 引用接收消息的参与者

public class Greeting extends AbstractActor { ??
  LoggingAdapter log = Logging.getLogger(getContext().system(), this); #?

  @Override                                      参与者还需要 Receive 方法，
  public Receive createReceive {                 其中会使用 receiveBuilder
   return receiveBuilder()
    .match(ImmutableHello.class, ih -> {         getSender 获取对发送消息
      log.info("Received hello: {}", ih);        的参与者的引用
      ImmutableHello ih2 = new ImmutableHello("Greetings Hello");
      getSender().tell(ih2, getSelf());
    })
    .match(ImmutableGoodby.class, ig -> {        tell 使用"即发即弃"语
      log.info("Received goodbye: {}", ig);      义以便异步发送消息
      ImmutableGoodbye ig2 = new ImmutableGoodbye("Greetings Goodbye");
      getSender().tell(ig2, getSelf());
    })
    .matchAny(o -> log.info("received unknown message: {}", ig))
    .build;                                      matchAny 将记录以 info
  }                                              级别记录的未知消息
}
```

4. Scala 中的 GreetingsActor

代码清单 3.5 展示了 Scala 中的 GreetingsActor。

代码清单 3.5：Scala 中使用简单 receive 循环的 GreetingsActor

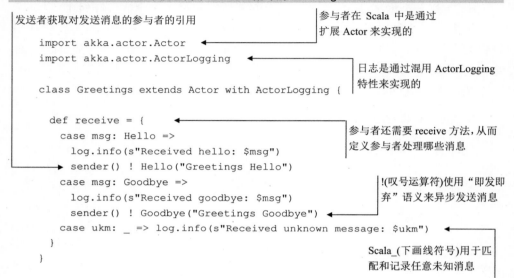

发送者获取对发送消息的参与者的引用

参与者在 Scala 中是通过扩展 Actor 来实现的

日志是通过混用 ActorLogging 特性来实现的

参与者还需要 receive 方法，从而定义参与者处理哪些消息

!(叹号运算符)使用"即发即弃"语义来异步发送消息

Scala_(下画线符号)用于匹配和记录任意未知消息

```scala
import akka.actor.Actor
import akka.actor.ActorLogging

class Greetings extends Actor with ActorLogging {

  def receive = {
    case msg: Hello =>
      log.info(s"Received hello: $msg")
      sender() ! Hello("Greetings Hello")
    case msg: Goodbye =>
      log.info(s"Received goodbye: $msg")
      sender() ! Goodbye("Greetings Goodbye")
    case ukm: _ => log.info(s"Received unknown message: $ukm")
  }
}
```

5. 对比用于 Greetings 参与者的 Java 和 Scala 代码

下面详细讲解 Greetings 参与者的 Java 和 Scala 版本之间的区别：

1) 第一个区别就是，Scala 参与者使用了 akka.actor.Actor 而不是 akka.actor.AbstractActor，因为实际上，要在 Java 7 和更早版本中实现 Scala PartialFunction 是非常困难的。随着 Java 8 的出现，这一情况很有可能会发生变化，不过目前(根据 Akka 文档的描述)，这已经是较为可行的处理方式了。

2) 接下来，无须实例化 Logger，因为通过混用 ActorLogging 特性已经将 Logger 包含在内了。

3) receive 方法也有所不同，这同样是因为 Scala 可以处理 PartialFunction。receive 方法匹配了一系列 case 语句，这与 Java 版本中的 if 语句完全不同。

4) 最后，如果接收到一条处理过的消息，则需要使用叹号运算符来响应 sender 方法。sender 方法与 Java 中的 getSender 几乎相同。Scala 也支持运算符，因此用!替代了.tell。所有未处理的消息都会用 Scala 下画线符号来匹配并且随之被记录下来。

在这两个示例中，只有 receive 循环会捕获响应一条消息的所有行为。在 receive 循环内部，将使用 Hello 或 Goodbye 进行响应，这取决于接收的消息。不过这算是一种行为吗？从某种程度上说，可以认为是一种行为，但在这两个示例中的操作是相同的。我们认为，行为是基于角色的，而角色中的操作仅仅只是行为的执行而已。

6. GreetingActor 变更

基于上述认知，接下来可以将 GreetingActor 的角色从总是进行响应变更为以下内容：

1）GreetingActor 一开始位于一个角色中，它仅接收 Hello 消息。

2）当 GreetingActor 接收到 Hello 消息时，它会将角色变更为仅接收 Goodbye 消息。

3）当 GreetingActor 接收到 Goodbye 消息时，它就会转变回仅接收 Hello 消息的初始角色。

内部的 Hello 和 Goodbye 角色由两个 receive 方法表示，如图 3.6 所示。参与者通过使用 become 操作在这两者之间进行交换。这一交换行为背后的语义有点复杂，但是 Akka 使用 Stack 来对热交换代码的进栈和出栈进行跟踪。本节将介绍这一处理过程，首先介绍 Java 中的处理(见代码清单 3.6)，然后介绍 Scala 中的处理(见代码清单 3.7)。

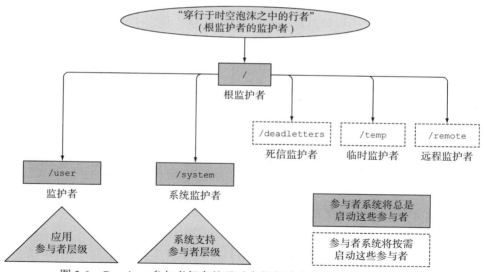

图 3.6　Greetings 参与者仅在处于对应状态时才响应 Hello 或 Goodbye

代码清单 3.6：Java 中使用 become 操作的 GreetingsActor

```
import akka.actor.AbstractActor;
import akka.event.Logging;
import akka.event.LoggingAdapter;
import akka.japi.Procedure;
```

Procedure 特性类似于函数，但不具有值

```
public class Greeting extends AbstractActor {
  LoggingAdapter log = Logging.getLogger(getContext().system(), this);
  private AbstractActor.Receive hello;
  private AbstractActor.Receive goodbye;

  public Greeting() {
    hello = receiveBuilder()
      .match(ImmutableHello.class, ih -> {
        log.info("Received hello: {}", ih);
        ImmutableHello ih2 = new ImmutableHello("Greetings Hello");
        getSender().tell(ih2, getSelf());
        getContext().become(goodbye);
      })
      .matchAny(o -> log.info("received uknown message: {}", ih))
      .build();

    goodbye = receiveBuilder()
      .match(ImmutableGoodbye.class, ig -> {
        log.info("Received goodbye: {}", ig);
        ImmutableGoodbye ig2 = new ImmutableHello("Greetings Goodbye");
        getSender().tell(ig2, getSelf());
        getContext().become(hello);
      })
      .matchAny(o -> log.info("received uknown message: {}", ig))
      .build();

  };

  public Receive createReceive() {
    return hello;
  }
}
```

receive 循环的 hello 过程

context.become(goodbye)将栈顶的 hello 换成了 goodbye

receive 循环的 goodbye 过程

context.become(hello)将栈顶的 goodbye 换成了 hello

代码清单 3.7：Scala 中使用 become 操作的 GreetingsActor

```
import akka.actor.Actor
import akka.actor.Props
import akka.event.Logging

class GrettingsActor extends Actor {
  val log = Logging(context.system, this)

  override def receive = hello

  def hello = {
```

用 hello 重写 Actor 特性提供的默认 receive 循环

hello receive 循环

```
      case msg: Hello =>
        log.info(s"Received hello: $msg")
        sender() ! Hello("Greetings Hello")
        context.become(goodbye)  ◄──────      context.become(goodbye)将栈
      case _ => log.info("received unknown message")   顶的 hello 换成了 goodbye
    }

    def goodbye = {
      case msg: Goodbye =>
        log.info(s"Received goodbye: $msg")
        sender() ! Hello("Greetings Goodbye")
        context.become(hello)  ◄──────      context.become(goodbye)将栈
      case _ => log.info("received unknown message")   顶的 goodbye 换成了 hello
    }
  }
```

GreetingsActor 是对参与者行为管理的简要介绍。本书将讲解与如何才能使用 Akka 这一强大功能有关的更多示例。

3.4.6　监管

Akka 为参与者提供的其中一个最强大的功能就是监管。稍后将详细并深入地介绍这一功能，不过这里先对基础知识进行介绍。

Akka 允许任意参与者创建子参与者以便满足委派子任务的目的。在这种情况下，繁衍参与者(spawning actor)就变成了大家熟知的监管者，并且对子参与者拥有权限。监管是一种强有力的比喻，提供了一种让 Akka 从容错性提升为回弹性的机制。

回弹性与容错性的对比

在《反应式宣言》提出的反应式应用的四大特性中，回弹性是最容易被误解的，通常会被误以为容错性。虽然回弹性和容错性有很多共通之处，但它们并不相同。

在计算机科学中，容错性被定义为系统在面对某些组件出现故障事件时能够持续操作的特点。到目前为止，一切都没什么问题。回弹性也具有这一特点，但接下来我们就要讲区别了。

容错性包含一种隐含的警告：在具备容错性的系统中，质量的退化程度与故障的严重程度是成正比的。故障越大，系统表现得越差。在可怕的级联故障场景中，如果一台服务器出现故障，则负载均衡器会将流量切换到另一台新的服务器。这样一来，这台新的服务器就不仅要处理原本的负载，还要处理新的负载。最终，整个服务器集群都会受到冲击。

另外，回弹性意味着通过恢复原状来对故障进行反应。相较于将皮球踢给下一个环节，回弹性系统可以自行治愈。自行治愈是通过修复故障组件或者拉起新组件作为替代来实现的。

Akka 参与者提供了许多特性用以支持反应式范式。3.5 节将介绍 Akka 如何通过参与者系统来管理所有这些特性。

3.5　参与者系统

在 Akka 中，参与者系统就是参与者的存留环境。参与者系统是一种重量级构造，管理着并发、参与者生命周期以及执行上下文(还有其他职能)，并且组成了空间性和时效性方面的边界。为了让大家概要了解参与者系统如何运行，本节将讨论四个关键概念：

- 包含气泡行者(bubble walker)和顶层参与者的层级结构
- 监管
- 参与者路径
- 参与者生命周期

3.5.1　层级结构

参与者系统的结构本身就是层级式的，非常类似于现代企业的组织结构。一家企业的组织结构在顶部通常只有一个人：首席执行官(CEO)。CEO 对公司的成功或失败负责。为了肩负起这一职责，CEO 会构想出一整套涵盖成功或失败这两种情况的策略。

CEO 之下是一组执行官，他们的任务就是在各自职责范围内执行制定的策略，并且职责会顺着组织结构层层传递下去。企业或参与者系统中的这一完整的层级结构具有一种执行策略的潜在意义：将这个任务拆成小块任务并且向下进行委派。

图 3.7 揭示了参与者系统的执行团队。

1. 气泡行者(Bubble Walker)

在图 3.7 中，最高一层驻留在名为气泡行者("穿行于时空泡沫之中的行者"的昵称)的独特对象中。这个词虽然听上去有些疯狂，但却包含了大量的含义。参与者系统中的每个真实参与者都必须有一个监管者。后面的内容会讲解监管，但目前我们先继续讲解前面的内容。监管者负责管理自己监管的参与者抛出的异常。

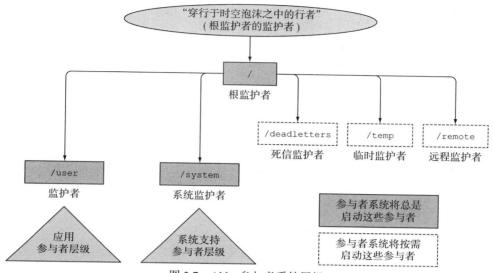

图 3.7　Akka 参与者系统层级

2. 根监护者

参与者栈的顶部就是根监护者，它也必须有一个监管者。问题在于，根监护者本身就已经位于参与者栈的顶部了。它的监管者是谁呢？气泡行者就扮演了这一角色，气泡行者是虚拟的 ActorRef，它会对根监护者进行监控并且在遇到麻烦时停止根监护者的运行。一旦根监护者停止运行，气泡行者就会将系统的 isTerminated 状态设置为 true，而参与者系统将正式停止运行。

3. 顶级参与者

除了气泡行者之外，Akka 还提供了一组顶级参与者，它们会负责系统的不同区域。以下是这些参与者的职责：

- /(根监护者)——根监护者就是参与者系统的 CEO，负责监管其下所列的所有顶级参与者。无论何时，只要其他顶级参与者之一抛出异常，根监护者就会终止运行。其余所有可抛出异常都会升级到气泡行者。
- /user(监护者) ——监护者是用户创建的所有参与者的父节点，是使用 system.actorOf()创建的。当一个监护者升级故障时，根监护者就会终止该监护者作为响应。因而，该监护者就会终止用户创建的所有参与者，实际上也就是关闭了参与者系统。
- /system(系统监护者) ——系统监护者是一种特殊的参与者，提供了一种有序的关闭序列；在用户创建的参与者终止时仍然会进行日志的记录。系统监护者会监控系统，并且在职责完成时，就会启动自身的关闭过程。

- /deadletters(死信监护者) ——死信监护者是一种特殊的监护者，其中会汇集所有发送到已停止或不存在的参与者的消息。死信监护者使用一种力所能及的机制来捕获孤立的消息，这些孤立的消息有时候会在本地 JVM 内丢失。
- /temp(临时监护者) ——临时监护者是一种顶级参与者，用于短期的由系统创建的参与者，比如使用 ask 的那些参与者。
- /remote(远程监护者) ——远程监护者用于存留在远程系统中的具有监管者的那些参与者。

这一层级结构是 Akka 回弹性的关键概念之一。通过使用有监管的结构，Akka 就可以通过委派合适的操作来包容故障。

现在大家已经能够很好地理解 Akka 参与者系统的层级结构了，3.5.2 节将介绍监管。

3.5.2　监管

从之前对参考者层级结构的探讨，大家可能已经比较了解 Akka 中的监管是怎么回事了。所有真实的参与者都必须有一个监管者。这一监管关系将确立参与者之间的依赖性，如下所示：

- 监管者会将任务委派给下级并且响应下级的故障。
- 无论下级何时检测到故障，监管者都会暂停自身及其所有下级的运行，并且报告回监管者。
- 监管者接收到故障之后，会根据默认行为或重写策略应用一条指令。

下面是监管者可用的策略：

- OneForOneStrategy(默认) ——这一策略会像其名称暗含的意思那样进行操作处理。监管者会针对下级以及下级的所有子节点执行四条指令(本节后续内容将会介绍)之一。
- AllForOneStrategy——在这一策略中，监管者会针对出故障的下级以及管理的所有下级执行四条指令之一。

用于所有监管者的默认策略是 OneForOneStrategy。可以通过扩展 akka.actor.SupervisorStrategy 类来创建我们自己的监管者策略。本章后续内容将介绍监管者策略是如何实现的。目前，我们先看看监管者可以采用的指令：

- 恢复下级，保持下级积累的内部状态。
- 重启下级，清空下级积累的内部状态。
- 永久停止下级。
- 逐步升级故障，也就是让监管者自身也变成故障状态。

监管策略和指令语义为透明地处理故障提供了一种强有力的机制，从而实现

了回弹性的自愈特征。应该注意的一点是，监管者与下级之间的通信是以在邮箱
中管理的特殊消息的形式进行的，这有别于参与者之间的通信。其影响在于，与
监管相关的消息顺序与正常消息是不相关的。

3.5.3　参与者路径

到目前为止，本章已经讲解了什么是参与者、参与者存在于何种层级系统中，
以及如何通过监管来管理参与者。本节将介绍如何访问层级内的参与者。

在任何良好的层级中，都可以找到一种能够递归遵循的一连串名称。顺着层
级中的根监护者向下，就可以沿着参与者路径到达系统中的任意参与者。参与者
路径由参与者系统的根节点外加由斜杠分隔的一连串要素构成。可以将参与者路
径比作 URL，如图 3.8 所示。

图 3.8　遵循层级语法的本地参与者路径

- 参与者路径的第一部分会确立像 akka 这样的协议，用于指向本地的参与
  者系统。第 6 章将介绍如何通过使用 TCP 或 UDP 来指定远程协议。
- 下一部分是确立参与者系统，因为本地可能有多个参与者系统。
- 用户创建的所有参与者都接收用户监管者的监管，监管者是由 Akka 自动创
  建的。要添加的 order 参与者用于监管工人参与者：worker-1、worker-2 等。

通过参与者路径访问参与者导致的结果就是使用 ActorRef，获取方式有两种：查
找它们或创建它们。为了查找参与者，Akka 通过使用 ActorSystem.actorSelection 和
ActorContext.actorSelection 来支持相对路径与绝对路径。除了获取 ActorRef 之外，
还可以使用 actorSelection 向参与者直接发送消息。

代码清单 3.8 显示了如何使用 actorSelection 并借助绝对路径和相对路径向参
与者发送消息。

代码清单 3.8：使用 actorSelection 并借助绝对路径和相对路径

```
context.actorSelection("../worker-1) ! msg          // relative
context.actorSelection("/user/order/worker-1) ! msg // absolute
```

要创建参与者，可以使用 ActorSystem.actorOf 或 ActorContext.actorOf。前者

通常用于启动系统，而后者是在已有参与者内部使用的。不同于 actorSelection，actorOf 需要 Props，Props 是指定参与者创建选项的不可变类。

代码清单 3.9 展示了如何将 ActorContex.actorOf 和 Props 用于创建过程。

代码清单 3.9：使用 actorOf 和 Props 创建参与者

```
class Manager extends Actor {
  context.actorOf(Props[Worker], "worker-1")
  // other code …
}
```

代码清单 3.9 设置了要用作参与者类的 Props 的类型——在这个示例中是 Worker。在 actorOf 方法中，首先要传入 Props 对象，然后加上参与者的名称("worker-1")。

虽然这一方法必然可为大家所用，但最佳实践是，建立工厂，用以从参与者的伴随对象中生成 Props 值，如代码清单 3.10 所示。

代码清单 3.10：使用 actorOf 和工厂创建参与者

```
object Worker {
  def props = Props[Worker]
}

class Worker extends Actor {
  def receive = {
    case order:Order => // do something ...
    // other code …
  }
}

class Manager extends Actor {
  context.actorOf(Worker.props, "worker-1")
  // other code …
}
```

3.5.4　参与者生命周期

参与者的运行会经历三个阶段：启动、重启和停止。这些阶段与本章之前探讨过的监管者指令密切相关。下面将探讨这三个阶段。

1. 启动

当参与者系统启动具有 actorOf 的参与者时，将引发如下一系列事件：

1) 调用 actorOf。

2) 保留参与者路径。

3) 为参与者实例指派随机 UID。

4) 创建参与者实例。

5) 在参与者实例上调用 preStart()方法。

6) 启动参与者实例。

这一系列事件会在两种情况下发生：参与者启动时或者参与者被监管者重启时。

2. 停止

当参与者被停止时，将引发以下一系列事件：

1) 使用 Stop、context.stop()或 PoisonPill 要求参与者实例停止。

2) 在参与者实例上调用 postStop()方法。

3) 参与者实例被终止。

4) 参与者路径再次变为可用。

3. 重启

重启是一种有意思的组合操作。当监管者重启参与者时，就会引发以下一系列事件：

1) 在旧的参与者实例上调用 postRestart()方法。

2) 使用 Stop 要求旧的参与者实例停止运行。

3) 在旧的参与者实例上调用 postStop()方法。

4) 保留旧实例的参与者路径以便用于新实例。

5) 保留旧实例的 UID 以便用于新实例。

6) 终止旧的参与者实例。

7) 创建新实例。

8) 在新实例上调用 preStart()方法。

9) 启动新的参与者实例。

参与者系统在执行重启指令时，会使用新的参与者来替换出错的参与者。这一替换行为可能听起来有点古怪，但这是设计使然。重要的是要注意，在重启期间，是在旧实例而非新实例上调用 postRestart()方法。

3.5.5　微内核容器

软件作为一种工具，也许应该被称为"人类所创造的用途最广的发明"。如今，数千万个软件应用正在运行，用以解决大量各种不同的从寻常到复杂的问题。

在许多方面，软件都类似于人体。人体是一种不可思议的机器，可以经过训

练以便完成任何事情，但必须基于如下前提：有氧环境。在软件术语中，我们将
这一要求称为运行时。我们编写的每一个应用都需要运行时，如果没有运行时，
应用不过就是一堆比特而已。幸运的是，Akka 包含了运行时。Akka 中的运行时
——微内核——的设计和优化目标是，提供一种捆绑机制，以便允许基于 JVM 的
单一负载分布，而无需应用容器或启动脚本。

　　本章花费了大量时间来讲解将 Akka 用作反应式工具集背后的基本原理。现
在是时候将 Akka 工具集投入使用并且享受一下编码乐趣了。从第 5 章开始，我
们将建立一种类比，以便帮助大家推理构建反应式应用的过程。在将这些技术用
于代码中时，我们将从小处入手，并且在本书中对该类比进行扩展。

3.6   本章小结

- Akka 的设计概念源自 Erlang 和 OTP。Akka 已经过演化以便能够跟上日
  益增长的计算需求。
- 异步通信是通过阻塞、回调函数、Future 和消息传递来管理的。
- Akka 通过隔离和不可变性融合了一种完全无共享的方法。相较于基于显
  式同步和阻塞的传统方法，这一方法会生成不易出错的系统，并且系统更
  易于理解和推导。
- 参与者模型将系统状态封装在有监管的参与者内部，这些参与者都是被间
  接引用的，并且通过消息与参与者邮箱进行异步通信。
- 参与者系统对包含的参与者施加了一种层级路径结构。参与者系统通过使
  用预定义的监管策略和指令在参与者的生命周期中对个体参与者进行管
  理。顶级参与者内置在 Akka 中，并且是通过 Akka 的微内核部分进行管
  理的。

第 II 部分

构建反应式应用

　　本书的这部分内容将讲解我们所认为的关于编写反应式应用所必须知道的最重要的知识。

　　领域驱动设计对于反应式应用而言尤其有用。第 4 章展示了这领域驱动设计，并且将领域映射到了参与者模型，其中包括将一些功能转换为工具集的行为，而不是自行编写代码去实现它们。第 5 章将通过形式化关键概念以及有用的模式来强化大家的理解。第 6 章将转而介绍一个更为具体的编程示例，其中会使用远程参与者来揭示使用异步服务与使用传统服务进行调用和响应时有什么不同。第 7 章将介绍流与背压的作用，并且研究使用 Reactive Streams API 来实现不同反应式实现之间的互操作性。第 8 章将讨论持久化数据这一麻烦主题，并且讲解设计中命令和事件的不同作用。第 9 章将介绍暴露反应式服务的各种可选方案，以便让外部客户端可以消费它们。最后，第 10 章将借助对测试模式、应用安全性、日志、跟踪、监控、配置和打包的简要探讨，让大家真正做好在生产环境中进行开发和部署的准备。

第 4 章

从领域映射到工具集

本章内容
- 选择代表领域的反应式组件
- 设计消息协议
- 对系统状态进行建模
- 扩展到众多参与者
- 从故障参与者中进行恢复

我们认为，学习的最佳方式之一就是借助类比推理这一过程——对已知与未知进行对比。类比就像是沉重水桶上的提手。尽管没有提手我们也仍然可以举起水桶，但这样干家务活会更加费力。在研究院内部，类比的使用非常普遍，尤其是在科学与工程学中。在这些学科中，类比被称为参照物，也就是可替代项。

为了通过参照物开始学习，我们需要使用一种简单的类比进行推导并且对一个基于 Akka 的反应式应用进行建模，下面以我们目前掌握的知识入手。在阅读本书的过程中，类比的复杂性将逐步增加。每次增加复杂性时，大家都会学习到新的反应式概念以便逐层叠加并演化应用，直到概念完全实现。这一学习方式的结果就是，我们能够以将理论转换为易于维护且大家乐于编写的简洁代码的方式来设计应用。

4.1　基于领域模型进行设计

假设有一位具有雄心壮志的书店老板，他专注于古籍业务，并且决定启动一项问答服务。这位老板是古籍专家，他很快就有了两个顾客，这两个顾客很高兴找到了专家，这位老板还雇用了一些图书管理员来承担跑腿工作。为了促成与顾客之间的通信，这位老板决定在一家本地咖啡馆的里屋布置一块白板以便设定日程安排。每隔一天，在中午之前都会有一个顾客提出一个问题，而图书管理员会在这天稍晚的时候回答这个问题。提出问题的顾客会在晚上 8 点前返回白板处以便获得回答。

在启动这一业务过程不久之后，这位老板遇到一个问题。他的一个顾客像平常一样在上午 9 点提出了一个问题，但图书管理员不知道的是，第二个顾客早上 10 点到了，并且用自己的问题覆盖了第一个顾客的问题。当图书管理员当天下午来到白板处时，他并没有意识到已经发生的事情，所以给出的回答针对的是第二个顾客的问题。当天晚上，第一个顾客回来获取图书管理员的回答，而这个回答是错误的，因此这个顾客会立即投诉。

作为开发人员，我们当然可以意识到问题所在：访问了非线程安全的白板。

4.1.1　一种更好的解决方案

这位老板考虑的第一种解决方案是，雇用一名守卫，在每个顾客提出问题之后将门锁起来。把门锁上可以避免另一个顾客在第一个问题被回答之前访问白板。这种解决方案虽然可行，但很快就被放弃了，因为成本很高。另外，这位老板还意识到，这样的方案会让业务与咖啡馆里屋的使用变得更为紧耦合，而这会妨碍到业务的未来扩展。

作为开发人员，我们想到了锁这种机制。锁可以被显式实现或者通过使用同步访问来实现，同步访问其实就是在后台维持了一把锁。让这块白板变得同步之后，感到困惑的第二个顾客就会被强制等待，直到第一个顾客得到图书管理员的回答为止。只要顾客愿意在咖啡馆白等一整天以便使用白板，这种解决方案就可行。

在经过仔细考虑之后，这位老板意识到，他并不需要白板。一种更好的方式是使用邮局服务。借助通过邮件发送的手写问题，他可以确定，每个请求都是由提出这一请求的顾客发出的。不同于白板，信件是不可变的。此外，无论是这位老板还是顾客，他们都不再被绑定到咖啡馆，因此也就建立起一种松耦合关系。

现在我们已经基本讲清楚了这个类比，接下来使用反应式术语进行分解。

4.1.2　从类比转向应用

要做的第一件事就是，弄清楚这个类比的哪些部分适合于参与者角色。回顾一下第 1 章，参与者是轻量级对象，它们封装了状态和行为，并且仅通过异步消息传递机制进行通信。我们来看看这个类比中的参与方，可以从中区分出下面这些候选项：

- RareBooks owner(古籍书店老板)
- Librarian(图书管理员)
- Card catalog(图书卡片目录)
- Customer(顾客)
- Post office(邮局)

使用表 4.1 中的参与者特征对比上述每一个成员，并且进行假设验证。三个适合参与者建模的候选项分别是古籍书店老板、图书管理员和顾客。所有这三个候选项都代表着独特的身份、行为和可能的状态管理。图书卡片目录不会发送或接收消息或者变更状态，因此并非参与者。邮局会对消息进行路由，但并不符合这里的验证要求，因为邮局并不接收消息或者发送自身生成的消息。

表 4.1 参与者需要具有行为、状态和异步消息。检查哪些候选项具有以上所有三个特征以便确定可以实现为参与者的候选项

是否具有所有特征?	候选项	行为	状态	异步消息传递
√	古籍书店老板	让图书管理员指派要回答的问题	跟踪哪些图书管理员正在工作并且按需雇用新的图书管理员	传递给图书管理员的异步消息
√	图书管理员	回答顾客的问题	将状态封装为答案的唯一真实来源	通过邮局进行回应
×	图书卡片目录	图书管理员要咨询的书籍信息的来源	包含每一本书的卡片记录	不发送或不接收消息
√	顾客	发送问题并且期望得到回答	问题的唯一真实来源	发送问题并且接收答案
×	邮局	递送邮件	跟踪哪些消息将被递送到每一个参与方	不生成自己的消息

根据这一映射练习，我们决定将应用建模为如图 4.1 所示的三个参与者。我们还可以将系统的其余部分映射到反应式构造，如表 4.2 所示。

图 4.1 RareBooks 参与者系统

表 4.2　在识别出主要参与者之后，就可以将领域的其他部分映射到反应式系统中的角色

领域类比	反应式转换
RareBooks	代表古籍书店老板的顶级参与者
Librarian	由 RareBooks 监管的参与者
Customer	代表每个顾客的顶级参与者
图书卡片目录	不可变的数据结构
通过邮件发送的 Customer 问题	不可变的样本类
通过邮件发送的 Librarian 回答	不可变的样本类
邮局	消息传递框架

4.1.3　创建卡片目录

在对参与者进行详细建模之前，我们需要理解它们彼此之间会就哪些内容进行通信。在这个示例中，通信内容就是与古籍有关的信息，这类信息在图书馆行业又称为卡片目录。真实的卡片目录可以实现为数据库，但是出于此处类比的目的，使用一个单例 Map 作为卡片目录的内存存储表示就足够了。

这个单例 Map 包含一个键，这个键是 String 类型的书籍的国际标准书号 (International Standard Book Number，ISBN)；它还包含一个 BookCard，其中保存的是与书籍有关的信息的不可变记录。正如代码清单 4.1 所示，这一设计阶段的卡片目录由一些基本数据结构构成。

代码清单 4.1：实现为内存 Map 的卡片目录

```
package com.rarebooks.library                    4.2 节将介绍
                                                 消息协议
import RareBooksProtocol.BookCard

object Catalog {                                 单例 Catalog

  val phaedrus = BookCard(
    "0872202208",
    "Plato",
  "Phaedrus",
    "Plato's enigmatic text that treats a range of
    ➥ important ... issues.",
    "370 BC",                                    BookCard 是在消息协
    Set(Greece, Philosophy),                     议中定义的样本类
    "Hackett Publishing Company, Inc.",
    "English",
    144)

  val theEpicOfGilgamesh = BookCard(
```

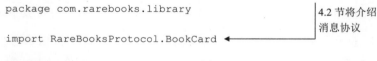

```
    "0141026286",
    "unknown",
    "The Epic of Gilgamesh",
    "A hero is created by the gods to challenge the arrogant King Gilgamesh.",
    "2700 BC",
    Set(Gilgamesh, Persia, Royalty),
    "Penguin Classics",
    "English",
    80)

//... other BookCard instances

val books: Map[String, BookCard] = Map(                        代表卡片目录中
    theEpicOfGilgamesh.isbn -> theEpicOfGilgamesh,             BookCard 的状态映射
    phaedrus.isbn -> phaedrus,
    theHistories.isbn -> theHistories)

//... other code used to fetch BookCard items from the map
}
```

这段代码是很好的开始。我们都了解了参与者会是什么对象，并且大概了解了需要什么消息。4.5 节将更为详细地设计消息协议。

4.2　转变为消息驱动

Customer 会发送问询并且接收来自卡片目录的记录。这些问询被建模为不可变消息。从编程的角度看，可以将消息视为某种提供给指定参与者的应用编程接口 (API)。为了简单起见，我们要建模期望 RareBooks 回答的两类 Find 消息。图 4.2 显示的流程是：Find 消息首先流经 RareBooks，然后转交给 Librarian。

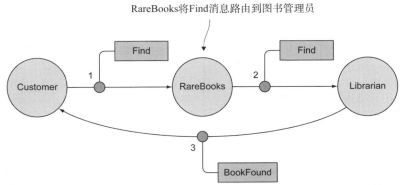

图 4.2　RareBooks 将书籍请求路由到 Librarian 以便处理，而响应直接
　　　　从 Librarian 流转回 Customer

可在协议对象或参与者的同伴对象中定义参与者接收的消息，这样的做法被认为是一种最佳实践。代码清单 4.2 是 RareBooksProtocol 对象的部分实现，该对象是单例，其中包含参与者将使用的大部分消息和抽象。其中一个抽象就是 trait Msg，它用于进行匹配。第 6 章将通过命令和事件的概念进一步探究这一抽象的泛化。

注意：协议对象包含参与者系统内使用的消息。在计算机科学中，协议被定义为允许两个实体彼此通信的规则。这些规则或标准就是可接受通信的语法和语义。参与者可以使用基于协议的依赖，而无须使用参与者之间的直接依赖。

代码清单 4.2：在协议对象中定义的 Customer 和 Librarian 之间的消息

```
package com.rarebooks.library

import scala.compat.Platform          ← 用于时间戳

                                         协议对象会确立所有参
object RareBooksProtocol {           ←   与者的基本消息

  sealed trait Topic
  case object Africa extends Topic
  case object Asia extends Topic         枚举库中的话题
  case object Gilgamesh extends Topic
  //... other topics
  trait Msg {
    def dateInMillis: Long               所有的消息都有一个时间戳
  }

  final case class FindBookByIsbn(
      isbn: String,                      根据 ISBN 请
      dateInMillis: Long = Platform.currentTime)   求书籍的消息
    extends Msg {
    require(isbn.nonEmpty, "Isbn required.")
  }

  final case class FindBookByTopic(
      topic: Set[Topic],                 根据话题请求      确保消息包
      dateInMillis: Long = Platform.currentTime)   书籍的消息      含搜索条件
    extends Msg {
    require(topic.nonEmpty, "Topic required.")
  }

  final case class BookCard(
      isbn: String,                      书籍的卡片目录
      author: String,
```

```
    title: String,
    description: String,
    dateOfOrigin: String,       书籍的卡片目录
    topic: Set[Topic],
    publisher: String,
    language: String,
    pages: Int)
  extends Msg

  //... other message implementations
}
```

　　通过使用这一不可变消息结构，我们向反应式设计更进了一小步，同时也是
非常重要的一步。通过采用完全不共享的思维方式，就消息传递结构是不可变的
这一点而言，我们避免了并发编程的许多缺陷。

　　不同于消息，参与者具有状态。4.3 节将介绍如何实现参与者状态以及使用消
息来控制状态。

4.3　使用消息控制参与者状态

　　到目前为止，RareBooks 仅雇用了两个 Librarian——在正常的业务运营时间处
理问题人手已经够用了，但还不足以应对 24 小时不间断的业务运营。我们的模型
还需要包含 RareBooks 要么开放要么关闭这一概念。此外，Librarian 很高效，但
是调研每个问题的确会花一些时间。Librarian 要么在准备接收问题，要么在忙于
处理请求。可以通过为其中每个参与者创建两种状态的方式来对这种情况进行建
模，如图 4.3 所示。

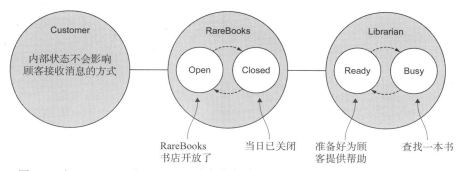

图 4.3　当 RareBooks 和 Librarian 改变状态时，它们就会相应改变处理消息的方式

4.3.1　向自己发送消息

书籍的卡片目录
　　RareBooks 如何知道何时开放以及何时关闭书店呢？RareBooks 是参与者，而

参与者都是消息驱动的，因此 RareBooks 会在接收到开放或关闭书店的消息时进行开放或关闭处理。书店老板在每天结束时想要一份报告，因此会有一条消息服务于这一目的。

由于这些消息仅为 RareBooks 参与者所用，因此将这些消息定义在同伴中是合理的做法，而不是麻烦地创建另一个协议对象。Open、Close 和 Report 消息不具有任何属性，因此每条消息只需要一个实例即可。可以使用样本对象而不是样本类来声明它们，参见代码清单 4.3。

代码清单 4.3：定义 RareBooks 发送给自身的消息的同伴对象

```
object RareBooks {
  case object Open        开放、关闭以及生成
  case object Close       每日报告的消息
  case object Report

                                          为创建参与者
  def props: Props = Props(new RareBooks) ←  提供属性工厂
  // ... more definitions
}
```

提示：好的实践是，将返回参与者 Props 的函数放在同伴对象中。这一做法会确保函数不会意外地对参与者状态创建闭包，以免出现 Akka 使用函数创建 Actor 类型的实例时难以排查缺陷的情况。

如图 4.4 所示，RareBooks 会为自身调度 Open 和 Close 事件。Akka 便利地提供了一个调度器来简化这一处理过程。当 RareBooks 书店开放时，就会调度一条消息来告知自己何时关闭。当接收到 Close 事件时，RareBooks 就会立即调度下一个 Open 事件并且向自身发送另一条消息以便运行每日报告。

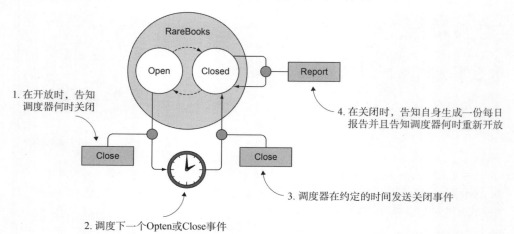

图 4.4　RareBooks 向自身发送消息以便开放和关闭咨询服务以及运行每日报告

　　显然，根据良好的设计原则，报告生成应该被隔离为单独的功能，但使用一条单独的消息来触发每日报告可能看起来会有点奇怪。对于像这样的简单示例而言，可以在处理 Close 事件的同时立即生成报告。通过将 Close 事件处理为一条单独的消息，就可以获得更大的灵活性。可能后续还需要额外的消息来通知 Customer 或者发送每日特价信息。我们可以添加在每日结束时并发处理的多个活动，也可以决定在其他某个时间点运行报告。

4.3.2　使用状态改变行为

　　RareBooks 参与者需要根据书店开放还是关闭来决定处理消息的不同方式。现在我们已经有了告知 RareBooks 何时开放和关闭书店的消息，下一步就是为开放和关闭状态定义行为。当 RareBooks 书店开放时，Librarian 就可以处理请求；当 RareBooks 书店关闭时，Librarian 就会搁置新的请求，直到 RareBooks 书店下次开放时再进行处理，并且当 RareBooks 书店关闭时，需要运行报告。

1. 替换接收函数

　　为了在参与者接收消息时改变行为，需要替换参与者的接收函数。RareBooks 同时定义了 RareBooks 书店开放时使用的 open 接收函数以及关闭时使用的 closed 接收函数。根据期望的状态，RareBooks 会在这两个函数之间进行切换。从 open 函数切换到 closed 函数的最简单方式就是调用 ActorContext.become(closed)。同样，在当天需要重新开放时，参与者就会调用 ActorContext.become(open)。

2. 保存消息以供后续使用

　　当 RareBooks 书店关闭时，接收函数无法处理来自 Customer 的新请求，因为没有 Librarian 可用。不过，也不必拒绝那些请求；可以转而安全地存放它们以供后续处理。当切换回开放状态时，就可以取回那些请求，并且 Akka 会负责将它们再次发送到接收函数。

　　为了将存放功能添加到参与者，需要继承 Stash 特性。当参与者遇到无法在当前状态中处理的消息时，就可以调用 stash() 来保存消息。当参与者再次切换状态时，调用 unstashAll() 就会导致之前存放的所有消息被再次提交。

　　提示： unstashAll() 函数通常会在调用 become() 之前立即调用，而接收函数通常会通过匹配通配符来调用 stash()。

3. 总结

　　现在是时候实现 RareBooks 参与者了，如代码清单 4.4 所示。本章早前的图 4.4 描绘了状态迁移过程。

- 当 RareBooks 启动时，会立即创建一个 Librarian，调度首个 Close 事件，并且开始接收开放状态下的消息。
- 当 RareBooks 保持开放状态时，会将协议消息发送给 Librarian。当 RareBooks 接收到已调度的 Close 事件时，就会调度一个 Open 事件，然后变为关闭状态，并且向自己发送另一条消息以便生成每日报告。
- 当 RareBooks 关闭时，就会处理每日 Report 事件并且等待一个 Open 事件。当这个 Open 事件到达时，RareBooks 就会安排重新开放，取出保存的消息，并且变成开放状态。在 RareBooks 关闭期间接收到的其他所有消息都会被保存。

代码清单 4.4：RareBooks 参与者

```
class RareBooks extends Actor with ActorLogging with Stash {

  import context.dispatcher
  import RareBooks._                          从协议对象和同伴对象
  import RareBooksProtocol._                  导入消息定义

  private val openDuration: FiniteDuration = ...
  private val closeDuration: FiniteDuration = ...    定义模拟过程中各种
  private val findBookDuration: FiniteDuration = ...  事件持续的时长

  private val librarian = createLibrarian()   ← 目前只有一个 Librarian

  var requestsToday: Int = 0  | 总运行次数
  var totalRequests: Int = 0  |

  context.system.scheduler.scheduleOnce(
  ➥ openDuration, self, Close)       调度首个关闭事件
  override def receive: Receive = open  ← 以开放状态开始

  private def open: Receive = {
    case m: Msg =>
      requestsToday += 1          将协议消息发
      librarian forward m         送到 Librarian

    case Close =>
      context.system.scheduler.scheduleOnce(
      ➥ closeDuration, self, Open)    在关闭时，安排
                                      何时重新开放
      context.become(closed)  ← 关闭书店

      self ! Report  ← RareBooks 告知自
  }                      己运行报告
```

```
private def closed: Receive = {
    case Report =>
        totalRequests += requestsToday
        log.info(s"$requestsToday ...
    ➥ requests processed = $totalRequests")
        requestsToday = 0

    case Open =>
        context.system.scheduler.scheduleOnce(
    ➥ openDuration, self, Close)

        unstashAll()

        context.become(open)

    case _ =>
        stash()
}

protected def createLibrarian(): ActorRef = {
    context.actorOf(
    ➥ Librarian.props(findBookDuration), "librarian")
    }
}
```

更新总运行次数，打印报告，并且重置每日总运行次数

在开放时，安排何时关闭

取出书店关闭期间到达的消息

开放书店

存放书店关闭期间到达的其他消息

Librarian 参与者的创建工具

RareBooks 参与者会进行大量的处理。请花些时间对其尽心研究以确保理解了各个组成部分是如何交互的，这在进行设计开发时会让我们有一些底气。你可以从本书网站获取本书示例的源代码，网址是 www.manning.com/books/reactive-application-development 或 http://mng.bz/71O3。

4.3.3　管理更多的复杂交互

大家可能注意到了，当 RareBooks 开放时，所有的协议消息都会被发送到 Librarian，并且当 RareBooks 关闭时，那些消息会被保存以便 Librarian 在 RareBooks 重新开放时接收到那些消息。Librarian 要进行大量的处理。

我们不必一次性实现所有的复杂行为。相反，可以先实现简单行为，再按需增加更多的行为。对于 Librarian 而言，首先要做的就是查找书籍，正如代码清单 4.5 中关于 Librarian 参与者的代码片段所示。

代码清单 4.5：在搜索瞬时完成并且绝不会失败的情况下处理请求

```
override def receive: Receive ={
    case f: FindBookByIsbn(isbn, _) =>
```

```
    val book = Catalog.books(isbn)  ←——————— 使用 Map.apply()根据键进行查找
    sender() ! BookFound(List(book))  ←——————
  // ... handle other messages                        发送结果
}
```

这个示例假定消息中的 ISBN 总是指向目录中的一本书，这是很容易解决的。

1. 处理可选方案

仅仅将 Map.apply(isbn)调用修改为 Map.get(isbn)调用就可以生成 Option [BookCard]，这要好于抛出异常，不过仍然无法令人满意。相较于发送一条包含空列表的 BookFound 消息，Librarian 应该发送一条 BookFound 消息或一条 BookNotFound 消息。可通过引入辅助器来执行这种转换。Either 类提供了 fold 函数，从而让结果的处理过程变得简单，参见代码清单 4.6。

代码清单 4.6：使用 Either 类和 fold 函数处理可选结果

```
def optToEither[T](v: T, f: T => Option[BookCard]):
➥ Either[BookNotFound, BookFound] =
  f(v) match {
    case b: Some[BookCard] => Right(BookFound(b.get))  ←——— 找到则返回 Right
    case _ => Left(BookNotFound(s"Book(s)
    ➥ not found based on $v"))                               失败则返回 Left
  }


override def receive: Receive ={
  case f: FindBookByIsbn(isbn, _) =>
    val r = optToEither(isbn, Catalog.books.get)         这是一种处理可选
                                                           结果的便利方式
    r fold (  ←——————————————————————
      f => sender() ! f,  ←—————————
      s => sender() ! s  ←—————           未找到书籍
    )                         已找到书籍
  // ... handle other messages
}
```
执行查找

这是一种常用模式。请求的操作要么产生结果，要么不产生结果，并且我们希望在响应中发送不同的消息。由于 Option 具有子类型 None 和 Some，因此 Either 也具有子类型 Left 和 Right。此处的规约是，使用 Right 表示默认值，使用 Left 表示失败，因此 None 通常被映射为 Left。

提示：请使用 Either 类以便提供一种更为丰富的自包含消息，而不是仅仅提供一条简单的失败消息或一条空消息。

2. 等待结果

可使用内存 Map 来代表卡片目录，从而让 Librarian 能够即时响应每一个请求。在那种更具真实性的模型中，调研执行和结果准备可能会花费些时间。一种方法就是告知参与者线程睡眠一段时间。但千万不要这样做！参见代码清单 4.7。

代码清单 4.7：阻塞参与者中的线程

```
override def receive: Receive ={
  case f: FindBookByIsbn(isbn, _) =>
    val book = Catalog.books(isbn)
    Thread.sleep(findBookDuration)    ◀──── 糟糕的做法
    sender() ! BookFound(List(book))
  // ... handle other messages
}
```

在底层，Akka 会将参与者调度到一个线程池上运行，并通过一个调度程序在内部管理这个线程池。该线程池中的线程数量通常视可用的处理器内核的数量而定。参与者系统在单个处理器上包含数千个参与者的情况并不常见，这意味着每个线程都会处理许多参与者的请求。阻塞线程的参与者会快速造成整个应用完全中断。4.4 节将再次介绍调度程序。

警告：参与者不应阻塞线程。一个参与者中的阻塞操作会阻碍其他参与者在线程上的处理和执行，这会打乱整个应用的运行，而不是仅仅干扰被阻塞的参与者本身。

在参与者中不阻塞线程这一理念已延伸到像 Thread.sleep() 这样的显式阻塞操作之外。任何执行文件或网络 I/O 的同步操作或函数都会形成阻塞并且应该被避免。作为替代，应该使用 scala.concurrent 包的 Promise 和 Future。要了解关于这个包的更多信息，请参考位于 http://docs.scalalang.org/overviews/core/futures.html 的 Scala 语言文档。

提示：日志记录可能会是阻塞操作的潜在源头。第 10 章将介绍如何使用 Akka 的能力来避免阻塞式日志消息。

3. 对状态进行栈化处理

如何才能让忙碌的 Librarian 花时间进行调研而不阻塞整个系统呢？大家可能已经想到了，解决方案就是使用消息和状态。在进行研究时 Librarian 会切换到忙碌状态，而在研究完成时切换回之前的状态。前面已经讲过如何使用 become() 函

数来改变状态。RareBooks 书店老板可以在 Librarian 不忙碌时安排额外的任务让
Librarian 执行。这样可能就会增加一些状态用于将书籍添加到卡片目录、为
Customer 准备发票，甚至编写月度报告。完成一项研究任务之后，Librarian 就应
该返回到先前状态。

不过，可能会存在多个先前状态。当一批新出版的书籍到达书店并且需要录
入卡片目录时，Librarian 可能正在编写月度报告，此时，来自 Customer 的研究请
求到达了。作为经验丰富的开发人员，我们将认识到，这样的数据结构就是栈。Akka
可以为我们管理先前状态栈。默认情况下，Akka 会丢弃先前的状态，不过可以通
过将 discardOld=false 传递给 become()函数来修改该行为。在需要返回先前状态时，
可以使用 unbecome()函数从栈中取出先前状态并且返回到该状态，如图 4.5 所示。

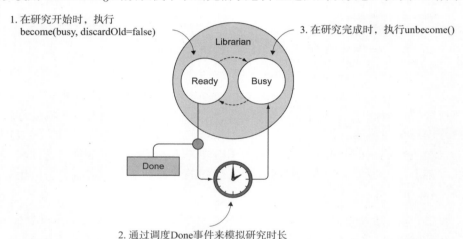

图 4.5　Librarian 在忙碌时可以接收消息

使用这种方法的好处就是，参与者的行为扩展会变得很容易，而不必总是更新每
一个接收函数或者管理复杂的状态图。以下是产生可栈式处理状态的一些指导原则：

- 在初始状态之前不存在任何状态，因此初始的接收函数应该绝不会调用
  unbecome()。
- 其他接收函数应该包含一个调用 stash()的通配符消息处理程序。
- 为了完成当前状态，要先调用 unstashAll()，再调用 unbecome()。
- 如果一条会将参与者改变为较高优先级状态的消息到达了，就调用
  become(higherPriorityState, discardOld=false)，这样当较高的优先级状态
  完成时，参与者就会返回到当前状态。
- 为了丢弃当前状态，需要调用 become(newState, discardOld=true)，并且
  在使用 unbecome()完成下一个状态时，就会返回到先前状态而不是当前
  状态。

　　并非每一次处理都需要多个接收函数来管理参与者状态。有时候，更好的做法是使用接收函数并且使用变量来持续跟踪状态。

4.3.4　保持简单性

　　像 RareBooks 一样，Customer 也是顶级参与者。Customer 向 RareBooks 发送研究请求，而这些请求会被转发到各个 Librarian。当 Librarian 无法找到一本书时，Customer 就可能会投诉。然后 Librarian 可能就会为 Customer 进行退款。如图 4.6 所示，投诉和退款会直接在 Customer 和 Librarian 之间进行，而不是通过 RareBooks 参与者来转发，这不同于原来的请求。

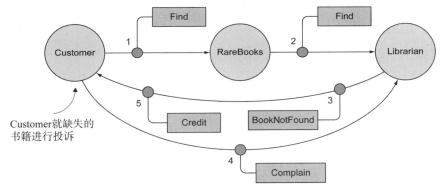

图 4.6　当 Librarian 无法找到书籍时，Customer 就可能会投诉，Customer 会收到退款作为补偿

　　对于以上讨论，我们需要使用 Customer 的极简模型。有些 Customer 相较于其他 Customer 会提出更麻烦的研究请求，因此他们成功研究请求的概率会较低。此外，一些 Customer 相较于其他 Customer 更能容忍不成功请求，因此每个 Customer 参与者都有自己的容忍属性来反映这一情况。如果超出某个 Customer 对于不成功请求的容忍度，那么这个 Customer 就会投诉并且停止发送新的请求。如果 Customer 接收到来自 Librarian 的退款，那么 Customer 就会满意，并且不成功请求的计数会被重置为零。

　　对 Customer 的状态进行建模和管理的函数定义在同伴对象中，如代码清单 4.8 所示。注意，CustomerModel 和 State 都是不可变的。CustomerModel 会跟踪描述 Customer 的参数，而 State 则持有最新的 CustomerModel、时间戳和一个函数，该函数用于在接收到消息时生成更新过的 CustomerModel。

代码清单 4.8：定义 Customer 状态行为的 Customer 同伴对象

```
object Customer {
```

```
import RareBooksProtocol._

def props(rareBooks: ActorRef, odds: Int, tolerance: Int): Props =
  Props(new Customer(rareBooks, odds, tolerance))
case class CustomerModel(
  odds: Int,
  tolerance: Int,
  found: Int,
  notFound: Int)

case class State(model: CustomerModel, timeInMillis: Long) {

  def update(m: Msg): State = m match {

    case BookFound(b, d) =>
     copy(model.copy(found = model.found + b.size), d)

    case BookNotFound(_, d) =>
      copy(model.copy(notFound = model.notFound + 1), d)

    case Credit(d) =>
      copy(model.copy(notFound = 0), d)
  }
 }
}
```

Customer 将提交成功研究请求的概率

对于不成功研究请求的容忍度

运行不成功研究请求的计数

运行成功研究请求的计数

根据当前状态和接收到的消息生成新的状态

将不成功研究请求的计数加 1

将计数重置为零

增加找到的书籍数量

使用这一状态模型后将生成一个简单明了的 Customer 参与者。代码清单 4.9 所示的在参与者实现中需要注意的重要事项如下：

- 将 var 而非 val 用于 state。
- Customer 会对 requestBookInfo()进行初始调用以便初始化消息流。
- 只需要一个接收函数，不会调用 become()或 unbecome()。
- 这个接收函数会实现本章前面的图 4.6 所示的交互。

代码清单 4.9：Customer 参与者的可变状态

```
class Customer(rareBooks: ActorRef, odds: Int, tolerance: Int)
   extends Actor with ActorLogging {

  import Customer._
  import RareBooksProtocol._
  private var state =
    State(CustomerModel(odds, tolerance, 0, 0), -1L)
```

从一种中性状态开始

```
requestBookInfo()

override def receive: Receive = {
    case m: Msg => m match {

    case f: BookFound =>
      state = state.update(f)
      requestBookInfo()

    case f: BookNotFound
      if state.model.notFound < state.model.tolerance =>
      state = state.update(f)
      requestBookInfo()

    case f: BookNotFound =>
      state = state.update(f)
      sender ! Complain()

    case c: Credit =>
      state = state.update(c)
      requestBookInfo()
  }
}

private def requestBookInfo(): Unit =
    rareBooks ! FindBookByTopic(Set(pickTopic))

private def pickTopic: Topic =
    if (Random.nextInt(100) < state.model.odds)
      viableTopics(Random.nextInt(viableTopics.size))
    else Unknown
}
```

发送初始请求以便开始消息流

确保仅处理协议消息的逻辑入口

在未超出容忍度时处理 NotFound 消息的匹配守卫

在超出容忍度时处理 NotFound 消息

将投诉发送回 Librarian

恢复发送研究请求

发送关于某个主题的研究请求的辅助器

选取用于随机且可能未知的主题的辅助器

什么是匹配守卫

在 Scala 中,匹配守卫(match guard)是为 case 语句提供更多可阅读语法的语法糖。可以将匹配守卫视作筛选器。还可以将守卫放置于匹配之上,这样就会仅在模式匹配并且守卫条件为 true 时才处理匹配。否则,匹配处理就会移动到下一个 case 并且再次尝试。

正如前面所讲,Customer 参与者类似于 Librarian,它们只在如下方面存在明显的区别:本地可变状态的管理。随着类比过程的推进,我们需要通过添加更多属性来加入状态管理这一概念。第 6 章将介绍如何使用 Akka 持久化进行状态存储。

4.3.5　运行应用

为了运行应用，你需要用到第 2 章介绍过的 sbt(可以在 www.scala-sbt.org 上
找到关于 sbt 的详细信息以及文档)。在终端窗口中，将目录修改为根应用 reactive-
application-development-scala，并且启动 sbt，应该会出现以下输出：

```
[info] Loading global plugins from ...
[info] Loading project definition ...
[Info] Set current project to ...
>
```

在>提示符处，输入 project chapter4_001_messaging 以便将项目变更为之前处
理的那个项目。接着，输入 run，并且应该出现以下输出：

```
[info] Running com.rarebooks.library.RareBooksApp
...
Enter commands ['q' = quit, '2c' = 2 customers, etc.]:
```

输入 2c(对应两个顾客)，应用开始在 RareBooks、Librarian 和 Customer 之间
传递消息。此时还没有输出，但是在线仓库中的代码会将所有的结果记录到根目
录下的 rarebooks.log 中。观察处理过程的一种好的方式，就是在应用运行期间跟
踪 rarebooks.log 日志文件的结尾处，就像下面这样：

```
$ tail -f rarebooks.log
```

在 rarebooks.log 日志文件中，你应该可以看到参与者系统的启动，其中包含
RareBooks、Librarian 和 Customer 参与者的创建。此外，其中还包含来来回回的
消息流转，以及对 RareBooks 开放和关闭的模拟。需要注意的一点就是吞吐量。
根据所用计算机的硬件指标，运行性能可能会有所差异，但每一天能处理大约 10
或 11 条消息。

祝贺大家取得了成功！

4.3.6　进展回顾

4.4 节将介绍如何通过将 Librarian 参与者添加到示例中以便让应用更具伸缩
性。然后将介绍如何通过替换故障 Librarian 参与者来让应用更具回弹性。在继续
讲解之前，请思考到目前为止我们已经实现的反应式特性。

响应性

- 参与方通过消息传递机制进行异步通信,这样就避免了由于同步处理造成
  的延迟。
- 不可变的消息结构避免了延迟，否则可能会由于并发故障造成延迟。

回弹性

- 通过状态隔离实现完全不共享的原则可以避免由于共享的可变状态造成的并发故障。
- 不可变的消息结构将免除由消息通知的状态中出现变动的可能性,从而避免潜在的并发故障。

伸缩性

- 通过消息传递机制实现的松耦合支持纵向和横向扩展。

消息驱动

- 参与者模型为消息驱动架构提供了消息传递语义。

4.4　增大伸缩性

　　前面已经花费了大量时间来划定类比,并且以反应式格式建立了整个系统。因而,我们需要做一些基础性工作以便详尽探究更为复杂的概念(比如伸缩性)。正如第 1 章所讲,伸缩性意味着系统在各种工作负载之下保持响应。反应式系统可以通过增加或减少资源分配来响应负载变化。

　　那么如何让应用变得可伸缩呢?从前面示例中书店老板的角度看,显然 RareBooks 需要雇用更多的 Librarian。用计算机术语来说,就是应用需要并行处理请求。

4.4.1　Akka 路由

　　通过雇用更多的 Librarian,书店老板就可以通过同时处理 Customer 请求来减少对这些请求的整体响应时长。Akka 使用路由器来实现多个参与者之间的并行机制。Akka 中的路由器的目的在于,向一组其他的参与者传递消息,这些参与者又称为被路由对象(Routees)。

1. 路由逻辑

　　路由器使用一种路由逻辑策略来管理这些消息的分发。Akka 中的路由器实现提供了各种可根据应用需求来使用的路由逻辑策略,也可以创建自定义路由器。表 4.3 展示了 Akka 自带的路由逻辑。

表 4.3　Akka 自带的路由逻辑

路由逻辑	描述
RoundRobinRoutingLogic	以轮询方式按顺序处理遇到的消息
RandomRoutingLogic	使用受被路由对象的数量这一范围限制的随机数来选择要使用的被路由对象

(续表)

路由逻辑	描述
SmallestMailboxRoutingLogic	尝试发送到邮箱中的具有最少消息的非挂起被路由对象
BroadcastRoutingLogic	向所有被路由对象广播消息
ScatterGatherFirstCompletedRoutingLogic	向所有被路由对象广播消息并且以首个响应作答
TailChoppingRoutingLogic	向一个随机选取的被路由对象发送消息并且等待一段指定的时间；然后向另一个随机选取的被路由对象进行发送，直到完成一次轮询
ConsistentHashingRoutingLogic	根据接收到的消息使用一致性哈希选择被路由对象

被路由对象本身都是使用 ActorRefRoutee 特性封装的普通子参与者，这就表明参与者是被路由对象。ActorRefRoutee 还提供了引用被路由对象(ref)和发送消息(send)的值成员。

路由器有两类：池路由器和组路由器。

2. 池路由器

池路由器会将被路由参与者作为子参与者来创建和管理，并且负责监管，如图 4.7 所示。池路由器的设置是基于配置或代码进行的，如果需要以编程方式创建路由器，则需要基于代码进行设置。

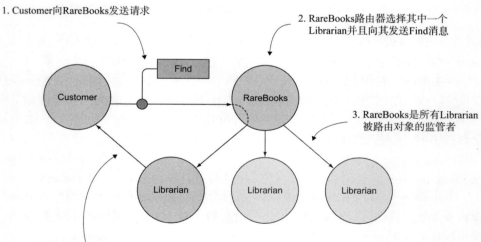

图 4.7　RareBooks 参与者会监管 Librarian 池

第 2 章介绍了如何使用配置文件来定义池路由器的设置。Akka 会在类路径的根目录中查找名为 application.conf 的文件。应用会告知 Akka 使用 FromConfig 从配置文件中读取属性，如代码清单 4.10 所示。

代码清单 4.10：加载自配置文件的路由器

```
val librarian: ActorRef =
  context.actorOf(FromConfig.props(          ◄──── 从配置文件中加载
    Librarian.props(findBookDuration), "librarian"))
```

使用同伴对象的 props 方法生成 Librarian 自身的实例

代码清单 4.11 所示的配置定义了 RareBooks 参与者系统中 10 个 Librarian 参与者的轮询池。

代码清单 4.11：用于具有路由逻辑和被路由对象计数的池路由器的配置

```
                                         路由器池的路径
akka.actor.deployment {
  /rarebooks/librarian {     ◄──────
    router = round-robin-pool     ◄────── 路由器池的类型
    nr-of-instances = 10     ◄──────
  }                                 池中路由器的数量
}
```

一种使用配置文件的可选方式，就是以编程方式创建路由器，这需要做些小的修改，参见代码清单 4.12。

代码清单 4.12：以编程方式配置池路由器

```
val librarian: ActorRef =
  context.actorOf(RoundRobinPool(5).props(     ◄──────
    Librarian.props(findBookDuration), "librarian")
                                         在代码中定义轮询池
```

无论是通过配置文件还是以编程方式配置路由器，都不会对 Librarian 参与者进行变更。在这两种情况下，Librarian 参与者都是使用通过 Librarian 同伴对象生成的 Props 来定义的。

3. 组路由器

组路由器与池路由器的区别在于，组路由器允许从外部创建被路由对象。创建了被路由对象之后，就会通过参与者路径将它们与路由器关联起来。组路由器不是被路由对象的父节点，并且也不负责监管。与池路由器一样，组路由器的设置也是在配置或代码中定义的。组路由器的配置类似于之前介绍的池路由器，参见代码清单 4.13。

代码清单 4.13：用于具有路由逻辑和被路由对象位置的组路由器的配置

```
akka.actor.deployment {
  /rarebooks/librarian {
  router = round-robin-group          使用组路由器而非池路由器
  routees.paths = [
    "/user/rarebooks/librarian-1",
    "/user/workers/librarian-2",      worker 可能具有        提供参与者的路径
    "/user/workers/librarian-3"]      不同的监管者
  }
}
```

从配置文件中加载池路由器与加载组路由器之间没什么区别，使用的代码与代码清单 4.12 展示的代码相同。如果希望以编程方式创建组路由器，则需要对少量代码进行变更，如代码清单 4.14 所示。

代码清单 4.14：以编程方式配置组路由器

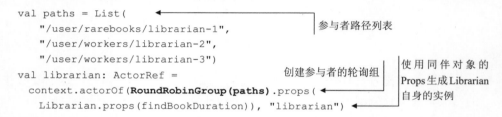

```
val paths = List(
    "/user/rarebooks/librarian-1",         参与者路径列表
    "/user/workers/librarian-2",
    "/user/workers/librarian-3")                        使用同伴对象的
val librarian: ActorRef =                              Props 生成 Librarian
  context.actorOf(RoundRobinGroup(paths).props(        自身的实例
    Librarian.props(findBookDuration)), "librarian")
                        创建参与者的轮询组
```

无论是通过配置文件还是以编程方式创建路由器，并且无论路由器是池类型还是组类型，都使用相同的 Props 来创建 Librarian 参与者的各个实例。单个 Librarian 不会受路由策略或监管的影响。如果停下来稍微思考一下这种情形，就会发现这很令人惊讶。通过修改配置文件以及对参与者创建方式进行少许修改，就可以通过使用两种不同的监管策略来实现并行处理。

4.4.2　调度器

调度器是 Akka 消息传递系统的核心。调度器会协调参与者之间的通信，其中需要实现 scala.concurrent.ExecutionContext 并且注册参与者邮箱以供执行。调度器会与 Executor 共同工作，Executor 实质上是一组线程，并且会提供参与者运行的执行时间和上下文。这样一来，调度器就通过 Executor 为并行处理提供了基础。在 Executor 中，调度器可以被调整为机器内部的底层核心。Akka 提供了四类调度器，如表 4.4 所示。

表 4.4　Akka 调度器

名称	描述	邮箱	可共享性	支持	用途
Dispatcher	默认调度器	每个参与者有一个邮箱	可被任意数量的参与者共享	fork-join-executor 或 thread-pool-executor	舱壁(Bulkheading)，为非阻塞进行的优化
Pinned-Dispatcher	每个参与者都有一个唯一的线程	每个参与者有一个邮箱	无法被共享	thread-pool-executor	重度 I/O 阻塞操作
Balancing-Dispatcher	将任务从忙碌参与者重新分配到空闲参与者	共享邮箱	仅被同类型参与者共享	fork-join-executor 或 thread-pool-executor	工作共享
Calling-Thread-Dispatcher	仅运行在当前线程上	可按需配置为每个线程有一个邮箱	可被任意数量的参与者共享	调用线程	测试

Librarian 路由器

现在我们已经理解了在 Akka 中如何通过路由器方式进行并行处理，接下来处理吞吐量。为了在代码中实现使用一个路由器的多个 Librarian，需要修改两个文件：application.conf 和 Librarian.scala。代码清单 4.15 显示了 application.conf 中发生的变更。

代码清单 4.15：指定路由器配置的 application.conf

```
rare-books {
  open-duration = 20 seconds
  close-duration = 5 seconds
  nbr-of-librarians = 5         ← 要创建的 Librarian 被路由对象的数量
  librarian {
    find-book-duration = 2 seconds
  }
}
```

你可能会想，"等等；我还以为路由器设置应该存放在 akka.actor.deployment 中。"这一想法是正确的，不过在这个示例中，被路由对象是以编程方式创建和配置的。nbr-of-librarians 设置对于调整通过代码创建的被路由对象的数量而言是很方便的，正如更新后的 RareBooks 参与者那样，参见代码清单 4.16。

代码清单 4.16：从 application.conf 中读取路由器配置的 RareBooks

```
import akka.actor.{ Actor, ActorLogging, Props, Stash }
import akka.routing.{ActorRefRoutee, Router, RoundRobinRoutingLogic }

  private val nbrOfLibrarians: Int =
  ➥ context.system.settings.config
  ➥ getInt "rare-books.nbr-of-librarians"
var router: Router = createLibrarian()

private def open: Receive = {
  case m: Msg =>
    router.route(m, sender())


protected def createLibrarian(): Router = {

  var cnt: Int = 0
  val routees: Vector[ActorRefRoutee] =
  ➥ Vector.fill(nbrOfLibrarians) {
  ➥ val r = context.actorOf(
  ➥ Librarian.props(findBookDuration), s"librarian-$cnt")
    cnt += 1
    ActorRefRoutee(r)
  }
  Router(RoundRobinRoutingLogic(), routees)
}
```

移除 ActorRef 导入语句

从配置中获取 Librarian 被路由对象的数量以便进行创建

路由消息而非转发消息

本地可变引用是 Router 而非 ActorRef

返回 Router 而非 ActorRef

ActorRefRoutee 的 Vector

创建 Librarian

将 Librarian 封装在 ActorRefRoutee 中

使用 RoundRobinRoutingLogic 和被路由对象的列表创建 Router

  书店老板现在开心了，因为 RareBooks 可以同时应付更多顾客了。选择编程方式来配置路由器是为了对被路由对象拥有更多的监管控制，接下来将介绍这方面的内容。

4.4.3　运行具有路由器的应用

  假设 sbt 仍在运行，将项目变更为 chapter4_002_elasticity 并且再次运行。这一次，我们通过输入表示五个顾客的 5c 来录入更多顾客。再次跟踪 rarebooks.log 日志文件的结尾处，并且注意性能有了显著提升。虽然顾客数量增加了一倍多，但得到的处理性能却几乎提升了五倍——用几行新代码就得到这样的性能提升是非常惊人的。

4.5 回弹性

到目前为止，我们已经研究了通过消息驱动的通信(基础)和伸缩性(支柱)来实现的反应式编程的基础知识。现在我们来看看其他特性：回弹性。不过，在开始研究之前，需要更新示例以便在代码中模拟故障，从而反映真实环境中书店老板可能会与雇员和顾客进行的交互。

成功的企业老板通常会倾尽全力，因此质量是最重要的关注点。不过，随着公司的发展以及额外资源的新增，有时候会在质量方面进行妥协。在某种程度上这样的情况必定会出现，因为一些新员工并不具有必要的经验，而学习过程将非常漫长。本节会将这种情形模拟为 Akka 中的故障，并且讲解如何才能通过使用监管来解决这些问题。

当企业老板是个体经营户时，他们总是会为响应了顾客请求而感到自豪。当顾客由于"未找到书籍"而突破容忍底线时，书店老板就会为顾客办理退款，这样就能解决问题。遗憾的是，新雇用的图书管理员并没有这样的意识。虽然他们致力于称职地完成工作，但他们并不具有书店老板面对顾客抱怨时的耐心。因而，在接到一定数量的抱怨之后，雇员就会变得沮丧。而当他们沮丧时，他们就必须休息一下缓一缓，在这期间他们无法处理请求；更糟糕的是，他们会中断对当前投诉的跟踪处理，从而造成顾客永远无法收到退款。这个问题很严重。沮丧的雇员将恢复过来并且再次开始工作，但沮丧的顾客可能就不会再光顾了。由于顾客从没有收到退款(因为雇员中断了对投诉的跟踪处理)，所以最终顾客的请求将会停止。

4.5.1 故障的 Librarian 参与者

在 Akka 中，这样的情况被称为故障，可以建模为异常。当其中一个 Librarian 对于投诉的容忍度底线被突破时，这名雇员就会变得沮丧并且抛出 ComplainException 异常。当这一异常出现时，Akka 会暂停 Librarian 被路由对象并且升级到其父节点，也就是 RareBooks。RareBooks 由于使用了默认的监管策略(稍后将进行讲解)，因此会重启已暂停的 Librarian，实际上也就是将 Librarian 的 complainCount 重置为零。此时，投诉的 Customer 处于不再请求信息的状态，因为没有收到退款。RareBooks 书店老板可以应对这种情况。

首先将一些声明添加到同伴对象，如代码清单 4.17 所示。

代码清单 4.17：出故障的 Librarian 参数

```
object Librarian {
```

```
// ...
final case class ComplainException(
    c: Complain,
    customer: ActorRef)
    extends IllegalStateException("Too many complaints!")
// ...
def props(
    findBookDuration: FiniteDuration,
    maxComplainCount: Int): Props =
  Props(new Librarian(findBookDuration, maxComplainCount))
// ...
}
```

不可变的异常
描述器

添加 maxComplainCount
参数

接下来，为 Librarian 添加面对投诉时的不当行为，如代码清单 4.18 所示。

代码清单 4.18：出故障的 Librarian 行为

```
class Librarian(
    findBookDuration: FiniteDuration,
  maxComplainCount: Int)
  extends Actor with ActorLogging with Stash {
  //...
  private var complainCount: Int = 0
  //...
  private def ready: Receive = {
    case m: Msg => m match {
      case c: Complain if complainCount == maxComplainCount =>
        throw ComplainException(c, sender())
      case c: Complain =>
        complainCount += 1
        sender ! Credit()
    //...
```

将 maxComplainCount
添加到构造函数

表示接收到的投诉数量
的本地可变状态

用于投诉计数的匹配守卫

否则，就正常
处理投诉消息

最终，一个小的变更就能让 RareBooks 参与者获取到 max-complain-count 并且
在创建 Librarian 时将 max-complain-count 传递给 Librarian，如代码清单 4.19 所示。

代码清单 4.19：变更 RareBooks 参与者

```
class RareBooks extends Actor with ActorLogging with Stash {
  //...
  private val maxComplainCount: Int =
    context.system.setting.config getInt
    ➥ "rare-books.librarian.max-complain-count"
  //...
  protected def createLibrarian(): Router = {
  //...
```

从 application.conf 中获取
max-complain-count

```
val r = context.actorOf(Librarian.props(
➥ findBookDuration, maxComplainCount), s"librarian-$cnt")
//...
```

在创建 Librarian 被路由对象时
传递 maxComplainCount

通过让可容忍的投诉数量成为 application.conf 中 Librarian 的属性并且添加为属性工厂的参数，就可以完成模拟的配置，如代码清单 4.20 所示。

代码清单 4.20：出故障的 Librarian 参与者的 application.conf 变更

```
//...
rare-books {
  open-duration = 20 seconds
  close-duration = 5 seconds
  nbr-of-librarians = 5
  librarian {
    find-book-duration = 2 seconds
    max-complain-count = 2
  }
}
```

指定 Librarian 的可容忍投诉的
最大数量

现在 Librarian 模拟就有了在放弃和发生故障之前接受投诉的最大容忍度，运行一下看看行为如何。

4.5.2　运行故障应用

像之前一样，要确保位于 sbt 提示符处并且将项目设置为 chapter4_003_faulty。运行这一具有两个 Customer 的应用，不过这一次要将未找到书籍的容忍度设置为 2，就像下面这样：

```
Enter commands ['q' = quit, '2c' = 2 customers, etc.]:
2c2
```

跟踪 rarebooks.log 日志文件的结尾处，并且让应用运行一段时间。注意，在其中一个 Librarian 抛出 ComplainException 异常之后，这个 Librarian 服务的 Customer 就会停止请求信息，并且最终所有的 Customer 都会停止。应用会继续运行，但每天处理的 Customer 请求的数量将变为零！

4.5.3　Librarian 监管

书店老板想到一条简单的规则以便解决这一较小但很严重的问题。无论 Librarian 何时变得沮丧以及需要休息一下，都必须首先向书店老板通报这一情况。这样，书店老板就可以代理 Librarian 的工作并且向顾客提供退款。用 Akka 术语来说就是，我们通过实现合适的监管处理解决了这一问题。可以回想一下第 3 章中关于 Akka 监管的讨论，Akka 提供了两条可以开箱即用的策略。

- OneForOneStrategy——在这条(默认)策略中，监管者针对下级执行四条指令中的一条，并且依次执行所有的下级子节点。
- AllForOneStrategy——在这条策略中，监管者并不仅仅针对出故障的下级执行四条指令中的一条，而是针对监管者管理的所有下级执行指令。

这些策略具有如下四条指令：

- 恢复(Resume)出故障的下级，保持累积的内部状态。
- 重启(Restart)出故障的下级，清除累积的内部状态。
- 永久停止(Stop)出故障的下级。
- 升级(Escalate)故障，从而让自身处于故障状态。

　　在这个示例中，使用默认的 OneForOneStrategy 策略和 Restart 指令就足够了。不过，我们需要拦截异常并且提取出 Customer，以便书店老板可以在故障 Librarian 恢复期间发送退款。为此，你需要使用决策者，以决定在故障情况下执行哪些操作。

　　从 Akka 的角度看，决策者代表着故障时要应用的 PartialFunction[Throwable, Directive]。决策者会将子参与者的故障映射到采用的指令。如果在监管参与者内部而不是同伴对象内部声明策略，那么决策者就可以访问参与者的所有内部状态。此外，这是线程安全的，其中包括获取对当前故障子节点的引用，当前故障子节点被用作故障消息的发送者。创建决策者以拦截和处理 ComplainException 异常，如代码清单 4.21 所示。

代码清单 4.21：RareBooks 监管实现

为监管策略创建决策者

```
class RareBooks extends Actor with ActorLogging with Stash {
  //...
  override val supervisorStrategy: SupervisorStrategy = {        ← 重写默认的监管策略

    val decider: SupervisorStrategy.Decider = {

      case Librarian.ComplainException(complain, customer) =>    ← 决定对 ComplainException 异常
        customer ! Credit()          向 Customer 发送       执行哪些处理
        SupervisorStrategy.Restart   一条 Credit 消息
    }

    OneForOneStrategy()(
      decider orElse super.supervisorStrategy.decider)          使用决策者返回
  }                                                              OneForOneStrategy
调用 Restart 指令                                                 或者应用默认策略
```

这个看似简单却功能强大的层级式监管模型就是 Akka 中实现回弹性的关键。正如第 3 章所讲，这一监督方式远远超出容错性的范畴。虽然能够容错的系统意味着质量降级与故障严重性成正比关系，但回弹性却并非如此。回弹性通过预期故障从而在面对故障时进行自我恢复来包容故障。

4.5.4　运行具有回弹监管的应用

现在我们已经修复了出故障的 Librarian 参考者的问题，可以再次运行应用。在 sbt 提示符处将项目设置为 chapter4_004_resilience。运行这一具有两个 Customer 和低容忍度的应用，就像之前那样：

```
Enter commands ['q' = quit, '2c' = 2 customers, etc.]:
2c2
```

跟踪 rarebooks.log 日志文件的结尾处，并且让应用运行一段时间。我们将看到，当其中一个 Librarian 抛出 ComplainException 异常时，RareBooks 将会介入并且向投诉的 Customer 发送退款。

4.6　本章小结

- 可使用类比进行推导，通过人们手动解决问题的方式就可以引导出坚实的反应式设计。
- 可以对简单的解决方案进行扩展以便循序渐进地融入更多细节。
- 应该使用协议对象来定义多个参与者使用的消息。同伴对象可用于定义有限范围内的协议。
- 使用 become()、stash() 和 unstash() 控制参与者状态就会产生简单的状态迁移。将上下文栈和 unbecome() 结合使用就可以实现更为复杂且可扩展的状态管理。
- 参与者向自身发送消息的处理通常都是有用的。
- 匹配守卫是可以简化匹配逻辑的语法糖。
- Akka 有几种内置策略，可用于在多个 Librarian 参与者之间路由消息。池路由器可用于同样受池拥有者监管的 Librarian 参与者。组路由器提供了同样的路由逻辑而无须监管。
- 调度器通过使用执行上下文来管理线程上参与者的调度方式。
- 参与者可被允许失败。故障是由监管策略、指令和决策者这一组合来管理的。

第 *5* 章

领域驱动设计

有时候，"当局者迷，旁观者清。"就像欣赏一幅印象派画作一样，不能仅沉浸于细节。当我们贴近细看这幅画时，所能看到的仅仅是彩色斑点以及细小的笔刷痕迹而已；无法看清整幅作品。而当我们离远一些观看时，画作就会变得清晰，并且能够看到秋千上的小孩子、公园或湖泊等场景。这一情况类似于大型架构，反应式架构也不例外。基于这一思想，本章将后退几步以便从一定距离之外观察反应式应用。我们首先要讲解的是反应式工具集中的下一个主题：领域驱动设计。

在构建反应式架构时，我们不必冒险进入未知的区域。可以借助已有的辅助模式和技术来进行反应式编程，而无须耗费大量的精力——前提是要学会并且乐于使用工具集中一些知名的标准工具。就像建造一幢房屋一样，如果知道如何修筑墙、地板和屋顶，那么修建整栋房屋就完全不在话下了。使用这一领域建模方法，就可以开始构建遵循《反应式宣言》的系统了。

领域驱动设计是领域开发术语、工具和理念的集合，是由 Eric Evans 于 21 世纪初为简化复杂领域建模而正式提出的。

本章将探讨这些工具和方法论，并且讲解它们在传统环境以及反应式环境中是如何发挥作用的。

5.1   什么是领域驱动设计

领域驱动设计(Domain-Driven Design，DDD)是用于具象化领域及其行为的极为有用的工具，领域就是旨在解决某个软件问题的各种功能的一块独立区域。DDD 适用于许多领域和编程语言(本章将介绍如何将 DDD 应用于 Scala 和 Akka)。"领域驱动设计"这个词首次出现于 Eric Evans 所著的同名书籍，Eric Evans 是领域驱动设计思想体系之父和先驱。

DDD 有助于构建包含《反应式宣言》中提出的如下四个关键特性的反应式应用：

- 伸缩性(对负载进行反应)——伸缩性意味着一种可轻易分布并且可独立扩展的领域模型。
- 消息驱动——不可变的、单向的消息将降低领域之间的意外反应。
- 回弹性——出故障的子域不会降级整个系统的行为。
- 响应性——经过精心组织且精心细分的领域，性能要好于单体式领域。

DDD 就是建模复杂系统的具体实践，目标是将真实领域行为映射到系统行为。其实许多开发人员都已经实践了这些技术，只不过不知道它们有名称而已；有些人可能会将 DDD 的使用称为一种好的架构。第 2 章探讨的不可变性描述了对象仅被创建一次并且绝不会发生变化或修改。不可变领域设计意味着领域实体(领域模型中有意义的对象)仅被创建一次，并且其所有属性都是在创建时设置的，从而可以跨多个计算机线程和进程被轻易共享。不可变对象具有较少的意外反应，因为这种对象的所有属性都没有设置器(更新状态的赋值函数)。这一情况并不意味着领域实体无法被修改，不过领域实体的修改处理不同于执行传统设置器类型的更新；相较于变更对象的当前状态，会转而提供带有期望变更的副本。

DDD 是一套实践结构和一组被称为通用语言的词汇，这些词汇可以将软件映射到真实领域。使用 DDD 实践可以生成不断演化的领域模型，这种模型将尽可能贴近真实领域的功能，而无论该领域是邮政服务还是航班(本章会将航班用作领域示例)。

DDD 并不适用于简单的架构，不过反应式架构又怎么可能简单呢? DDD 的重要前提之一就是领域专家的介入。将自己变成领域专家以便应用 DDD 实践的做法是可行的，不过过程会很艰难并且存在着一些风险，因为难免存在用开发人员自认为合理的猜测替代实际的领域专业知识的可能性。例如，如果航班领域模型中缺少业务专业知识，那么明显应该归属于地面控制中心的属性可能会被疏忽地添加到航空塔台。领域到对应的真实业务的每一项此类错误匹配都会有损于设计，并且让 DDD 的整体应用价值变低。简而言之，想要实践 DDD 的话，要么完全正确实践，要么完全不实践。

DDD 会为分布式软件设计的开始打下坚实基础，因为领域会被划分成更易于吸收理解并且易于分布的组成部分，这有助于实现伸缩性。

创建准确的领域模型的先决步骤之一就是将领域功能划分成各个独立的部分，它们又被称为限界上下文，因此可以将每一部分理解为独立的组件，并且这些组成部分之间的交互可以被映射到整个领域的模型之中。

5.1.2 节将介绍限界上下文，不过我们首先来看看如果不使用这样的 DDD 将会发生什么事情：得到规划不正确的单体式设计，也就是接下来要进行特征化总结的大泥球(Big Ball of Mud)。

5.1.1　大泥球

正确的应用设计的欠缺被称为"大泥球"，这意味着领域设计是"随意结构化的、无序发展的、草率的、充斥各种补丁的、杂乱纷繁的代码丛林"(Brian Foote 和 Joseph Yoder, http://www.laputan.org/mud/)。这实际上是由于单体式领域设计很少能(几乎无法)发挥作用并且将快速变得无法管理造成的。这些类型的设计会持续要求快速修复并且往往都未经完整地思考整体架构；随着这些问题的逐渐累积，系统将开始进入不可避免的衰退期。

1. 大泥球是如何产生的

造成大泥球的原因如下：

- 时间——真实或预想地认识到没有足够的时间来完美地完成任务，或者在指定阶段之前需要疯狂赶工将软件投入市场，这样的情况通常都表明没有足够的时间来正确地完成任务。
- 经验——编程人员能力不足、经验不够，并且缺乏监管，这些都会导致大泥球的产生。
- 成本——从成本方面看，人们常常认为较高质量的软件将承担过高的成本，这一点很有意思，因为大部分时候，实际上低质量软件的研发成本会大幅高于经过正确设计的软件。有时候，对于一家仅关注资金链不要断裂的初创公司而言，其资金只够匆忙地开发项目而无法顾及软件设计的方方面面。
- 可见性——软件，尤其是后台软件，是无法看见或接触到的。糟糕的用户界面会招来批评从而得到迅速纠正，而后台软件直到出现故障才会为人所知。

- 复杂性——复杂性是一只拦路虎。有时候，软件需要变得复杂一些才能解决问题，但是软件当包含多重复杂性(糟糕的封装设计)或者过于复杂时，就会变得让人困惑并且不可管理。复杂代码难以阅读并且难以维护。
- 变更——包括软件变更和需求变更。如果软件是以紧耦合方式构建的，而没有预期到变更，就会逐步发展为大泥球。

2. 大泥球是什么样子的

可通过以下问题对大泥球进行特征化描述：

- 一次性代码——这类代码出现的原因是，尝试解决眼前的问题而没有考虑整体设计，这可能是由于认为变更很简单，或是为了尽可能让变更不具有侵入性。一次性代码永远都不会仅仅使用一次，因为后续绝不会由于一开始造成这一局面的短时思考而花时间以正确方式对其进行重构。这样的软件投入观念被称为沉默成本谬误——管理中的一种压倒性的非理性情绪，形成原因是：你已经在一个糟糕的项目上投入了大量的资金，弃用的话代价会很高。
- 碎片式增长——系统会随时间的推移而不断发展和演化。纽约市就是一座城市碎片式增长的绝佳示例。纽约这座城市一开始是经过有效规划的，但随后就从曾经的新阿姆斯特丹向内和向外蔓延发展为如今从运河街区到哈莱姆区的区域。这座城市的街道从郊区到市中心都是杂乱无章的，百老汇甚至在某些时候是沿对角线分布的。这座城市是按需而不是按照一些宏伟规划来扩建的。这一类似的"无序拓展"也可能出现在我们的代码库中。洛杉矶是另一个不受控的城市扩张示例，如图 5.1 所示。

图 5.1　洛杉矶城市扩张

一方面，宏伟的总体规划可能看似会得到组织得更好的城市和代码，但实际上所有的事物都会发生变化，而对于变动目标的规划将让我们面临失败。另一方面，无规划的增长最终将导致无序状态。那么应该怎么办呢？解决方案就是实现设计的原子性，这意味着设计要紧密贴近系统的相关部分，这些相关部分已与系统的其他部分划分开来。你需要通过不断地进行本地重构来保持系统的最新状态。

- 保持代码正常运行——软件很重要，我们的顾客、员工和资金都依赖于软件。必要的改进是需要的，不过进行这些改进并非是由于害怕破坏系统而导致的。团队中的每个人都害怕修改这些代码或是亲自修改代码，因而生成的代码通常都是一次性的(之前提到过)。
- 把脏乱差藏起来——如果无法清理糟糕的代码，那么可以把它们藏起来。不切实际的上线日期、质量较低的需求以及自认为隐藏多一点的糟糕代码，以上这些不会造成什么破坏，也不会造成人们保留不应保留的代码。人们常常认为，这类代码的实现成本很高，但是维护代码库的成本也不容小觑。

3. 如何才能避免大泥球

以下是用于避免大泥球的一些技术：

- 使用持续集成控制碎片化。当大型团队针对一个领域展开工作时(即使只有三个人的团队也可以认为是大型团队)，碎片化有存在的可能性，因为团队中存在思想分歧。由于领域是被不断发现的，因此不同的开发人员可能会提出不同的想法。领域会被拆分到某种最小的仍然能够映射到真实领域问题的程度，并且在尝试进一步人为强制进行拆分时，领域就会丢失内聚性。
- 持续集成将提供帮助。从事任何指定领域开发工作的开发人员应该至少每天碰头一次，合并代码以及交换想法，并且(最重要的是)保持通用语言文档的更新能够及时跟上他们不断变化发展的认知。当代码被频繁合并时，就可以防范和消除浮现出来的分歧。正如我们所能观察到的，持续集成允许团队成员之间紧密协作。
- 避免贫血领域模型。贫血领域模型是未应用 DDD 方法论经过通盘考虑的模型，它们是反模式的模型。这类领域模型可能一开始看上去是合理的，并且在某些方面映射到了真实对象，但当我们进一步研究时，就会发现它们没有任何真实行为。这类贫血领域对象会使用获取器和设置器而非一些具有行为和复杂特征的实体来组装数据结构。这些模型并不能从面向对象设计中完全受益，在这些模型中，数据与行为并没有被封装到一起；与面向对象设计相比，这些模型更像是适配过程化风格的半成品。
- 设计剪切层。可以通过设计剪切层来减轻大泥球症状或者避免大泥球出现。如果将建筑看作软件的类比，那么其实存在着一种观点，认为建筑其实是比较虚的一种概念。实际上建筑是许多组成部分的组合，比如地基、布线、屋顶、房椽和墙体。这些组成部分都有自己的变化率和寿命，这意味着应该根据软件中各个组件自身的变化率和生命周期来对它们进行分组。这些具有不同变化率的组件也可应用于领域的不同区域以及各个抽象区域，因为抽象的变化要远远小于其他大部分逻辑类型；因此，它们应该独立存在并且被分别维护。大泥球就是尝试在不考虑分层的情况下修建建筑。

- 执行重建。针对大泥球的唯一可行的治疗方案就是重建。如果系统已经衰退到开始变成大泥球的程度，那么通常最好的做法就是抛弃老系统并且重新开始设计开发。这一情况常常良药苦口，产生的原因如下：
  - ➤ 过时的工具和技术。
  - ➤ 最初维护者的长期缺位。
  - ➤ 构建一次性系统期间显露出的真实需求。
  - ➤ 让初始架构假设凸显无用的显著设计变更。

4. 建筑师最有用的工具

建筑师最有用的工具就是草稿板上的橡皮擦和工地上的吊车破碎球。

——Frank Lloyd Wright[1]

现在我们已经了解了错误领域设计的问题，可以开始以领域驱动的方式进行领域设计了。这样一来，之前的城市风光领域最终就会变成图 5.2 展示的那样，我们首先讲解一下限界上下文。

图 5.2　乌托邦城市风光(照片来源：Marián Zubák 拍摄的斯洛伐克帕蒂赞斯克小镇，使用授权为 CC BY 2.5[https://creativecommons.org/licenses/by/2.5/deed.en])

---

1 http://www.laputan.org/mud/mud.html#reconstruction。

5.1.2　限界上下文

限界上下文描述了离散的功能区域或领域。首先，可通过将应用的主要区域划分成一组限界上下文来对领域进行建模。

这种方法的典型示例就是对飞机和机场进行建模，我们称之为航班领域。相较于尝试将所有一切建模在大型、盘根错节的大杂烩中，我们应该将为航班领域而构建的应用划分成三个主要的行为区域：

- 飞机，它与飞行相关。
- 塔台，它与多架飞机的进港、出港以及飞行状态有关。
- 地面控制，它与机场中各飞机和车辆的调度有关。

机场在这个示例中是隐式存在的，因为虽然可以在通用语言中使用领域专家和开发人员共同分享和理解的一组术语来定义机场，但是并没有围绕机场的可作为整体识别的行为，稍后将对此进行阐释[1]。许多子域都可以识别为机场的组成部分，不过我们会通过处理上面定义的三个子域来保持这个示例的简单性。限界上下文就是描述子域的 DDD 术语。这个示例有三个上下文或子域：飞机、塔台和地面控制。这三个子域都有不同的关注点。

飞机子域仅关注飞行过程、安全性、气候以及飞行力学。该子域会与外部限界上下文通信，比如塔台，但这类通信仅局限于对执行飞行业务而言所必需的最简单方式。控制的内在处理都留给塔台限界上下文。如果这两个限界上下文之间的通信是必需的，比如当塔台指示一架飞机下降 2000 米时，在我们的系统中，这一指令传输过程就会被转换为塔台上下文能够理解的一些消息以与飞机上下文进行通信。

大家可能会看出这个航班领域与业务世界中任何复杂领域之间的联系。我们之前介绍了如何将航班这一复杂业务分解成易于领会的各个部分。这样一来，我们也就自然而然地让航班领域变得更具可分布性，因为航班领域可以划分成三个独立的组成部分：飞机、塔台和地面控制。每一部分都可以存在于单独硬件的运行时和不同地理位置。

正如前面所讲，飞机上下文或子域会与其他上下文(塔台和地面控制)进行通信，而当进行这样的通信时，就会使用 DDD 术语中的防腐层来转译传入的消息。防腐层是位于限界上下文内的最外层，负责转换和验证打算发送到其他上下文和外部系统的数据以及反向发送过来的数据。外部第三方系统可能会发送一条命令，要求将高度降低 2000 米；飞机上下文要判定这条命令是否合理并且不会让飞机撞击地面。

---

1 如果尝试将机场定义为聚合根，或者定义为接下来很快将要讨论的领域功能容器，则会造成地面控制和塔台上下文的合并。这是不合时宜的，因为这些都是分离的关注点，领域模型将存在冲突且容易造成困惑，比如地面控制会将飞机当作另一台车辆来处理，而塔台则需要关注飞机本身。

塔台和地面控制上下文包含它们自身用于控制航班的各个方面以及地面上飞机和车辆的复杂性。为了帮助发现和识别这些领域，需要使用限界上下文图解。图 5.3 展示了航班限界上下文图解的使用。

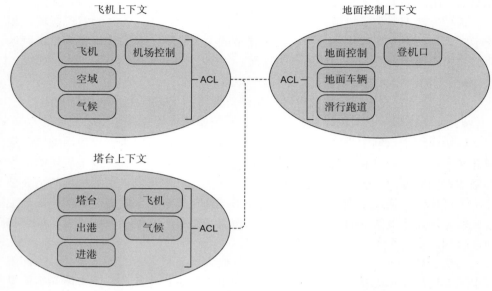

图 5.3   航班领域上下文以鸟瞰视图方式显示了整个系统

如图 5.3 所示，每个上下文都可以与其他上下文隔离开的方式考虑和开发，并且最终通过防腐层(ACL)来挂接它们。开发这样的子域要比一次性应对全局的复杂性容易得多。

之前我们简要介绍了 DDD 如何让大型应用变得更容易使用分布式架构：整个领域被解耦成各种限界上下文，每一个限界上下文都可以独立运行并且在不同的应用空间中，仅通过消息与外界通信。

接下来我们将更为详尽地探讨通用语言，通用语言充当了限界上下文参考说明的领域专业术语表。

5.1.3   通用语言

飞机、车辆、地面控制、出港等术语就代表着通用语言的使用，通用语言是匹配真实领域的软件专业术语，并且由开发团队和领域专家共同使用。前面的图 5.3 就揭示了这样的设计。

通用语言是领域专家和开发人员达成共识的描述领域各个方面的一组术语。这一语言是以一份动态文档来表述的，你应该尽可能早地创建这份文档，从而持续地由职能团队和技术团队引用。通用语言有助于与领域专家进行讨论，并且用于定义领域模型中使用的关键领域概念。图 5.4 展示了描述示例中航班领域的通用语言的一部分文档内容。

- 飞机——通常就是一架固定翼客机，但也不限于此。飞机会从目的地起飞并飞到终点，必须处理空域和机场中的外部控制，不过还必须关注气候、飞机的操作和健康状况以及乘客。
- 空域——飞机在其中受塔台控制的一片地理区域。
- 进港——主要与飞机进入机场相关的塔台区域。
- 出港——主要与飞机从机场起飞相关的塔台区域。
- 地面控制——这一操作会围绕停机坪以及登机口和到达口来控制和调度飞机及其他车辆。
- 塔台——塔台会在飞机出港、进港以及进入空域期间控制飞机。
- 气候——对于气候的关注无处不在，从空中的飞机到地面上的所有车辆，还包括铲雪和融雪设备。

图 5.4　清晰定义了航班领域专用术语的通用语言文档

多亏了通用语言文档，牢牢掌握了术语之后，我们就可以设计领域实体了：映射到上述文档以及真实领域的构造块。这些构造块是一些实体，它们具有标识并且都是持久化对象，它们可以采用聚合的形式来封装其他实体，并且它们还可以使用值对象。

接下来我们阐释这些构造块。

5.1.4　实体、聚合与值对象

DDD 中的实体就是表示领域的某个有意义区域的任意对象，并且它们(最重要的是)都具有标识。每个实体的标识在领域中的所有其他实体之间都是唯一的。这种唯一性是通过实体属性来确立的，并且绝不能重复。这种实体的典型示例就是人。一个人可以拥有与另一个人相同的姓名，但绝不会拥有同一个身份证号。

有时候，唯一 ID 会是虚拟的，比如在创建实体时生成 ID，但通常，一些有意义的属性天然就是唯一的，比如客户 ID 或序列号。在航班领域示例中，id 属性会对飞机进行唯一标识。id 属性绝不会被另一架飞机重用，但允许由用于其他航班的呼叫信号重用。实际上，为了保持一致性以及在框架内的易用性，我们通常都会为所有领域实体使用自动生成的 ID。在框架中的某个位置，你需要处理一些常用功能，用于创建新实体以及防止重复。当所有实体都一致地使用 id 属性时，这一处理过程就变得简单了，但这并不能避免重复的业务键。比如，在员工领域，每个员工都拥有唯一的自动生成的 ID，但员工还有必须唯一的身份证号。你必须在框架中的某个位置维护这种唯一性，比如在服务层进行维护。

　　实体都是以某种有意义的方式来命名的，并且会被直接映射到通用语言；它们并不是根据属性来定义的，并且它们自身就具有真实领域的含义。比如，我们无须理解飞机的内部行为就能知道一架飞机到底是什么。在图 5.5 中，只有飞机和乘客才是实体。

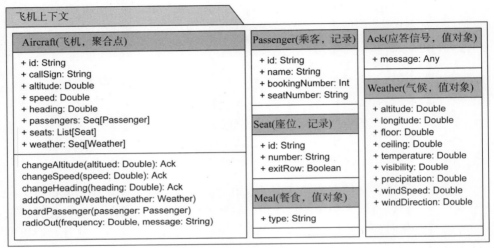

图 5.5　具有值对象的聚合示例

　　如图 5.5 所示，Ack、Meal 和 Weather 都是值对象，因而它们没有标识，后面将对它们进行说明。飞机、乘客和座位都是实体，并且具有唯一标识以及持久化状态。由于飞机封装了其他实体和值对象，因此飞机被视作聚合根。

　　聚合根也称为聚合，是代表两个或多个实体层级中顶层节点的领域实体。我们完全建议将聚合根标识为单一实体并且不要尝试马上对其中的实体层级进行识别。这样的做法属于过早优化的范畴，通常被认为是一种不良的设计选择。随着设计的演化，层级结构会自然而然地适时呈现出来。

　　假设在设计飞机实体时，我们就知道需要一些领域对象以便对飞机在空中和地面上的行为进行建模，并且后续会确定可能影响飞机的乘客行为，因为乘客会让飞机的重量和其他因素发生变化。我们要识别出乘客实体并且确定它们是飞机聚合的一部分。聚合根被直接映射到通用语言，比如映射到飞机这一术语。聚合优先选用实体，因而，它们都具有唯一标识。对于所有封装后的实体，比如乘客，仅能通过聚合进行访问。

　　聚合根的典型示例就是汽车。汽车由许多实体构成——引擎、电子系统、车架、内饰等——但这些实体都无法独立于汽车之外发挥作用，虽然这些实体可以分别建模在其他领域中。例如，工厂的流水线领域也具有引擎的概念，但在这里却具有不同的含义和行为。

在图 5.5 中，飞机是唯一的聚合根，其中封装了领域行为。飞机聚合具有各种状态和许多复杂能力。实际上，聚合根可以视为自身的限界上下文。飞机聚合封装了飞机所包含行为的许多方面，并且是持有的所有对象的根访问入口。

1. 聚合内的强一致性

聚合总是与其中封装的数据具有强一致性，这样聚合中的任何变化都会确保反映其中所有数据的最新状态。例如，为飞机添加乘客就会产生新的聚合版本，其中包括更新后的速度以及飞机的飞行方向。

最后，聚合之间的交互总是会保持一致。例如，飞机最终会接收到来自塔台的无线电消息，但在飞机能够进行响应之前塔台的状态就可能已经发生变化了。这一情况不会损害飞机执行自身的策略，并且最终飞机会得到更多的指令。

2. 值对象

在航班领域中，Ack、Meal 和 Weather 都被视为值对象。值对象代表领域内的一种有意义的构造体，并且也会映射到通用语言，不过值对象并没有标识这一概念，因而不是唯一的。飞机可能提供多种餐食，而其中一种餐食可以视作等同于另一种餐食，这样就不会破坏 DDD 对于值对象的规则。这些值对象绝不会自己独立存在，只能存在于封装的飞机上下文中。

如前所述，飞机上的餐食都是值对象。每一种餐食自身都没有标识或行为。餐食总是不可变的，这样它们就仅会被创建一次并且绝不会被更新。仅能通过对比类型(比如鸡肉对比牛肉)来对各种餐食进行区分，因为餐食没有标识。简而言之，除了向想吃鸡肉的乘客提供鸡肉餐食并且向其他乘客提供牛肉餐食这一能力之外，我们并不会过多关心餐食之间的区别。类别并不等同于标识！

对于聚合而言，实体和值对象都具有一致的状态并且都被存储在单个持久化单元中。在前面的图 5.5 中，我们看到飞机聚合的建模中包含一些基础特征，其中包括乘客实体集合与座位实体集合，以及餐食和气候值对象。

以下是对这些值对象的阐释：

- Ack(应答信号)是最简单的值对象。Ack 是一种数据结构，旨在将无线电消息从飞机传递到塔台，并且不具有任何行为或标识，不过 Ack 会映射到通用语言，因此 Ack 是值对象，尽管 Ack 并不像任何特性或集合那样包含在飞机实体内。
- Passenger(乘客)绝不会独立存在于飞机之外。可以将乘客添加到飞机，不过仅能通过飞机聚合进行添加；乘客绝不能被直接访问。

5.1.5 节将介绍服务、仓储和工厂，可使用示例应用的并未包含在聚合内的其他 DDD 功能来阐释它们。

5.1.5　服务、仓储和工厂

服务最适合被描述为处理过程，它们不属于任何领域实体，但是可以对那些实体进行操作。服务会从外部同时操作一个或多个聚合以便达成一些目标。大家可能已经注意到了，在航班领域示例中，并没有包含任何服务。根据我们的经验，通常所有的领域逻辑都会正常存在于领域聚合内部，这是一种常用的面向对象的封装技术。这里并不表示服务不好，在必要时服务很有价值。不过我们建议谨慎地将它们用作一种规则。原因在于，随着时间的变化，开发人员会让服务变成实现功能的首选，但是他们本应该将功能放在聚合内部。当开发人员不熟悉聚合与DDD 时，常常就会将服务用于功能。一条有用的经验法则是：如果要处理的是某个对象的行为，则将其包含在聚合中；如果不是，则使用服务。

笔者曾经需要在一款能耗优化应用中使用服务。当时必须与各种建筑和温度区域建立联系以便拉取实时的温度读数，并且要将那些读数关联到建筑，这些建筑被建模为聚合。图 5.6 展示了建筑-读数服务可能会如何在每分钟检索所有建筑的读数，然后将这些读数发送回每个建筑聚合。

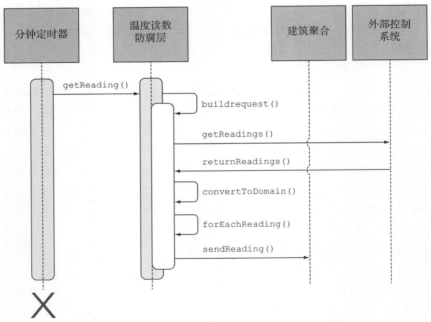

图 5.6　同时对多个建筑实体进行操作的建筑-读数服务

如图 5.6 所示，这种设计规定了需要每分钟对外部建筑控制服务进行请求以便获取所有建筑的所有读数。这一功能不能放在任何指定的建筑中；因此，它必须是一个服务。事实上，这个服务也是防腐层，这(正如之前介绍的)是一种介于领域和外部环境之间的保护和通信层。这里使用防腐层的原因是，服务需要向外调用外部建筑控制系统以获取数据，并且这些数据在被允许进入领域之前需要进行校验和转换。

仓储类似于服务，因为它们也存在于领域之外，但它们被用于从数据存储中检索和实例化领域对象。

我们需要使用仓储来访问领域聚合。聚合都是持久化的，并且 DDD 应用的生命周期都很长，这意味着这些系统将启动和停止许多次；数据驱动着系统并且为系统赋予持续的生命。

假定在系统中已经创建了 Flight 300 并且该航班正处于飞行状态，而系统处于关闭状态。当系统重启时，有些设施必须从数据库中实例化领域聚合以便再次开始使用它们，而这正是仓储的职责所在。

典型的仓储行为包括：

- 根据 ID 获取单个领域聚合。
- 检索所有聚合。
- 以及执行一些查找操作。

在 Scala 编程语言中，目前暂且不提参与者这个概念，最佳且最具表达性的做法就是将仓储实现为同伴对象。以下列表对仓储以及同伴对象进行了阐释：

- 同伴对象是单例，名称与某个实现类相同，并且可以对这个实现类中的私有功能进行特殊访问。它们通常被用作工厂。
- 工厂是一种创建对象的方式，这与仓储模式的行为很接近，只不过仓储是返回以某种持久化状态存在的聚合，而工厂仅用于初始化创建。

Flight 300 这个概念是通过使用 Aircraft 同伴对象中的 create-factory 函数来创建的。代码清单 5.1 将仓储行为和工厂封装在了 Aircraft 同伴对象中，而不是创建像 AircraftRepository 这样的单独对象，不过像这样做也是可以的。为了方便起见，代码清单 5.1 将所有处理都放在了单个对象中。

在代码清单 5.1 中，create 是工厂函数，而其他所有函数都是仓储函数。Aircraft 需要创建最少量的数据：唯一 id 和 callsign。代码清单 5.1 展示了在许多语言中应如何对仓储/工厂进行常规建模；这里直接使用了 Scala 语言。

代码清单 5.1：Aircraft 仓储和工厂同伴对象

```
object Aircraft {

  def create(id: String, callsign: String): Aircraft = ...        create 工厂函数

  def get(id: String): Aircraft = ...

                                           get 仓储函数会发起数据库操作以
                                           便检索单架飞机
```

```
    def getAll(): List[Aircraft] = ...

    def findByCallsign(callsign: String): Aircraft = ...
}

case class Aircraft (
  id: String,
  callsign: String,
  altitude: Double,
  speed: Double,
  heading: Double,
  passengers: List[Passenger],
  weather: List[Weather]
)
```

getAll 仓储函数
会发起数据库
操作以便检索
所有的飞机

findByCallsign 仓储函数会
发起数据库操作以便根据通
信信号查找一架飞机

现在来看看另一种实现方案，以消息驱动的方式完成相同的处理，并基于第 2 章讲解的关于 Akka 参与者的知识进行构建。

在不同的时间点，Flight 300 都必须与外部进行通信；这趟航班需要知道地面以及空中的后续气候和流量控制。为了实现这样的通信，需要使用防腐层，在之前介绍飞机与塔台和地面控制进行通信时我们进行过简单讲解，5.1.6 节将更为详尽地对防腐层进行阐释。

5.1.6   防腐层

防腐层位于限界上下文之上并且会对发到外部以及从外部接收到的通信和表征数据进行转换。这就使得限界上下文的主要部分保持了一定程度的纯净，让其可以无须知晓外部系统的任何需求或其内部机制的任何信息。相应地，外部系统也不知晓限界上下文内部机制的任何信息。维持纯净很重要，因为进入领域的垃圾信息会造成垃圾信息的输出，简而言之就是腐蚀。

如图 5.7 所示，防腐层会将传入的外部逻辑转换成领域内部能够理解的构造。在这个示例中，外部气候数据会被校验并且转换为领域的气候表示。

防腐层会在将数据发送到外部上下文或外部接收方时把用于传出流的领域逻辑转换成外部构造。领域内的气候服务每分钟都会请求气候数据，并且会通过 HTTP 以一种由外部气候提供程序(比如示例中的 SomeWeatherService.com)规定的 XML 格式来返回气候数据。防腐层同时知晓传入的 XML 格式以及领域内部的 Weather 领域值对象。防腐层不允许不良或无效数据进入领域。

与图 5.7 相关的典型用例就是飞机接收到与其即将飞过的空域有关的新的气候数据。如图 5.7 所示，气候数据以某种格式(比如 XML)进入飞机领域的防腐层。防腐层会接收这一 XML 格式并且转换成飞机领域能够理解的气候数据，也就是飞机上下文中包含的 Weather 值对象。如图 5.7 所示，飞机上下文使用防腐层来与外部气候服务进行通信。防腐层接收气候服务提供程序提供的以 XML 格式传入的气候数据，并且转换成 Weather 值对象。

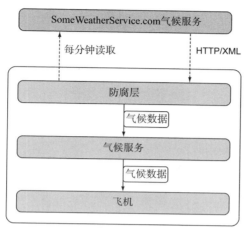

图 5.7　Weather 防腐层会将传入的 XML 转换成领域 Weather

接下来我们将介绍状态转换和分层架构以便全面理解 DDD。本章结尾将探讨用于对生命周期很长的领域事务建模的高价值 Saga 模式。

除了典型的防腐层之外，还可以通过领域状态转换来强化防腐特性。相较于飞行中的飞机，地面上的飞机具有不同的行为。要求一架处于滑行跑道上的飞机机身向左倾斜的请求是荒谬的；因此，编写函数来执行以上命令也是荒谬的。为了表述这种情况，我们以两种方式来支持飞机的行为：

- Aircraft
- GroundedAircraft

发送到地面上的飞机的每个命令都会产生一个处于地面模式的飞机的更新后实例。只有在成功执行了起飞命令之后，地面上的飞机才会转换成飞行中的飞机；并且在这个时候，所有与飞行有关的命令才会受到支持。

在实现方面，有各种方式可以达成此目的，这里就不一一讲解了。但是你要特别注意第 4 章中关于 become/unbecome 的探讨，因为这是对此情况进行建模的一种非常便利的方法。使用参与者领域，代表飞机的参与者就会变成处理另一个消息集合的处理程序，这些消息分别用于处理的每种状态——这是一种优雅的解决方案。

5.1.7　分层架构

在大泥球式设计中，将 UI、数据库以及其他非领域逻辑与领域自身混合起来的做法是很常见的。你应该以分层方式构建应用，尽可能多地进行关注分离。你应该能够很容易地查看领域对象并且快速理解领域对象的行为。比如，随着其他代码的合并，要将小麦和谷壳分离就会变得困难，从而让代码的维护变得困难并且造成不必要的障碍，进而导致新员工和领域专家难以理解代码。

以 UI 为例，UI 的变更会造成领域逻辑的可能变更和腐坏，因为 UI 人员可能并不能充分理解领域并且可能会破坏领域而不仅仅是满足 UI 变更需求。

要确保将领域逻辑从所有的应用基础结构中隔离出来，以使领域模型尽可能具有表达性和明确性。

5.1.8　Saga

Saga 是生命周期较长的业务处理过程，但也不要过于纠结于生命周期，因为 Saga 也可能在瞬间完成任务。Saga 并不被严格视作 DDD 的一部分，不过我们可能会发现它们在反应式应用中是必要的。Saga 并非领域实体，但可能会对实体进行操作，并且 Saga 并没有领域标识，不过在它们执行任务时可以携带事务 ID。

比较合适的业务 Saga 示例就是银行转账。银行转账无法在单个银行账号内单独进行，并且我们不希望占用银行领域实体来等待单个顾客转账交易的资金处理和接收确认。

对于这种情况，可以创建一个 Saga 来对银行转账从头至尾的全过程进行建模。这个 Saga 包含以下步骤或(更准确地说是)状态：

(1) 从转出账户提款，并且等待确认。

(2) 存入转入账户，并且等待确认。

(3) 通知顾客转账完成。

(4) 结束处理过程。

可以使用各种计算语言对 Saga 进行建模，5.2.3 节将介绍如何以 Akka 方式对 Saga 进行建模。

5.1.9　共享内核

共享内核(shared kernel)是领域团队之间共享的一种上下文，其中包含需要满足 DRY(不要重复自己)原则并且应该被谨慎处理的共享代码。共享内核应该保持尽可能小，不允许进行不成熟的优化扩展。只有在密切协作的情况下各个团队才应该将代码添加到这一上下文，因为即使很小的代码割裂也会产生涟漪效应。

共享内核通常以名为 core 或 common 的库的形式出现，并且可能很容易造成代码变味，所以要谨慎对待。

大家已经很好地理解了 DDD 及其如何帮助具有反应式特性的软件的设计，这是可以推导和分布的最简单类型。稍后将介绍如何实现航班领域以便得到更具反应式特性的新方法(相较于使用获取器和设置器的传统 Java 或 Scala 类而言)，其中要用到第 2 和 3 章中讲解的知识。

本章还没有介绍如何实现将领域持久化到数据库的任何类型的存储机制，目前暂时不谈论这个主题，第 8 章将深入讲解。

5.2　基于参与者的领域

本节将设计一个基础的基于 Akka 参与者的领域模型，这个领域模型将耦合后续几章将要介绍的 Akka 集群和持久化。

5.2.1　简单的 Akka 航班领域

代码清单 5.2 完成了 Scala 样本类的基础性工作，就像第 3 章中使用的那段代码一样(见代码清单 3.3)，其中的代码用以表示航班领域的飞机状态。样本类是一种被严格用于消息传递的构造体。飞机协议中包含飞机参与者将会处理的所有消息，稍后将对飞机参与者进行建模。

代码清单 5.2 展示了用于飞机属性和协议的示例代码。

代码清单 5.2：Aircraft 样本类和协议

```
final case class Aircraft (          ◀──── Aircraft 样本类现在没有任
  id: String,                              何行为,而仅反映当前状态
  callsign: String,
  altitude: Double,
  speed: Double,
  heading: Double,
  passengers: List[Passenger],
  weather: List[Weather]
)
                              Aircraft 的消息       最好的做法是密封这些消息,
                              传递协议              这样就能让 Scala 在某条消息
object AircraftProtocol {                          未实现时匹配错误
  sealed trait AircraftProtocolMessage ◀──────
  final case class ChangeAltitude(altitude: Double) extends
      AircraftProtocolMessage
  final case class ChangeSpeed(speed: Double) extends AircraftProtocolMessage ◀──
  final case class ChangeHeading(heading: Double) extends

                              这些消息都是不可变的并且不会造成任何
                              数据直接返回
```

```
        AircraftProtocolMessage
  final case class BoardPassenger(passenger: Passenger) extends
        AircraftProtocolMessage
  final case class AddWeather(weather: Weather) extends
        AircraftProtocolMessage
  final case object Ok
}
```

代码清单 5.2 展示了用于与飞机进行交互的基础代码。但是行为在哪里呢？行为全都被封装在参与者内部，我们可通过将航班领域功能封装在参与者内部来展示这一点。之前提到过分层架构，其中规定，领域逻辑应该尽可能位于外层。也有人认为应该编写具有函数和属性的完整领域对象。

就这个示例而言，我们会进行相同的处理，不过会稍作改变：

- 相较于使用名为 changeAltitude()或 changeSpeed()的函数，我们更乐于选择使用参与者内部的消息处理程序。
- 我们主张独立于参与者对领域进行建模，这样的话，将领域封装在参与者内部的做法就会很浪费时间，因为我们认为参与者是 Scala 或 Java 的一种扩展，所以我们认定这一架构不会具有 Aircraft 的其他实现。不过，大家可以遵循自己的思路并且在自己的设计中进行适当的处理。

5.2.2 节将介绍 Aircraft 参与者，以使用用于消息传递的 Aircraft 协议进行通信。由于 Aircraft 是参与者，因此每条消息都是一次单向通信，并且会按照接收顺序来处理每条消息。Aircraft 参与者会在内存中存储当前状态，并且接收到的每条消息都会引发对当前状态的修改替换。

5.2.2　Aircraft 参与者

Aircraft 参与者会封装飞机的所有行为，并且会使用消息传递而非传统的函数调用来执行行为处理：

- 一条消息在每次处理时都会生成参与者内飞机的新状态。
- 在处理消息时发送方会接收到一条 OK 回复。
- 回复可以被扩展以便返回 OK 或一组校验错误(或者类似的信息)。

代码清单 5.3 用于将飞机聚合建模为 Aircraft 参与者。

代码清单 5.3：Aircraft 参与者

```
import akka.Actor

class AircraftActor(        ◀──────    参与者的构造函数参数会初始化当前状态并且可
    id: String,                        被用于创建过程或者从数据库进行读取
```

```
    callsign: String,
    altitude: Double,
    speed: Double,
    heading: Double,
    passengers: List[Passenger],
    weather: List[Weather]
) extends Actor (

    import AircraftProtocol._          ◀──────  协议被纳入范畴

    var currentState: Aircraft = Aircraft(id, callsign, altitude, speed,
      heading, passengers, weather) ◀────
                                               这里可以使用 var，但是在进行实例
                                               化时仅能通过参与者本身来访问
    override def receive = {
      case ChangeAltitude(altitude) =>
        currentState = currentState.copy(altitude = altitude) ◀───
                                               更新当前状态以包含新的值
        sender() ! OK        ◀─────────
                                               回复是 OK，因此消
                                               息发送方得知消息
                                               已经被处理
      case ChangeSpeed(speed) =>
        currentState.copy(speed = speed)
        sender() ! OK

      case ChangeHeading(heading) =>
        currentState = currentState.copy(heading = heading)
        sender() ! OK

      case BoardPassenger(passenger) =>
        currentState = currentState.copy(passengers = passenger :: passengers)
        sender() ! OK

      case AddWeather(incomingWeather) =>
        currentState = currentState.copy(weather = incomingWeather :: weather)
        sender() ! OK
    }
```

　　这个示例是线程安全的，但并没有摆脱副作用。问题在于，即使飞机的一次原子更新可以在任何时间进行，但更新程序也可能是基于旧的状态来处理更新的。为了应对这种情况，就要使用版本控制。

5.2.3　Akka Process Manager

　　本章之前的内容以一种功能性的方式探讨过 Saga 模式。本节将介绍一种使用参与者的方式：还是使用银行转账示例(参阅 5.1.8 节)。这里不会深入讲解账户建模。假设每个银行账户都由一个参与者来代表，参与者使用账户协议来接收消息。这里简单直接地将参与者称为 BankTransferProcess 并且为了简洁而省略了 manager 这个词。

代码清单 5.4 展示了账户协议、Akka Process Manager 以及同伴对象。

代码清单 5.4：Akka Process Manager、账户协议以及同伴对象

```scala
import akka.actor.{ReceiveTimeout, Actor, ActorRef}
import scala.concurrent.duration._

object BankTransferProcessProtocol {          ◄─── 银行转账协议
  sealed trait BankTransferProcessMessage

  final case class TransferFunds(
    transactionId: String,
    fromAccount: ActorRef,
    toAccount: ActorRef,
    amount: Double) extends BankTransferProcessMessage
}
                                              同伴对象，其中具有正
object BankTransferProcess {              ◄── 面和负面的确认消息
  final case class FundsTransfered(transactionId: String)
  final case class TransferFailed(transactionId: String)
  final case object Acknowledgment
}
                          账户协议
object AccountProtocol {   ◄───
  sealed trait AccountProtocolMessage
  final case class Withdraw(amount: Double) extends AccountProtocolMessage
  final case class Deposit(amount: Double) extends AccountProtocolMessage
}
```

代码清单 5.5 使用了账户转账参与者 Akka Process Manager 中创建的对象。

代码清单 5.5：账户转账参与者 Akka Process Manager

接收超时允许处理过程中的任意步骤花费 30 分钟

```scala
class BankTransferProcess extends Actor {

  import BankTransferProcess._
  import BankTransferProcessProtocol._
  import AccountProtocol._
  context.setReceiveTimeout(30.minutes)

  override def receive = {
```

转账的初始请求包含了执行任务所需的所有信息，其中包括发送方参与者引用，这里将之复制到客户端以便可以跨接收边界回复转账的初始请求方

```scala
    case TransferFunds(transactionId, fromAccount, toAccount, amount) =>
      fromAccount ! Withdraw(amount)
      val client = sender()
      context become(
        awaitWithdrawal(transactionId, amount, toAccount, client
        )
    }
    def awaitWithdrawal(transactionId: String, amount: Double, toAccount:
      ActorRef, client: ActorRef): Receive = {
      case Acknowledgment =>
        toAccount ! Deposit(amount)
        context become awaitDeposit(transactionId, client)

      case ReceiveTimeout =>
        client ! TransferFailed(transactionId)
        context.stop(self)
    }

    def awaitDeposit(transactionId: String, client: ActorRef): Receive = {
      case Acknowledgment =>
        client ! FundsTransferred(transactionId)
        context.stop(self)

      case ReceiveTimeout =>
        client ! TransferFailed(transactionId)
        context.stop(self)
    }
  }
```

等待提款或者接收超时消息(包含在 Akka 框架中)中的转账失败提示

等待收款或者接收超时消息中的转账失败提示

进程自我销毁

代码清单 5.5 所示的处理过程会在限定的时长内从头至尾照护整个转账过程。任何时候都可能出现失败情况，原因可能是无法访问账户、余额不足等。当出现失败情况时，就会向客户端发送 TransferFailed 消息以便让客户端执行某种补偿操作或者重新尝试转账。

在将 DDD 与 Akka 和命令查询职责分离与事件溯源(CQRS-ES，Command Query Responsibility Segregation and Event Sourcing)结合使用时，我们就有了构建成功的反应式应用所必需的所有工具。命令查询职责分离与事件溯源是一组概念，其中规定了将读写应用关注分离并且要持久化事件而非状态(参阅第 8 章)。

5.3　本章小结

- 本章介绍了如何使用 DDD 来划分和实现领域。
- 本章讲解了如何定义逐渐发展的通用语言来描述领域。

- 本章介绍了实体、聚合根和值对象的概念，它们组成了领域的构造块。
- 本章探讨了何时以及如何使用服务、仓储和工厂来处理领域实体。
- 本章介绍了如何对航班领域的各个方面进行建模。
- 本章讲解了如何使用防腐层与其他领域和外部环境进行通信。
- 本章介绍了用于长时间运行的事务的 Saga 模式。
- 本章探究了如何将飞机聚合设计为 Akka 参与者。
- 本章阐释了如何使用 Akka Process Manager 模式来实现 Saga。

第 6 章

使用远程参与者

本章内容

- 使用 sbt 结构化反应式应用
- 使用 application.conf 配置 Akka
- 使用 Akka 进行远程通信
- 确保分布式系统的可靠性

从过往经验看，分布式系统被定义为一种软件系统，其中位于联网计算机上的各个组件会为达成共同的目标而协作处理。这一定义虽然有点宽泛，但却抓住了重点，不过也会导致一些令人遗憾的副作用，比如相信用于远程对象的编程模型可以被泛化以匹配本地对象。在分布式系统中，远程对象需要不同的延迟指标、内存访问模型、并发结构以及故障处理。本地模型不能被泛化到分布式模型中。

提示： 要了解关于这个主题的更多内容，可以参阅 http://dl.acm.org/citation.cfm?id=974938 上的经典论文 "分布式计算注意事项" (A Note on Distributed Computing，发表于 1994 年)，这篇论文阐释了泛化方法注定会失败的原因。

Akka 采用相反的方法，将所有对象当作本身默认就是分布式的方式来进行建模。通过 Akka 工具集和运行时设计，所有的功能都可以对等地在单个 Java 虚拟机(JVM)或机器集群中提供。无论是用于满足伸缩性还是满足水平扩展或垂直扩展的应用编程接口(API)，目的都是相同的，那就是为转换成普通 API 的分布式交互提供语义。优化难题是在底层管理的，以便开发人员可以专注于应用。结果就是，系统可以在本地或分布式环境中运行，而几乎不必修改代码。

本章将介绍如何把完全本地化的 RareBooks 应用转换成分布式的反应式应用。我们已经构建了项目的本地版本。接下来我们将这个项目重构到两个 JVM 中并且讲解如何对它们进行配置以便实现远程通信。最后，本章会介绍分布式环境中可能会出现的一些问题。

6.1   重构为分布式系统

第 3 和 4 章开发的 RareBooks 示例应用只包含一个参与者系统。将 RareBooks 应用分布化的最重要一点就是将其重构成两个参与者系统。每个参与者系统都使用自己的 main()函数在单独的 JVM 中运行。为了让这两个参与者系统的代码更易于管理，我们把 RareBooks 应用划分成两个 sbt 项目。

6.1.1   划分成多个参与者系统

初始的参与者系统具有十分简单的监管层级，如图 6.1 所示。在这种层级中，Customer 和 RareBooks 参与者都受到 User 参与者的监管，这是由 Akka 自动提供的。

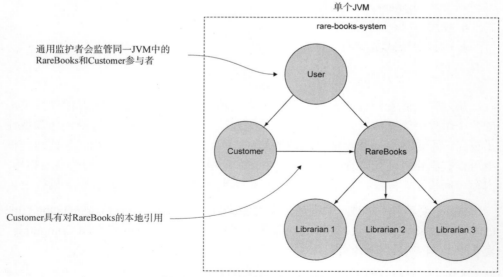

图 6.1   RareBooks 应用的初始状态

这两个参与者代表着不同的概念，每个概念都包含状态和标识。每个参与者都可以相互隔离并且彼此独立运行，从而提供了伸缩性和可扩展性。

为了将初始的参与者系统转换成运行在多个 JVM 中的分布式系统，必须做出一些调整，如图 6.2 所示。从 Customer 参与者到 RareBooks 参与者的引用是一种远程引用而非本地引用。Akka 使用了通用 API 并且默认就是分布式的，因此远程引用的类型与本地引用的类型相同：ActorRef。相较于需要对代码进行修改，分布式参与者只需要修改配置即可(6.3 节将介绍与远程引用有关的更多内容)。

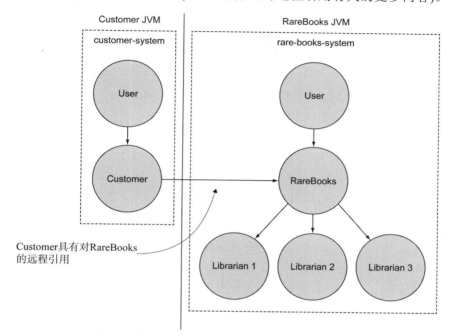

图 6.2　RareBooks 应用的目标状态

在系统准备好进行远程操作之前，需要进行一些重构。每个参与者系统都要运行在单独的 JVM 中，并且每个 JVM 也都需要具有自己的包含 main()函数的应用。

6.1.2　使用 sbt 进行结构化

在首次将单个参与者系统划分成两个参与者系统时(参阅第 2 章)，所划分出的两个参与者系统位于单个项目中，该项目具有两个 main()驱动程序。这样的结构在真实项目中是无法管理的。在进行额外的代码修改之前，需要对该项目进行重构以便匹配领域，如图 6.3 所示。

sbt 会让依赖的定义工作变得容易。首先定义声明这三个子项目的通用父项目。代码清单 6.1 展示的是简化版本，你可以在 http://mng.bz/71O3 上找到完整版本。

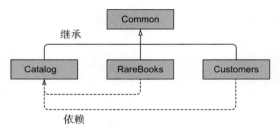

图 6.3   将 RareBooks 应用重构成一个父 sbt 项目和三个子项目

代码清单 6.1：具有子项目的根 build.sbt

```
lazy val common = project ◄──────┐    声明本书所有示例都会使用的通用父项目，其中
                                         包含 Akka 依赖项以及其他构建参数

lazy val chapter6_001_catalog = project.dependsOn(    声明 Catalog 子项目依赖于
➥ common % "test->test;compile->compile")             通用父项目

lazy val chapter6_001_customer = project.dependsOn(    声明 Customer 子项目依赖
➥ common % "test->test;compile->compile",              于通用父项目和子项目
➥ chapter6_001_catalog % "compile->compile")           Catalog

lazy val chapter6_001_rarebooks = project.dependsOn(    声明 RareBooks 子项目
➥ common % "test->test;compile->compile",              依赖于通用父项目和
➥ chapter6_001_catalog % "compile->compile")           子项目 Catalog
```

Catalog 子项目是静态的编译时依赖项，可同时由 Customer 和 RareBooks 子项目引用。Customer 子项目中的参与者需要对 RareBooks 参与者进行引用。我们可以使用另一个静态依赖来应对这一情况，但最好不要将参与者的位置编译到代码中。相反，应该使用运行时配置来提供引用。

6.2   配置应用

如果大家在工作当中使用过 JVM，那么对于配置这个概念想必并不陌生。许多框架(比如 Spring 和 Hibernate)都使用了配置以便以一种松耦合的方式减轻框架对象和服务的装配工作。

Akka 配置使用了 Lightbend Config Library，这是一个健壮的通用库，用于管理可由 Akka 或任何基于 JVM 的应用使用的 JVM 配置。通过这个通用库，Akka 就可以提供建立日志机制、启用远程通信、定义路由、优化调度以及执行其他处理的各种方法，这样只需要很少的代码或者完全不需要代码就能达成目的。

6.2.1　创建第一个驱动程序

进行远程通信练习的下一步就是将 RareBooks 应用实现为独立应用。RareBooks 应用必须能够独立地启动运行，而无需 Customer 参与者。

图 6.4 显示了 RareBooks 应用的独立版本。

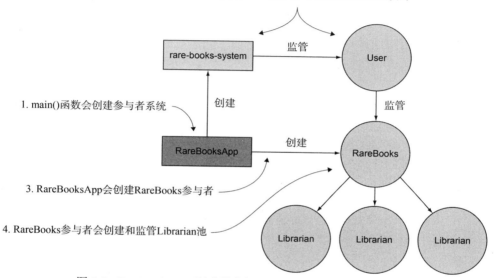

图 6.4　RareBooksApp 驱动程序与 RareBooks 和 Librarian 参与者

RareBooks 应用的 main()函数定义在同伴对象中，并且负责创建参与者系统，如代码清单 6.2 所示。

代码清单 6.2：RareBooksApp.scala 的同伴对象

创建参与者系统

```
package com.rarebooks.library

...                                    ← 移除导入语句

object RareBooksApp {
def main(args: Array[String]): Unit = {
  val system: ActorSystem = ActorSystem("rare-books-system")
  val rareBooksApp: RareBooksApp = new RareBooksApp(system)   实例化并且运
  rareBooksApp.run()                                          行应用
  }
}
```

RareBooksApp 类是命令行应用，用于创建 RareBooks 参与者，如代码清单 6.3
所示。

代码清单 6.3：RareBooksApp.scala 类

```
class RareBooksApp(system: ActorSystem) extends Console {          ◄── Console 是由
                                                                       本书驱动程
  private val log = Logging(system, getClass.getName)                  序使用的通
  createRareBooks()                                                    用超类

  protected def createRareBooks(): ActorRef = {          创建 RareBooks 参与者，
      system.actorOf(RareBooks.props, "rare-books")      负责创建 Librarian
  }
                                启动命令循环
  def run(): Unit = {
    commandLoop()
    Await.ready(system.whenTerminated, Duration.Inf)   ◄──── 在应用运行期间
  }                                                          等待,因此不会立
                                                             即退出
  @tailrec
  private def commandLoop(): Unit =    ◄──── 接收来自终端的
    Command(StdIn.readLine()) match {        简单命令
      case Command.Customer(count, odds, tolerance) =>
        commandLoop()
    case Command.Quit =>
      system.terminate()
    case Command.Unknown(command) =>
      log.warning(s"Unknown command $command")
      commandLoop()
    }
}
```

接下来大家可能认为需要对 RareBooks 参与者中的代码进行修改。但事实上
完全不需要！相反，我们可以使用第 4 章中创建的参与者(见代码清单 4.3～代码
清单 4.5)，两者是相同的。

6.2.2　引入 application.conf

在启动时，Akka 会寻找名为 application.conf 的文件。代码清单 6.4 是用于
Akka 应用的自定义 application.conf 文件的起点。可以看出，语法很容易理解，虽
然其中有一些参数大家可能不太熟悉。

代码清单 6.4：Akka 应用的 application.conf 文件示例

```
akka {

  loggers = ["akka.event.slf4j.Slf4jLogger"]



  loglevel = "ERROR"
  stdout-loglevel = "ERROR"


  logging-filter = "akka.event.slf4j.Slf4jLoggingFilter"

  actor {
    provider = remote

    default-dispatcher {
      throughput = 10
    }
  }


  remote {
    log-remote-lifecycle-events = off
    netty.tcp.port = 4711
  }
}
```

启动时注册的
日志记录器

配置的日志记录器在启动后会马上使用
的日志级别(可选择 OFF、ERROR、
WARNING、INFO 和 DEBUG)

用于在配置的日志记录器被初始
化之前并且在 ActorSystem 启动期
间激活的基础日志记录器的日志
级别，将日志消息发送到 stdout

在将日志事件发布
到 eventStream 之前
由 LoggingAdapter
使用的日志事件筛
选器

为远程引用配置 Akka(可选择
local、remote 和 cluster)

默认调度器的吞吐量,设置为 1 是在告知
调度器必须尽可能公平地调度

客户端应该连接的
端口(默认为 2552)

6.2.3　使用 HOCON

HOCON(Human-Optimized Config Object Notation，人性化配置对象表示法)
的首要目标是，在提供便利的、人类可阅读的配置表示法的同时尽量贴近 JSON
格式。为了同时具有机器可读性和人类可读性，HOCON 格式应该具有以下特征：

- 是 JSON 超集——所有的 JSON 都应该是有效的，并且生成的数据应该与
  JSON 解析器生成的相同。
- 具有确定性——HOCON 格式应该清晰地反映出哪些内容是无效的，并且
  无效文件应该产生错误。
- 能够以最少的前瞻处理进行解析——可以通过仅查看接下来的三个字符
  来标记文件。目前，查看这三个字符的唯一原因就是需要找到以//开始的
  注释。否则，解析过程只需要两个字符即可。

根据 HOCON 文档中的描述，HOCON 格式还需要满足以下特征以便支持人

类阅读：

- 较少的噪声/较少的学究式语法。
- 能够引用配置的另一个部分，这样就可以将一个值设置为另一个值。
- 在当前文件中导入/包含另一个配置文件。
- 能够映射到一个扁平化的属性列表，比如 Java 的系统属性。
- 能够获取环境变量的值。
- 能够编写注释。

独立的配置是一种强大的概念，并且是让 Akka 依照设计原理可以分布式运行的关键部分。

6.2.4　配置应用

完成 RareBooks 配置的远程设置还剩下最后一步。必须配置 RareBooks 以便接收来自其他参与者系统的消息。此外，还要将一些硬编码的参数从领域模型移动到配置文件，这样才能更易于管理。代码清单 6.5 展示了对 application.conf 文件所需要执行的变更。

代码清单 6.5：RareBooks 的 application.conf 文件

```
akka {
  loggers = [akka.event.slf4j.Slf4jLogger]
  loglevel = DEBUG

  actor {
    debug {
      lifecycle = on
      unhandled = on
    }

    provider = remote          ← 启用远程提供程序
  }

  remote {
    enabled-transports = ["akka.remote.netty.tcp"]   ← 添加了远程
    log-remote-lifecycle-events = off                   传输机制

    netty.tcp {
      hostname = localhost     指定监听器的主机
      port = 2551              名和端口号
    }
  }
}
```

```
rare-books {
  open-duration = 20 seconds
  close-duration = 5 seconds
  nbr-of-librarians = 5
                                         使用 HOCON 指定
                                         领域模型的参数
  librarian {
    find-book-duration = 2 seconds
    max-complain-count = 2
  }
}
```

思考一下我们已经完成的处理。我们首先处理了一个内嵌在自包含模拟中的参与者。现在 RareBooks 是一款独立应用，它已经准备好接收来自其他系统的消息了。既然书店已经营业了，就可以安排一些顾客了。

正如真实世界中的所有店铺一样，重要的是让顾客能够找到书店。从顾客的角度看，RareBooks 是远程参与者。

6.3　使用 Akka 进行远程通信

如果大家使用过 HTTP，那么一定很熟悉如何将一条请求消息发送到 URL 并且期望得到响应消息。反应式系统有一些不同。我们已经知道，对参与者的本地和远程引用会共享 ActorRef 类型。本节将会介绍，远程参与者引用的创建是使用类似于 URL 的方式来实现的。另一个不同点就是，反应式系统中的消息都是单向的，这意味着它们并非专门针对独特的请求和响应消息类型。本节还将介绍客户端设计的作用。

6.3.1　构造远程引用

第 3 章讲解过，参与者系统是层级式的，其中具有可以被递归式导航的参与者名称这个唯一索引。我们还介绍了如何构造统一资源标识符(URI)以便引用本地参与者系统中的参与者。图 6.5 展示了如何扩展 URI 以便引用远程参与者，区别如下：

- 使用的协议从 akka 变为 akka.tcp。Akka 同时支持将 TCP 和 UDP 用于远程传输。
- 参与者系统名称之后包含主机名或 IP 地址。
- 监听器端口包含在主机名或 IP 地址之后。默认端口是 2552，但最好显式地使用该端口。

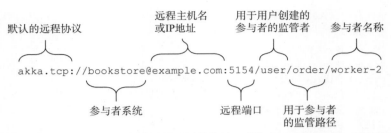

图 6.5　远程参与者引用使用与本地引用不同的协议，增加了主机名和端口以便定位
　　　　参与者系统，从/user 到命名参与者的监管路径仍然相同

注意，用于远程通信的协议并非 HTTP。

6.3.2　解析引用

有了 URI 后，下一步就是将 URI 转换成 ActorRef。其中涉及的处理通常会被
合并成单个表达式，下面将分步骤进行介绍。第一步，如代码清单 6.6 所示，就
是获取远程系统的实际基准地址。

代码清单 6.6：可配置的主机名和端口

```
import akka.actor.Address

private val hostname: String =                                   获取远程参与者
➥ system.settings.config.getString("rare-books.hostname")        系统的主机名

private val port: Int =                                          获取远程参与者
➥ system.settings.config.getInt("rare-books.port")               系统的端口号

val rareBooksAddress: Address =                                  创建基准地址
➥ Address("akka.tcp", "rare-books-system", hostname, port)
```

主机名和端口的值都是可配置的，并且保存在 Customer 的 application.conf 中。
　　下一步就是创建 ActorSelection 以便识别远程参与者的完整路径。路径以根节
点开始，具体取决于之前构造的基线地址。根节点之后是 user，user 是内置的监
护参与者，然后需要加上 rare-books，rare-books 是可供选择的参与者名称，如代
码清单 6.7 所示。

代码清单 6.7：选择远程参与者的路径

```
import akka.actor.{ActorSelection, RootActorPath}             使用参与者系统
                                                              执行选择
val selection: ActorSelection = ◄
```

```
➥ system.actorSelection(
➥ RootActorPath(rareBooksAddress) /
➥ "user" / "rare-books")
```

使用之前创建的 rareBooksAddress 生成根路径

将选择路径从监护者扩展到 rare-books 参与者。RootActorPath 方便地声明了/操作符以便让路径更易于构建和读取

最后一步就是将参与者选项解析成 ActorRef。作为解析选项的一部分，Akka 会与远程参与者系统交换消息以便验证引用是有效的。由于消息都是异步的，因此解析过程需要一些时间。解析的结果是 Future[ActorRef]而非 ActorRef，并且会指定超时时间。当这个 Future 完成时，ActorRef 用于构造本地系统中的 Customer 参与者，如代码清单 6.8 所示。

代码清单 6.8：解析参与者选项

```
selection.resolveOne(resolveTimeout).onComplete {

  case scala.util.Success(rareBooks) =>


    system.actorOf(Customer.props(rareBooks, odds, tolerance))


  case scala.util.Failure(ex) =>
    log.error(ex, ex.getMessage)
}
```

基于 rare-books 的主机名和端口创建的 Akka 地址

在成功完成时，将返回 rareBooks ActorRef

参与者在解析完毕后，将被用来创建顾客

无须对 Customer 参与者进行变更。我们已经创建了一款新的应用，它可以被远程调用而不会变更核心领域。

远程创建参与者

参与者选项会查找已经存在的远程参与者。你还可以在远程系统中创建新的参与者。例如，可以使用这一能力来增加 RareBooks 应用中可用的 Librarian 数量。为了使用 Akka 远程创建参与者，需要将远程参与者的路径添加到 application.conf 的 deployment 部分：

```
akka {
  actor {
    deployment {
      /worker-2 {
        remote = "akka.tcp://remoteWorkerSystem@127.0.0.1:2556"
      }
```

```
      }
    }
  }
```

也可以使用代码而非配置来设置部署，详情可以参考 akka.actor.Props.
withDeploy()的说明文档。

准备好部署配置之后，就可以像平常一样使用 ActorSystem.actorOf 或
ActorContext.actorOf 来远程创建参与者，就像下面这样：

```
context.actorOf(Props[Worker], "worker-2")
```

ActorSystem.actorOf 用于启动系统，而 ActorContext.actorOf 用于已经创建好
的参与者。不同于 actorSelection，actorOf 需要 Props，Props 是用于指定参与者创
建选项的不可变类，这个类需要在远程参与者系统的类路径上可用。

6.3.3　在客户端之间进行替换

如果习惯于使用 HTTP，那么一定很熟悉请求和响应这一理念。在反应式系
统中，消息都是单向的。其中的响应不过是返回到发送者的另一条单向消息而已，
如代码清单 6.9 所示。

代码清单 6.9：将原始消息重复发送回发送者

```
import akka.actor.Actor
class Echo extends Actor {
  def receive = {
    case msg =>
      sender() ! msg        ◄──── Akka 通过 Actor.sender()将发送者变
  }                                为可用的 ActorRef
}
```

这种处理是可行的，因为对发送者的引用包含在每一条消息中，并且 Akka
会让发送者可用于接收方法。

参与者都是对等的。在返回响应时，响应不过是另一条从一个参与者到另一
个参与者的单向消息而已——在这个示例中，也就是从当前参与者到发送者。参
与者可以是一个交互中的客户端，也可以是另一个交互中的服务，并且根据领域
模型的需要，参与者可以承担任意其他角色。

这带来的一个影响就是，发送消息的参与者不必等待一条消息作为响应。无
论生成何种响应，都可能来自同一个参与者或另一个不同的参与者。响应中可能
包含一条消息、多条消息，甚至不包含消息！

警告：仅在接收方法的作用域内，对 sender()函数的调用才是有效的。注意，不要让 sender()函数对其他线程可访问。这个错误通常会在将发送者用于 Future 时发生。如果需要传递发送者，那么首先要调用 sender()以便解析成值。Akka 会确保同一时间一个参与者仅处理一条消息。这一约束是必要的，因为如果接收方法具有两个同一时间的调用方，那将无法确定返回哪个 ActorRef。

另一个影响是，像所有的参与者一样，用作客户端的参与者需要运行在参与者系统中。在 RareBooks 示例中，为了将 Customer 分离到另一个 JVM 中，需要创建另一个参与者系统，如图 6.6 所示。

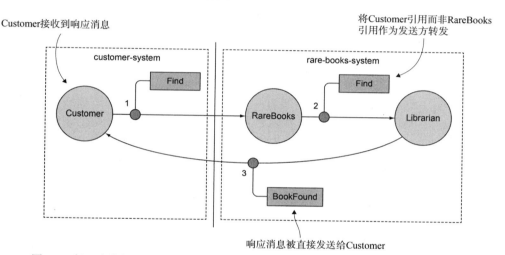

图 6.6　每一个参与者都留在参与者系统内。当参与者发送一条消息时，响应可能来自同一个参与者或另一个参与者，也可能完全没有响应

在这个示例中，Customer 参与者会创建对 RareBooks 的远程引用并且发送一条 Find 消息。然后 RareBooks 会使用路由器将这条 Find 消息转发到 Librarian。由于消息是被转发的，因此发送方并没有发生变更，因此对于 Librarian 而言，发送方就是 Customer 参与者。然后 Librarian 会直接向 Customer 发送一条新的 BookFound 消息。

这个示例中的 Librarian 并不会即时响应请求。查找一本书需要耗费一些时间，而本例通过在发送响应之前等待一小段时间来模拟该过程。在分布式系统中，我们无法依靠配置来随时间的推移而保持静态性。参与者可能会失败并重启，参与者池可能会扩展或收缩以便响应负荷变化。有些操作花费时间较长，可能会长到初始请求者(Customer 参与者)已经被替换掉。在同步式系统中，客户端的故障可能会造成非常大的混乱。服务器应该继续处理还是终止请求？如果在处理过程完成之前没有检测到故障，该怎么办？响应应该发送到何处？潜在的问题就是，请求和响应有着根本的不同，并且每条响应消息都与请求消息密不可分地绑定在了一起。

在反应式系统中，请求消息和响应消息都是对等通信对象之间的一级消息。请求-响应是一种通用模式。请求从 Customer 发送到 RareBooks，然后响应从 Librarian 直接发送到 Customer，这是上述模式的一种变体。让请求方和响应方变得对等就能引出如下强大的概念：在 Librarian 处理请求时，Customer 可能已经失败并且重启了，但响应消息仍然可以发送回新恢复的 Customer。此处的关键就在于位置透明性。

位置透明性是计算机科学中的基础性概念，其中的唯一逻辑标识符用于表示分布式资源的物理位置。可以把位置透明性比作美国国税局(IRS, Internal Revenue Service)使用的社会安全码(SSN，Social Security Number)，其中 SSN 就是逻辑标识符，而姓名就是物理地址。无论如何修改姓名(假设修改姓名合法)，个人的 SSN 总是相同的，而 IRS 将使用 SSN 进行税收工作。

不要将位置透明性和透明远程通信弄混了——透明远程通信是一种模式，其中会创建远程代理来遵循远程对象的接口。相较于在本地执行远程对象的方法，参数会被序列化并且通过网络进行发送。然后远程对象会反序列化这些参数，执行处理，并且安排返回。透明远程通信是一种泛化模型以便同时与本地和远程对象进行通信，而位置透明性是对本地和远程通信所做的优化。

在 Akka 中，透明远程通信是进行远程通信的基础并且对于回弹性意义重大。由于各种故障情况，资源的物理位置随时间推移而变化的情况是非常常见的。例如，当一个节点在集群式环境中崩溃时，协调者可能就会在另一台机器上拉起另一个替换节点。结果就是，新节点的物理地址会发生变化，而如果这样的物理地址位于代码中，应用就会受到破坏。

对比 URI 与 URL

URI 表示统一资源标识符，而 URL 表示统一资源定位符。URI 表示的是被标识的资源，而 URL 表示的是在何处找到资源。基于这样的定义，URI 具有位置透明性，而 URL 没有。实际上，尤其是在使用 HTTP 时，URI 和 URL 通常是可以互换使用的。它们的区别变得模糊是因为出现了域名系统(DNS，Domain Name System)入口以及负载均衡器，它们允许通过 URL 来触达某个服务的多个实例之一。

现在我们了解了如何创建从 Customer 到 RareBooks 参与者的远程引用，并且知道了为何 Customer 参与者具有自己的参与者系统，接下来只需要为这些 Customer 参与者提供驱动程序即可。

6.3.4 创建另一个驱动程序

如图 6.7 所示,Customer 驱动程序遵循 6.2 节创建的 RareBooks 驱动程序的同一模式。具有对应同伴对象的 CustomerApp 类包含 main()函数。在 CustomerApp 创建参与者系统时,Akka 会自动创建用户监护参与者。

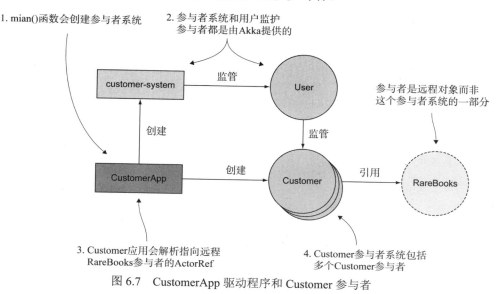

图 6.7 CustomerApp 驱动程序和 Customer 参与者

CustomerApp 与 6.2 节创建的 RareBooksApp 之间的区别在于,CustomerApp 会解析指向 RareBooks 的 ActorRef,并且会创建多个 Customer 参与者而不是创建单个 RareBooks 参与者。代码清单 6.10 展示了解析步骤并且创建了 count 变量来指定多个 Customer 参与者。可以从 http://mng.bz/71O3 下载源代码。

代码清单 6.10:解析 RareBooks 参与者并且创建多个 Customer 参与者

```
protected def createCustomer                          由命令循环调用
➥ (count: Int, odds: Int, tolerance: Int): Unit = {

  system.actorSelection(RootActorPath(               结合使用这些步骤以
➥ rareBooksAddress) / "user" /"rare-books").        便解析 ActorRef
➥ resolveOne(resolveTimeout).onComplete {

  case scala.util.Success(rareBooks) =>

    for (_ <- 1 to count)
```

使用解析后的 ActorRef 创建由 count 变量指定数量的 Customer 参与者

```
            system.actorOf(Customer.props(rareBooks, odds, tolerance))

        case scala.util.Failure(ex) =>
          log.error(ex, ex.getMessage)
    }
}
```

配置的大部分也都是相同的，如代码清单 6.11 所示。

代码清单 6.11：Customer 的 application.conf 文件

```
akka {
  loggers = [akka.event.slf4j.Slf4jLogger]
  loglevel = DEBUG

  actor {
    debug {
      lifecycle = on
      unhandled = on
    }

    provider = remote
  }

remote {
    enabled-transports = ["akka.remote.netty.tcp"]
    log-remote-lifecycle-events = off

    netty.tcp {
      hostname = localhost
      port = 2552
    }
  }
}

rare-books {
  resolve-timeout = 5 seconds
  hostname = localhost
  port = 2551
}
```

与 RareBooks 的
application.conf 文件相同

示例中的两个 JVM 都使用了 localhost，因此需要选择一个与 RareBooks 不同的端口号

设置花多长时间等待对 RareBooks 远程引用的解析

RareBooks 的主机名和端口号

现在我们已准备并且配置好了两个应用。重构处理的结果应该包含图 6.8 所示的文件。祝贺大家！剩下唯一要做的事情就是尝试运行已经完成的示例应用。

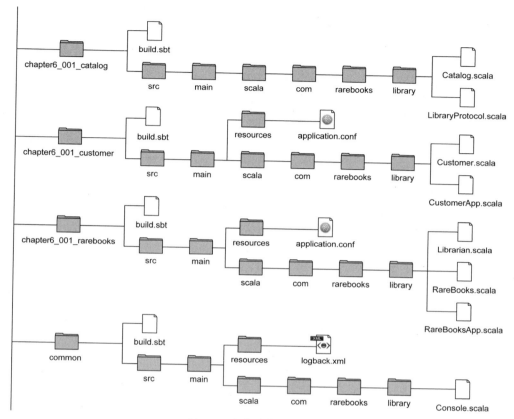

图 6.8　完全重构后的应用

6.4　运行分布式示例

第 4 章从单个终端会话中运行过示例应用。由于 RareBooks 现在支持远程通信，因此这种方式不再可行。我们需要分别为 Customer 和 RareBooks 驱动程序启动不同的终端会话。处理步骤如下：

(1) 启动一个终端会话，运行 Customer 驱动程序。

(2) 启动另一个终端会话，运行 RareBooks 驱动程序。

(3) 使用 Customer 驱动程序创建一些 Customer 参与者。

(4) 启动第三个终端会话以便查看结果。

在这个示例中，为了方便起见，我们要在 sbt 中运行驱动程序，而不是直接使用 Java 命令行，这样就不必关心构建目标位置和类路径了。第 10 章将介绍一些打包选项，它们对于真实应用更为适用。

6.4.1　启动 Customer 驱动程序

首先启动 Customer 驱动程序。由于有一个包含子项目的根项目,因此需要启动 sbt,切换到 Customer 子项目,然后启动 Customer 驱动程序。启动一个新的终端会话,并且输入代码清单 6.12 所示的命令。

代码清单 6.12:启动 Customer 驱动程序

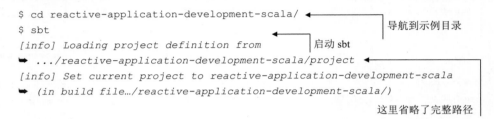

```
$ cd reactive-application-development-scala/        ← 导航到示例目录
$ sbt                                               ← 启动 sbt
[info] Loading project definition from
➥ .../reactive-application-development-scala/project ←
[info] Set current project to reactive-application-development-scala
➥ (in build file…/reactive-application-development-scala/)
                                                    这里省略了完整路径
```

现在,在示例项目的根目录中运行 sbt。将 sbt 切换到 Customer 子项目,如代码清单 6.13 所示。

代码清单 6.13:切换到 Customer 子项目

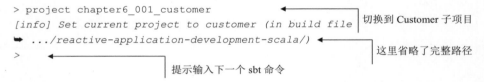

```
> project chapter6_001_customer                     ←
[info] Set current project to customer (in build file  切换到 Customer 子项目
➥ .../reactive-application-development-scala/)      ←
                                                    这里省略了完整路径
>                                               ←
              提示输入下一个 sbt 命令
```

此时,已经将项目切换为 Customer。下一步就是启动 Customer 驱动程序,如代码清单 6.14 所示。

代码清单 6.14:启动 Customer 驱动程序

```
> run
[info] Running com.rarebooks.library.CustomerApp   ← 启动 Customer 驱动程序
10:33:35 WARN [com.rarebooks.library.CustomerApp
➥ (akka://customer-system)] - CustomerApp running
Enter commands [`q` = quit, `2c` = 2 customers, etc.]: ←
              等待告知要启动多少个 Customer 参与者
```

如果到目前为止一切顺利,那就值得庆贺一下了。我们已经启动了首个远程应用,并且已经准备好创建一些 Customer 参与者了。不过,在创建任何 Customer 参与者之前,需要启动 RareBooks 驱动程序。毕竟,如果连书店都不存在的话,那就不可能订购书籍了!

6.4.2 启动 RareBooks 驱动程序

启动 RareBooks 驱动程序的步骤与启动 Customer 驱动程序的步骤几乎相同，参见代码清单 6.15。

代码清单 6.15：切换到 RareBooks 子项目并且启动 RareBooks 驱动程序

```
$ cd reactive-application-development-scala/
$ sbt
[info] Loading project definition from                              与启动
➥ ../reactive-application-development-scala/project                 Customer
[info] Set current project to reactive-application-development-scala 驱动程序
➥ (in build file…/reactive-application-development-scala/)          相同
> project chapter6_001 rarebooks
[info] Set current project to rarebooks (in build file      切换到RareBooks 子项目
➥ ../reactive-application-development-scala/)
> run
[info] Running com.rarebooks.library.RareBooksApp         启动 RareBooks 驱动程序
18:04:58 WARN [com.rarebooks.library.RareBooksApp
➥ (akka://rare-books-system)] - RareBooksApp running
Waiting for customer requests.                            等待第一个顾客
```

现在这两个驱动程序都已经启动并且处于运行状态了，我们准备好开始订购书籍了。

6.4.3 创建一些顾客

切换回启动 Customer 驱动程序的终端，并且输入 2c 表示两个顾客，输出如代码清单 6.16 所示。

代码清单 6.16：Customer 输出

```
2c
18:13:38 WARN [akka.serialization.Serialization         请求两个 Customer
➥ (akka://customer-system)] - Using the default Java    参与者
➥ serializer for class ...                  忽略序列
                                            化错误
```

切换到 RareBooks 终端会话，你应该会看到类似的输出。

6.4.4 检查结果

让应用运行一会儿。打开第三个终端会话以便查看应用在来来回回发送书籍请求以及响应期间产生的日志输出。输出结果应该类似于代码清单 6.17。大家的日志输出可能会与这里的有所不同，具体取决于在开始启动参与者系统并且创建 Customer 之前等待的时长、创建了多少个 Customer 以及 application.conf 文件中的设置。查看一下应用和日志输出。尝试找出一些示例，包括 Librarian 接收到投诉、提供退款，甚至是它们在接收到过多投诉之后自行关闭并且由监管参与者重启的示例。

代码清单 6.17：整个系统的日志记录

```
18:02:04 WARN [com.rarebooks.library.CustomerApp            启动 Customer 驱动程序
➥ (akka://customer-system)] - CustomerApp running
Enter commands [`q` = quit, `2c` = 2 customers, etc.]:
18:04:58 WARN [com.rarebooks.library.RareBooksApp           启动 RareBooks 驱动
➥ (akka://rare-books-system)] - RareBooksApp running    程序
Waiting for customer requests.
18:04:58 DEBUG [akka://rare-books-system/user/
➥ rare-books/librarian-1] - started                       启动 Librarian 参与者
➥ (com.rarebooks.library.Librarian@448eb83b)
...
18:04:58 DEBUG [akka://rare-books-system/user/
➥ rare-books] - now supervising Actor                     RareBooks 参与者开
➥ [akka://rare-books-system/user/rare-books/             始监管 Librarian
➥ librarian-0#-2013227586]
...
18:13:38 DEBUG [akka://customer-system/user/$a] -          启动一些 Customer
➥ started (com.rarebooks.library.Customer@2b07b134)
...
18:13:39 INFO [akka.tcp://rare-books-system@
➥ localhost:2551/user/rare-books] -                       RareBooks 结束营业
➥ Closing down for the day
...
18:13:39 INFO [akka.tcp://rare-books-system@
localhost:2551/user/rare-books] -                          RareBooks 生成每日报告
2 requests processed today. Total requests processed = 2
...
18:42:26 INFO [akka.tcp://rare-books-system@
➥ localhost:2551/user/rare-books/librarian-4] -          一次未找到书籍
➥ BookNotFound(Book(s) not found based on                的搜索
➥ Set(Unknown),1487140944853)
```

再次庆祝一下吧！我们已经创建了支持远程通信的反应式应用。

6.5　分布式系统中的可靠性

反应式系统是消息驱动的，因此它们会发送大量的消息。对于运行示例应用的单台计算机这样的小规模系统而言，消息的丢失应该会很少出现。思考一下大型反应式系统所面临的不同局面。反应式系统具有伸缩性和回弹性，这意味着随着时间的推移，在添加和移除参与者时它们可以扩展或收缩，并且即使在传递数百万甚至数十亿条消息时它们也被期望能够应对故障。有些消息并不会到达既定的目的地。我们需要考虑将可靠性视作完整设计的一部分，而不是事后进行补救。

6.5.1　将可靠性作为一种设计规范

理想情况下，每一条消息都会立即被传递到既定目的地并且只传递一次。由于我们清楚故障难免会发生，因此可以添加逻辑以便检测故障并且重新发送第一次未成功传递的消息。不过这样的处理是有成本的：每一个新的逻辑代码块都会增加系统开销，因而也就会降低整体能力，并且会创建出另一个自身也可能会发生故障的组件。在反应式系统中，发生故障的条件都是很明确的。作为应用设计者，我们可以决定应用所需的消息可靠性。

1. 最多递送一次

要确保消息最多递送一次是很容易的。如果仅发送消息一次，那么意味着消息将被递送到位，也可能不被递送到位。通常，当递送的可靠性非常高并且丢失消息的代价非常低时，最多递送一次的保障就非常适用了。

2. 至少递送一次

确保消息至少递送一次的做法会更加困难。可以发送一条消息并且等待消息被递送到位的确认信号(见图 6.9)。如果在限定时间内没有接收到确认信号，那么可以反复发送消息，直至接收到确认信号(见图 6.10)。

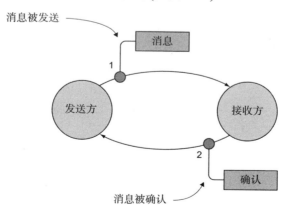

图 6.9　受保障的递送需要来自接收方的某种形式的确认信号

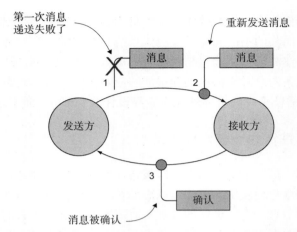

图 6.10　在发送方接收到确认信号或者限定时间到达之前，将持续地重新发送消息

不过，这也存在几个问题：

● 不知道要花费多长时间。如果在限定时间到达之前接收者都处于故障状态或者网络连接未修复，那么消息将无法及时被递送。

● 发送方必须持续跟踪发送的所有消息，直到接收到确认信号，否则就需要再次进行发送。

● 另一个可能的问题就是，消息虽然递送成功，但是确认信号没有成功返回(见图 6.11)。如果是这样的话，就可能会递送同一条消息的许多副本，因为发送方会在没有接收到确认信号的情况下持续地重新发送。

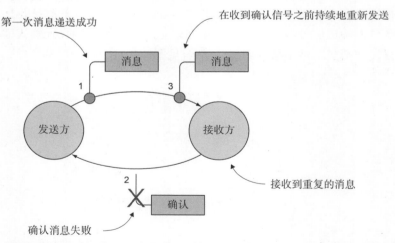

图 6.11　如果问题出在确认信号无法成功到达发送方，那么接收方就可能接收到重复的消息

尽管存在这些问题，但消息系统提供至少递送一次的处理做法却不少见。实现机制是，设置合理的时间限制，并且对发送方在丢弃一些未确认的消息或者拒

绝接收更多未确认的消息之前将保留多少未经确认的消息进行限制。

3. 正好递送一次

确保消息正好递送一次的做法会带来新的困难。发送方可能没有及时接收到所有的确认信号,从而无法避免不必要的发送重试,因此接收方必须跟踪所有的消息。接收方需要这样做才能识别出重复的消息。在忙碌的服务中,这可能意味着大量的消息。

更糟糕的是,如果尝试通过添加更多的接收方实例来扩展服务,就会面临如下新的问题:如果某条消息被接收了但确认信号未能及时发送回发送方,那么发送方就会重发这条消息。这种重试可能会被路由到另一个接收方,如图 6.12 所示。第二个接收方如何才能知晓消息是已经被第一个接收方处理过的消息的副本呢?第二个接收方需要与第一个接收方进行可靠的通信,而协调者会变成另一个故障源。

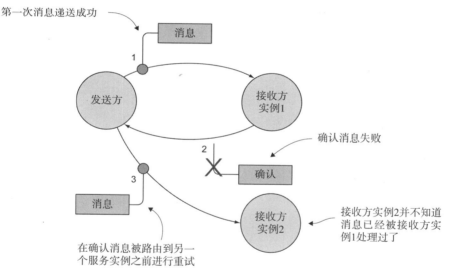

图 6.12　如果需要多个接收方来应对处理负荷,那么确保消息
正好被接收一次的做法甚至会更加麻烦

6.5.2　Akka 提供的保障方法

显然,无论是最多递送一次还是正好递送一次,完全受保障的递送机制在真实系统中都是无法实现的。我们并不能进行无限重试。另外,我们还应该认识到,可靠性的每一次提升都会让系统增加开销,这样的开销可能还会很大。而在增加了这样的开销之后,我们还是无法弥补损失的性能。Akka 提供的解决方案是,默认提供最快速的选项,并且根据需要将额外的可靠性放置在参与者之上。

1. 默认的递送机制

正如第 3 章中介绍过的，Akka 消息主要基于邮箱的概念。每个参与者都具有自己的邮箱，邮箱充当着队列，并且向邮箱的递送采用的是最多递送一次的策略。Akka 增加了额外的保障，也就是确保两个参与者之间直接传递的进入默认类型邮箱的消息不会乱序，而总是以这些消息的发送顺序进入邮箱。

顺序属性对于构造应用的业务逻辑而言是很有用的。在示例应用中，当每一天结束时，RareBooks 都会接收到一条 Close 消息以关闭书店，然后会接收到 Report 消息以生成每日报告。如果 Report 消息先于 Close 消息到达，就会引起混乱。报告可能并不包含当天报告生成之后但在书店关闭之前到达的请求。

顺序属性对于为应用增加回弹性而言也很有用。如果消息顺序中出现了间隙，那么接收方可能会采取恢复步骤。如果原始消息在接收方处于恢复过程中的时候到达，就会造成由于接收方缺失而产生的混乱逻辑。如果能够获知丢失的消息绝不会到达这一情形，那么推导恢复过程就会非常容易了。

顺序保障仅对两个参与者之间的直接消息通信有效。如果插入另一个参与者，比如在两个参与者之间插入路由器，则会导致非预期结果。从发送方到路由器的消息仍旧能保持顺序，从路由器到单个接收方(被路由者)的消息也会保持顺序。意外的情况是，消息可能会以不同的顺序到达不同的被路由者。图 6.13 揭示了这一情形，其中第一条消息可能会在第二条消息到达接收方 A 之后才到达，而第四条消息会被接收方 B 接收(按发送顺序排序)，第三条消息则完全发送失败了。

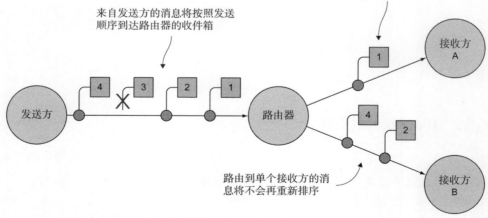

图 6.13　Akka 默认使用带有一些消息排序保障的最多递送一次的策略

2. 其他的邮箱类型

对消息顺序的保障适用于默认邮箱。Akka 提供了十几种邮箱以供选择，而且并非每一种都以相同方式来确保消息顺序。名称中带有 Priority 单词的邮箱会有意地重新对消息进行排序。

3. 至少递送一次

Akka 中至少递送一次的策略并非完整的解决方案，将之描述为用于把至少递送一次这一可靠性构建到应用的工具集中可能更为恰当。在底层，至少递送一次的机制可表现为 Akka 的持久化，作为 Akka 模块，可通过对参与者的启动和重启过程进行持久化的方式来提供可靠的状态管理。第 8 章将更为详尽地介绍 Akka 持久化。

为了实现至少递送一次的策略，我们可将发送方创建为 PersistentActor 并且混用在 AtLeastOnceDelivery 特性中。PersistentActor 使用持久化特性扩展了参与者，并且为了使用，必须引入 Akka 持久化模块中的一项构建依赖。

为了实现至少递送一次的策略，你需要

- 一个可以被持久化的事件。
- 一个函数，用于将事件转换为包含持久化标识符的消息。
- 一条确认消息，用于接收参与者确认接收到消息。
- 一个用于常规操作和恢复的接收函数。

图 6.14 展示了一次成功的发送循环。

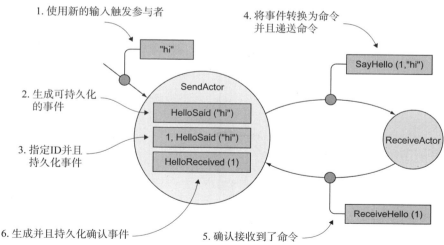

图 6.14　至少递送一次的策略使用了可被持久化的事件，
以及会被递送到其他参与者的消息

AtLeastOnceDelivery 特性使得重新发送未经确认的消息成为可能并且支
持可配置的超时时间。AtLeastOnceDelivery 尽管是一项不错的附加功能，但却
需要我们承担一些处理工作。我们需要负责在 JVM 崩溃时同时持久化发送的消息
以及接收的确认消息，并且必须提供特殊的接收函数以便协助恢复。对接收参与
者的要求要远远低于对发送参与者的要求。接收参与者不需要 PersistentActor 或
AtLeastOnceDelivery 特性，而只需要确认已经接收并且处理了事件即可。由于保
障的是至少递送一次而非正好递送一次，因此接收方可能会接收到重复的消息。最
后，消息顺序可能会发生变化。代码清单 6.18 同时包含了发送参与者和接收参与者。

代码清单 6.18：扩展了 AtLeastOnceDelivery 的发送参与者和接收参与者示例

```
import akka.actor.{ Actor, ActorSelection }
import akka.persistence.{ AtLeastOnceDelivery, PersistentActor }

sealed trait Cmd
case class SayHello(deliveryId: Long, s: String) extends Cmd
case class ReceiveHello(deliveryId: Long) extends Cmd

sealed trait Evt
case class HelloSaid(s: String) extends Evt
case class HelloReceived(deliveryId: Long) extends Evt


class SendActor(destination: ActorSelection)
    extends PersistentActor with AtLeastOnceDelivery {


  override def persistenceId: String = "persistence-id"


  override def receiveCommand: Receive = {
    case s: String =>
      persist(HelloSaid(s))(updateState)
    case ReceiveHello(deliveryId) =>
      persist(HelloReceived(deliveryId))(updateState)
  }

  override def receiveRecover: Receive = {
    case evt: Evt => updateState(evt)
  }
```

定义 SendActor 和 ReceiveActor 之间交换的消息

定义要跟踪状态的本地持久化对象

目标参与者是 ActorSelection 而非 ActorRef，这样就可以进行持久化了

发送参与者必须是 PersistentActor 并且还要扩展 AtLeastOnceDelivery

用来表示持久化层中的条目的唯一键的名称

为了处理确认响应，需要创建持久化事件，并且更新参与者的状态

为了发送字符串，需要创建持久化事件，并且更新参与者的状态

用于在参与者恢复时重放事件

```
def updateState(evt: Evt): Unit = evt match {
  case HelloSaid(s) =>
   deliver(destination)
   ➥ (deliveryId => SayHello(deliveryId, s))
   
  case HelloReceived(deliveryId) =>
    confirmDelivery(deliveryId)
  }
}

class ReceiveActor extends Actor {
  def receive = {
    case SayHello(deliveryId, s) =>
      // ... do something with s
      sender() ! ReceiveHello(deliveryId)
  }
}
```

用于告知最多递送一次机制：将消息递送到目的地

由递送函数使用以便将递送 ID 转换成一条消息

用于告知最多递送一次机制：确认消息已经被接收

ReceiveActor 使用一条包含 deliveryId 的 ReceiveHello 消息来确认每一条 SayHello 消息

　　完全理解 AtLeastOnceDelivery 的前提是理解 Akka 持久化和事件溯源，第 8 章将对它们进行介绍。目前，重要的是要理解 AtLeastOnceDelivery 会持续跟踪哪些消息还未确认、如何处理这些消息的重发，以及如何使用 Akka 持久化来管理未确认消息的存储。

6.6　本章小结

- 可以使用 sbt 来定义具有多个驱动程序的反应式项目的结构。
- Lightbend Config Library 提供了一种人类可读的格式，以便存储和管理应用的运行时配置。
- Akka 使用位置透明性来维护参与者的统一视图，这样 ActorRef 就可以引用本地或远程参与者。本地和远程引用共享了一种不使用 HTTP 的 URI 语法。
- 建立远程参与者的引用涉及联系远程参与者系统以确保远程参与者的存在。
- 所有的参与者都是对等的。如果客户端对参与者系统进行了请求并且期望得到回复，那么客户端也需要具有参与者系统。
- Akka 为消息提供了受限的递送保障。默认情况下，Akka 会确保使用最多递送一次的机制并且确保消息不会被乱序接收。Akka 持久化可以提供至少递送一次的机制，但会受到超时和能力的限制。

第 *7* 章

反应式流

本章内容

- 观察无限缓冲区带来的危害
- 使用背压(backpressure)保障应用安全
- 在应用中使用 Akka Streams
- 将 Akka Streams 与其他工具集结合起来使用

第 6 章介绍了如何跨越参与者系统边界并且将消息发送到远程参与者。本章将介绍如何避免应用被过多的消息冲垮。调节消息流以防止它们变成洪水猛兽的反应式方法被称为背压。

Akka 在 Akka Streams 中应用了背压。从表面上看，Akka Streams 类似于我们可能遇到过的其他库，比如 Java 8 中引入的 java.util.stream 包。我们可以通过装配流的源、处理槽、流程和图形来直接使用这个包，而不必关心背后到底发生了什么。你也可以使用基于 Akka Streams 构建的工具集，比如 Akka HTTP(第 9 章将进行介绍)。

在学习了 Akka Streams 之后，我们可以进一步使用 Akka Streams 提供的 Reactive Streams 应用编程接口(API)，其中提供了一种标准的异步流处理接口。另外，作为技术规范的一部分，还需要使用非阻塞式背压。许多工具集都支持反应式流，其中包括 Akka、Java 9 和.NET。可以将 Akka Streams 与其他工具集结合起来使用并且跨连接应用背压。

下面首先介绍不使用背压会发生什么事情。

7.1 缓存过多的消息

如果需要，可以配置跨数千台服务器分布的数百万个参与者以便向笔记本电脑上运行的单个参与者发送消息。单个参与者可能期望持续地一次接收一条消息，期间保持自身使用的 Akka 中规定的单线程。结果将导致大量未经处理的积压消息。这些消息将去往何处呢？

理想情况下，积压的消息会安全地位于参与者的邮箱中。默认的邮箱类型是无限制的，因此它们可以增长以适应大量未经处理的消息。最终，应用会消耗掉所有可用内存以保存更多的消息，并且服务器可能会在系统缓冲区中缓冲额外的数据。通常，那些缓冲区会持有小部分参与者邮箱中保存的内容。当那些缓冲区也发生溢出时，服务器就会被强制开始拒绝传入的消息，如图 7.1 所示。

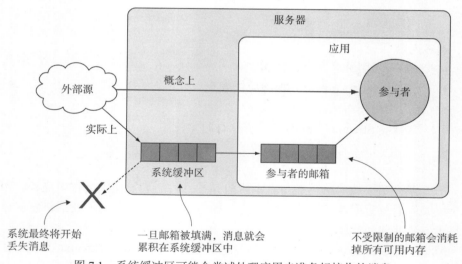

图 7.1   系统缓冲区可能会尝试处理应用未准备好接收的消息

在正常负荷下，预期会有足够的传入数据压垮系统这一想法似乎过于牵强，尤其是在系统经过反应式设计并且能够伸缩增长的情况下。不过可以考虑某些情形，其中可能会引发需要处理的消息数量突然大增：

● 站点出现在新闻报道中，世界各地的人们同时开始使用该站点。这一情况有时候被称为"新闻报道带来的死亡拥抱"，因为我们已经知晓站点首页上显示的某个链接会将激增的流量导向一些较小的未准备好应对这种局面的站点。

- 参与者完成处理所需的某个系统由于扩展而关闭，因此消息会在这个系统恢复期间累积起来。
- 应用中的其他节点可能出现故障或不可访问，从而造成流量全部集中到单个节点。
- 应用可能会成为分布式拒绝服务攻击的目标。这些攻击可能会超过1TB/s——足以压垮它们针对的任何服务器。

综上所述，应用可能必须针对工作负荷的意外增长进行防护。

7.2　使用背压进行防护

从根源上看，问题在于工作负荷的到达速度要快于它们被处理的速度。最终，无论怎么做，应用都会不堪重负。反应式解决方案正是通过背压来减缓新工作负荷的到达速率。

从概念上讲，背压背后的理念很简单。数据消费者会告知数据源准备接收多少数据，而数据源不会发送超过指定数量的数据。大家可能会质疑，背压只不过是将问题从一个系统转移到了另一个系统而已，没错，就是这样。不过，背压的好处在于可以持续运行：每个组件都可以将压力反向推给之前的组件，如果需要，则可以一直将压力推回到初始源，这在真实系统中被证明是非常有效的。

7.2.1　停止和等待

要求发布者在发送每条消息之前等待发送信号的做法是背压的一种基本形式。图 7.2 展示了这一方法，其中包含了具有单个订阅者的发布/订阅系统。订阅者提供了背压，要求发布者在发送包含订阅者要处理的任务的消息之前等待一条OK 消息，从而避免发布者与订阅者之间的消息队列出现累积现象。作为替代，发布者必须保留每条消息，直到获知订阅者准备好处理消息了。尽管保留每条消息乍看之下可能等同于发布者对订阅者执行同步调用，但实际上并非如此。发布者和订阅者彼此之间是在发送异步消息，因此消息交换并非阻塞式的。

具有正面确认的背压的最小化实现可以由一个 Publisher 参与者和一个Subscriber 参与者构成。Publisher 参与者在将工作发送到 Subscriber 参与者之前会等待一条 OK 消息，如代码清单 7.1 所示。

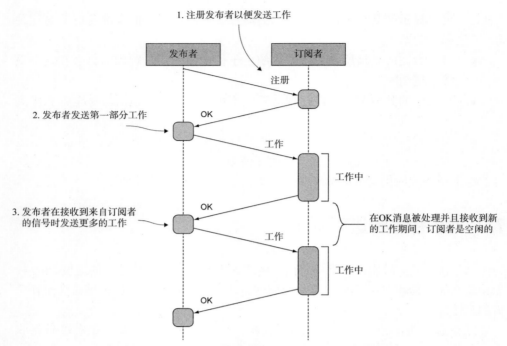

图 7.2   每条消息都正面确认会让可用资源变得空闲

代码清单 7.1：具有 OK 消息处理能力的 Publisher 参与者

```scala
import akka.actor.{Actor, ActorRef}
import Subscriber.{Register, Work}

object Publisher {          告知发布者可以发送
  case object Ok   ◄──────  工作的 OK 消息
}

class Publisher(subscriber: ActorRef) extends Actor {
  override def preStart =    发送一条初始消息
    subscriber ! Register    以便启动发送过程
  override def receive = {
    case Publisher.Ok =>     发布者在接收到 OK
      subscriber ! Work("Do something!")   消息时发送工作
  }
}
```

当订阅者完成一部分工作时，就会回复一条 OK 消息以表明准备好接收另一部分
工作了，如代码清单 7.2 所示。在使用 OK 消息进行响应之后，订阅者会保持空闲等
待另一部分工作。

```
import akka.actor.Actor

object Subscriber {
  case object Register
  case class Work(m: String)
}


import Subscriber.{Register, Work}
class Subscriber extends Actor {
  override def receive = {
    case Register =>
      sender() ! Publisher.Ok
    case Work(m) =>
      System.out.println(s"Working on $m")
      sender() ! Publisher.Ok
  }
}
```

发出 OK 请求以便发
送初始工作

执行已请求的工作

告知发布者可以发送
更多的工作

如代码清单 7.3 所示，驱动程序会如预期般建立参与者系统和两个参与者，
还会配置参与者系统，等待几秒以便执行一些工作，然后关闭。可以从
http://mng.bz/71O3 下载该例并且使用 sbt run 命令来运行。

```
import akka.actor.{ActorRef, ActorSystem, Props}

object Main extends App {
  val system: ActorSystem = ActorSystem("StopWait")

  val subscriberProps = Props[Subscriber]
  val subscriber: ActorRef = system.actorOf(subscriberProps)

  val publisherProps =
➥   Props(classOf[Publisher], subscriber)
  val publisher: ActorRef = system.actorOf(publisherProps)

  Thread.sleep(10000)
  system.terminate()
}
```

发布者获取一个指向
订阅者的引用

等待几秒，然后关闭
整个参与者系统

祝贺大家——你们现在已经实现了具有背压的流协议。在这一阶段，该例还
处于原始形式。当运行该例时，会出现大量的滚动消息，但效率非常低下。在完成
每一部分工作之后，订阅者在再次开始工作之前，都必须等待一条 OK 消息返回给

请求者，然后等待包含下一项工作的消息到达。该驱动程序中较为明显的另一个问题是：缺乏干净的关闭处理，这会导致未完成的工作请求的丢失。我们可能会遇到一些关于死信的警告。

后面的 7.2.2 节和 7.2.3 节将探究如何让流的实现变得不那么原始。首先，我们看看如何让订阅者持续忙碌。

7.2.2   表明多条消息的信号

可以通过告知发布者发送多个请求而非一个请求的方式来减少订阅者的空闲时间。所允许的请求数量可以被固定或者作为消息中的参数来传递。发布者会保持消息数量的运行计数，这一计数就是订阅者允许发送的消息数量。订阅者负责确定何时可以为发布者分配更多的消息。在图 7.3 中，从订阅者发送回发布者的每条消息都表明可以再发送三个工作请求。

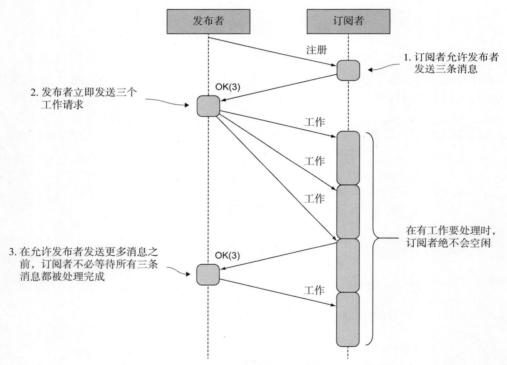

图 7.3   订阅者告知发布者需要准备接收多少条消息

订阅者不必等待接收到三个工作请求之后才告知发布者可以发送更多请求。在订阅者完全完成当前请求的处理之前就请求额外的工作，这是一种确保订阅者可以持续工作的有效方式。在订阅者处理这些额外的消息之前，它们都位于一个收件箱队列中，并且订阅者要负责确保不会请求超出处理能力的消息数量。

同样，在订阅者向发布者发送一条消息以便通知发布者已经分配了三条消息可供发送时，发布者没有义务按照三条消息的数量来发送消息。发布者如果手头没有这么多的消息，那么可以结束这个流。

此时，流的实现可以采用足够的背压来保持订阅者忙碌而不至于不堪重负，不过我们仍旧期望能够长期运行。

表明多条消息的信号并非微批处理

表明流准备好接收多条消息的信号意味着发送方被允许发送固定数量的消息。这些消息仍旧一次仅接收一条。这一过程不同于被称为微批处理的技术，微批处理通常用于优化大数据系统。使用微批处理，在达到某种限制条件之前，系统会累积准备好要处理的消息。通常，给出的限制是固定的消息数量或者两个批次之间的最大时间间隔。当触及这个限制时，系统就会同时传递所有累积的消息。然后处理程序就必须将微批次当作单元来处理，从而将基础设施考量与业务逻辑混合在一起。

7.2.3　流的控制

无论是发布者还是订阅者都可以结束流。因为发布者和订阅者都是异步的，所以结束流的细节处理会有一些不同，这取决于是哪个参与者要结束流。如果是发布者想要结束流，那就必须停止发送消息。如果是订阅者想要结束流，那就将一条消息发送回发布者。这条消息可能要花一些时间才能到达发布者并且被发布者处理。同时，在取消处理之前发送的消息会继续到达订阅者，如图 7.4 所示。

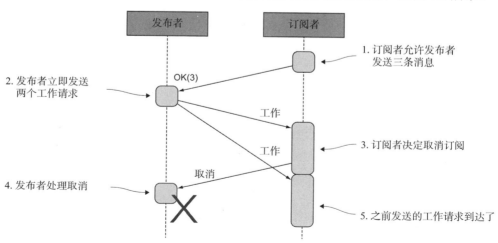

图 7.4　一些消息可能会在订阅被取消之后继续到达

订阅者可以决定如何处理这些在取消订阅之后才到达的消息：忽略它们或处理它们。发布者没有办法知晓消息是否到达了订阅者。

无论是发布者还是订阅者要结束流，通常都会在流结束时发送一条完成消息。这条完成消息会通知到订阅者，这样就可以释放资源并且执行任意最终的处理。这条完成消息可能会采用成功消息(如果流被正常终止的话)或失败消息的形式。当这条完成消息到达时，就不应该再有后续的进一步消息了。

在使用 Akka Streams 时，无须编写任何代码就可以实现请求计数的管理和流控制的复杂处理，因此我们不会扩展本节的示例。不过，在 7.4 节探讨 Reactive Streams API 时我们将回过头来进行介绍。

7.3   使用 Akka 进行流处理

Akka Streams 是组装自各处理阶段的图形。每个阶段都可以对上一个阶段实行背压。基础的流由一个源和一个处理槽构成，将它们两者结合起来就能创建可以执行的流程。完整的流就像下面这样简单：

```
source.to(sink).run()
```

为了查看如何使用 Akka Streams，我们赋予第 6 章的 RareBooks 书店雇员一项新的任务：将条目加载到卡片目录。这个流由一个源、一些中间流程和一个处理槽构成。这个源是读取自一个用逗号分隔的文件的字节流。然后中间流程会将字节流(连续的 ByteString)转换成 BookCard 条目的流：

(1) 帧式流程使用自己在流中遇到的行分隔符来生成一个由表示每一行的单独 ByteString 构成的流。

(2) 有一个映射流程会解析每个由逗号分隔的 ByteString 以便生成一个 Strings 数组的流。

(3) 另一个映射流程会将每个 Strings 数组转换成 BookCard 条目，从而生成 BookCard 条目的流。

BookCard 条目的流则以一个处理槽作为终结点。这个处理槽会将 BookCard 作为一条消息发送到 Librarian 参与者，Librarian 参与者会将卡片添加到目录。可以回顾一下第 6 章，其中 Librarian 参与者要花时间执行每一项任务。我们不必担心流程控制。在后台，Akka Streams 应用了背压，因此 BookCard 条目的到达速度不会太快。

图 7.5 展示了需要创建的组件。可以从 http://mng.bz/71O3 下载本章的源代码。

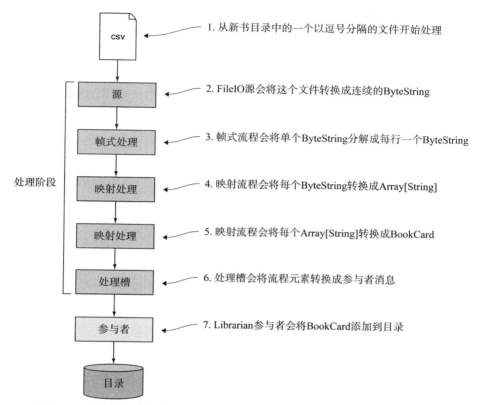

1. 从新书目录中的一个以逗号分隔的文件开始处理

2. FileIO源会将这个文件转换成连续的ByteString

3. 帧式流程会将单个ByteString分解成每行一个ByteString

4. 映射流程会将每个ByteString转换成Array[String]

5. 映射流程会将每个Array[String]转换成BookCard

6. 处理槽会将流程元素转换成参与者消息

7. Librarian参与者会将BookCard添加到目录

图 7.5　各个处理阶段都应该是一些简单的操作，它们会组成完整的处理图

7.3.1　将流添加到项目

目录加载程序是独立应用，具有自己的 build.sbt。Akka Streams 与 Akka 内核是分开的，因此首先需要添加这两个模块作为依赖，如代码清单 7.4 所示。

代码清单 7.4：用于目录加载程序的 build.sbt

```
val akkaVersion = "2.5.4"

scalaVersion := "2.12.3"

name := "catalogLoader"

libraryDependencies ++= Seq(
  "com.typesafe.akka" %% "akka-actor" % akkaVersion,
  "com.typesafe.akka" %% "akka-stream" % akkaVersion
)
```

完整的目录加载程序具有许多活动部件，因此我们将分阶段进行构建。

提示：Alpakka(https://github.com/akka/alpakka)具有连接器来处理 Amazon Web Services (AWS)、Google Cloud、Microsoft Azure 和几个队列包的集成。Alpakka 项目还维护着一份外部开发的连接器列表。

7.3.2　从文件创建流的源

第一个阶段的目标(见代码清单 7.5)就是读取一个文件并且打印其中的内容。由于源是基于文件路径的，因此处理槽就是 println()。不出意外，运行这个流需要一个参与者系统。该参与者系统与第 6 章介绍的 RareBooks 参与者系统没有什么区别。这个流还需要 ActorMaterializer，这是一种新的组件。ActorMaterializer 物化器的任务就是将流程转换成要被参与者执行的处理器。

代码清单 7.5：读取一个文件的流

```scala
package com.rarebooks.library

import java.nio.file.Paths

import akka.actor.ActorSystem
import akka.stream.ActorMaterializer
import akka.stream.scaladsl._

import scala.concurrent.Await
import scala.concurrent.duration.Duration

object Cataloging extends App {
  implicit val system =
    ActorSystem("catalog-loader")        // 处理阶段在这个参与者系统中执行
  implicit val materializer = ActorMaterializer()   // 将阶段转换成处理器

  val file = Paths.get("books.csv")      // 要确保这个文件位于当前目录中

  val result = FileIO.fromPath(file)     // 基于文件的流的源
    .to(Sink.foreach(println(_)))        // 附加处理槽
    .run()                               // 启动流处理
  Await.ready(result, Duration.Inf)      // 等待流处理完成
  system.terminate()                     // 关闭参与者系统
}
```

可使用 sbt run 命令执行流。如果一切正常，就会输出一个很长的文本行，就像下面这样：

```
ByteString(…)
```

原因在于，Akka FileIO 会生成 akka.util.ByteString，这是一种优化过的数据类型，用于处理原始字节流。

7.3.3　转换流

下一个开发阶段就是将那些原始字节转换成 Librarian 可以添加到目录的 BookCard 流。该转换过程由之前描述的三个流构成：将连续源 ByteString 转换成单行 ByteString，将每一行解析成 Strings 数组，以及将每个 Strings 数组转换成 BookCard。

将连续流解码成离散元素的流的过程被称为帧式处理。Scala 领域特定语言(DSL)提供了一个函数来生成一个以分隔符对内容行进行帧式分段的流，这个示例中的分隔符就是新行。输入是单个 ByteString，而输出是个体 ByteString 的流。

将每个 ByteString 转换成 Strings 数组的过程就是构造自两个工具函数的映射处理。将映射转换成流是很容易的，因为 Flow 专门提供了一个用于这一目的的 map 函数。代码清单 7.6 展示了生成的应用。

代码清单 7.6：将文件转换成 BookCards 流

```
// ... previous imports
//
import akka.util.ByteString
import LibraryProtocol.BookCard          ◄──── 包含解析中将会用到
                                               的 utf8String 转换
object Cataloging extends App {
  implicit val system =
  ➥ ActorSystem("catalog-loader")
  implicit val materializer = ActorMaterializer()

  val file = Paths.get("books.csv")

  private val framing: Flow[ByteString, ByteString, NotUsed] =
    Framing.delimiter(ByteString("\n"),                    声明 framing
      maximumFrameLength = 256,                            函数
      allowTruncation = true)

  private val parsing: ByteString => Array[String] =       声明 parsing
    _.utf8String.split(",")                                函数
```

```
    private val conversion: Array[String] => BookCard =      声明 conversion
      s => BookCard(                                          函数
        isbn = s(0),
        author = s(1),
        // ... remaining fields
      )
转换成 BookCard
    val result = FileIO.fromPath(file)                   按行对 ByteString
      .via(framing)          ◄──────────────────         进行帧式分段
      .map(parsing)      ◄────
      .map(conversion)                                   将每一行解析成
      .to(Sink.foreach(println(_)))                      Array[String]
      .run()
    Await.ready(result, Duration.Inf)
    system.terminate()
}
```

下面使用 sbt run 命令执行这个流。这一次可以观察到单独的 BookCard。

现在后退一步看看已经完成的工作。我们已经创建了五个处理阶段：一个源、三个中间流程和一个处理槽。将这五个处理阶段结合在一起就可以读取文件并且转换成用于 RareBooks 书店的卡片条目的流。

　　提示：花些时间研究下 Flow 的 scaladoc 是值得的。Flow 包含一组丰富的函数，类似于 Scala 集合库中的那些，其中包括像 filter、map、fold 和 reduce 这样的基础函数。

7.3.4　将流转换成参与者消息

下一个阶段就是将生成 println() 消息的处理槽替换为向 Librarian 参与者发送消息的处理槽。由于具有对参与者系统的引用，因此可以使用的其中一种方法就是使用 tell，如代码清单 7.7 所示。

代码清单 7.7：直接向参与者发送消息的处理槽

```
// ...
val librarian: ActorRef
// ...
val result = FileIO.fromPath(file)
  .via(framing)
  .map(parsing)
  .map(conversion)
  .to(Sink.foreach(card => librarian ! card))   ◄──   使用 tell 将 card 直接发
  .run()                                              送给 Librarian 参与者
```

对于那些稍微丰富一点的接口而言，可以使用 Sink.actorRef 自动发送消息。

当流处理完成时，就会添加一条发送到参与者的最终消息。无论选择使用 tell 还是 Sink.actorRef，发送到参与者的每条消息都会表现得像平常一样。也就是说，每条消息都是非阻塞的、异步的，并且是单向的。在这个示例中，这样的做法可以避免如下问题：没有背压！如果要采用从参与者到流的背压，就需要使用更为复杂的 Sink.actorRefWithAck 函数。这个函数接收如下几个参数：

- ref——对参与者的引用。
- onInitMessage——在处理流中的任意元素之前发送的一条消息。
- ackMessage——从参与者返回的一条消息，用于确认每个请求。在处理槽发送 onInitMessage 之后并且在发送任意流元素之前，处理槽必须接收这条消息，并且处理槽还必须在处理每个流元素之后接收这条消息。
- onCompleteMessage——当流成功完成时发送给参与者的消息。
- onFailureMessage——如果流处理失败，就向参与者发送这条消息。

如你所见，Librarian 参与者必须处理几条新的消息。首先，将那些消息添加到 LibraryProtocol，如代码清单 7.8 所示。

代码清单 7.8：与流交互的扩展后的 LibraryProtocol

```
case object LibInit
case object LibAck
case object LibComplete
case class LibError (t: Throwable)
```

为了让扩展后的协议可用，首先需要对 Librarian 的接收函数进行一些修改，从而准备好接收新的 BookCard 和响应，如代码清单 7.9 所示。

代码清单 7.9：添加目录条目的扩展后的 Librarian 参与者

```
// ... start with the familiar Librarian you used in chapters 3, 4, and 6
  private def ready: Receive = {
    // ... preexisting match cases elided
    case LibInit =>
      log.info("Starting load")               允许流开始发送
      sender() ! LibAck                        一本新书
    case b: BookCard =>
      log.info(s"Received card $b")            将新书添加
      Catalog.books = Catalog.books + ((b.isbn, b))   到目录
      sender() ! LibAck
    case LibError(e) =>          无须为完成       允许流发送另一本书
      log.error("Load error", e)  或错误进行
    case LibComplete =>          特殊处理
      log.info("Complete load")
```

现在我们已经完成所有的准备工作，可以开始完成该例的最后阶段了，其中

需要将 actorRefWithAck 添加到处理流。

7.3.5　小结

代码清单 7.10 展示了完整的处理流。

```
// ...
val librarian: ActorRef
import LibraryProtocol._                  ←──────  导入消息以便与
// ...                                            Librarian 交互
val result = FileIO.fromPath(file)
  .via(framing)
  .map(parsing)
  .map(conversion)                                 具有已定义的背
  .to(Sink.actorRefWithAck(                         压消息的处理槽
    librarian, LibInit, LibAck, LibComplete, LibError)
  .run()
```

在运行这个应用时，应用会将书籍文件流式处理成目录中的新条目。现在是时候试试使用背压了！以下是一些可以尝试进行的操作：

- 让 Librarian 花费更多的时间添加卡片条目。相较于立即发送一条 LibAck 消息，我们不如转而使用第 4 章介绍的技术，安排一条在稍微延迟之后才发出的确认消息。
- Librarian 要花时间调研来自 Customer 的请求。启动 Customer 应用的几个实例并且在 Librarian 忙于添加新的卡片条目时发送一些请求。

随着对 Akka Streams 研究的深入，我们将发现，它们并不局限于由源、中间流程和处理槽构成的简单线性流。可以将流组装成图形，其中包含每个阶段的多个输入或输出。表 7.1 定义了我们可能会遇到的用于描述不同流处理阶段的一些术语。

表 7.1　可以基于输入和输出的数量对 Akka Streams 处理阶段进行分类

类型	输入	输出
Source(源)	*	一个
Sink(处理槽)	一个	*
Flow(流)	一个	一个
Fan-In(扇入)	多个	一个
Fan-Out(扇出)	一个	多个
BidiFlow(双向流)	多个	多个

* 流的外部，比如文件连接器。

7.4　Reactive Streams 介绍

本章到目前为止已经介绍了作为反应式技术的背压,并且将之应用到了 Akka Streams。Akka Streams 构建在以参与者为基础的背压之上。其他的流也可以构建在不同的框架之上,但仍旧支持背压。Reactive Streams 是"一种倡议,以便为具有非阻塞式背压的异步流处理提供一种标准"(摘自 www.reactivestreams.org)。换句话说,这是反应式实现需要提供的核心功能的一种提炼。Reactive Streams 提供了一种通用语言,可允许不同的反应式实现进行交互操作。

Akka 并非唯一实现。最引人注目的是,Reactive Streams 通过 Java Enhancement Proposal JEP-266 被纳入 Java 9。Spring Framework 5 则通过 Project Reactor(https://projectreactor.io)被纳入 Reactive Streams。其他的实现还包括 RxJava[RxJava 是 ReactiveX 项目(https://reactivex.io)的一部分]、Ratpack(https://ratpack.io)和 Eclipse Vert.x(http://vertx.io)。另外,更多的实现正在不断涌现。Reactive Streams 包含了技术兼容性套件(TCK,Technology Compatibility Kit),用以帮助验证新出现的实现。

Reactive Streams 应该被视作用于提供者的 API。如果已经决定在整个应用中使用像 Akka 这样的单个工具集,那么不要直接使用 Reactive Streams。如果希望两个反应式系统之间有交互操作,并且这两个反应式系统还没有连接器,则可以考虑使用 Reactive Streams 来连接它们。

整个 Reactive Streams 由四个小接口构成:

- Publisher——元素流的提供者。
- Subscriber——元素流的消费者。
- Subscription——订阅者向发布者发送信号的接口。
- Processor——同时遵循发布者和订阅者的契约的处理阶段。

注意:Reactive Streams 对于 Akka 没有任何依赖,其实现完全不必基于参与者模型。

7.4.1　创建反应式流

在两个提供者之间创建反应式流是很容易的,你所需要的就是从一个提供者到 Publisher 的引用以及从另一个提供者到 Subscriber 的引用。那些繁重的工作都是由提供者的接口实现来执行的(见图 7.6):

(1) 应用调用 Publisher 的 subscribe()方法,传递对 Subscriber 的引用。

(2) Publisher 创建一个 Subscription。

(3) Publisher 调用 Subscriber 的 onSubscribe()方法,传递对新创建的 Subscription 的引用。

此时，Subscriber 会使用 Subscription 开始将异步信号发送回 Publisher。

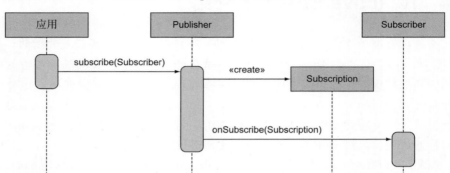

图 7.6　应用通过调用含有对订阅者的引用的发布者来初始化反应式流，
发布者会创建一个订阅并且将其传递给订阅者

7.4.2　消费反应式流

　　Subscriber 有两个可以发送回 Publisher 的信号：请求消息或取消订阅。在订阅者使用首次调用请求消息从而启动流程之后，消息才会流转起来。

　　Publisher 会持续使用新的消息调用 Subscriber 的 onNext()方法，直到已经发送与请求数量相同的消息为止。如果 Publisher 发送完所有的消息或者发生了错误，那么 Publisher 会分别使用 onComplete()或 onError()方法来通知 Subscriber(见图 7.7)。

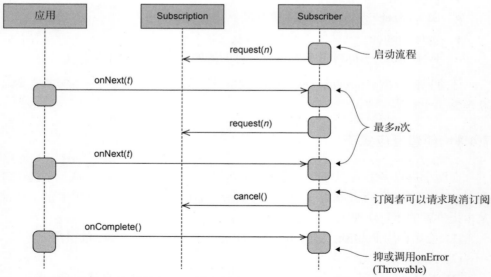

图 7.7　发布者可以调用 onComplete()或 onError()方法来终止流，订阅者可以通过
调用 cancel()方法来异步请求发布者终止流

Subscriber 可以通过取消 Subscription 来请求 Publisher 停止发送消息。在该事件中，发布者被要求最终停止发送消息，不过也可能不会立即停止。

提示：Akka 中的默认邮箱是无限制的，不过有几种其他实现是受限的。如果正在集成 Reactive Streams 实现，则要确保请求的消息数量不会超过应用的收件箱所能接收的最大消息数量。否则，就可能遇到本章开头介绍的缓冲溢出问题。

7.4.3　构建使用流处理的应用

似乎软件领域正转向流处理方向。在 Apache Spark、Storm、Samza、Apex、Flink、Kafka 等框架中都可以发现流的踪迹。如果停下来思考一下，就会意识到，转向流处理方向是软件寻求更好地反映真实世界的必然结果，因为真实世界中具有大量的异步事件。无论系统可以同时处理多少传入的消息，都可能会出现过多的事件并且打破平和局面。在真实世界中，解决方案就是将流速减缓到系统可以应对的程度。反应式流为软件带来了相同的解决方案，这是通过告知源减缓发送速度以便应用可以从容处理来实现的。本章讲解了如何达成该目的。下一章将应用这些知识，其中需要使用流中常常会出现的两类消息：命令与事件。

7.5　本章小结

- 激增的消息流量会溢出流入系统的非预期部分。缓冲溢出会损害回弹性，因为系统需要借助较低的流量水平才能恢复。
- 背压通过告知客户端需要准备处理多少条消息来防范应用受到高流量的冲击。与系统的其余部分一样，背压也是根据相同的反应式原则来实现的，因此背压是非阻塞的、消息驱动的，并且也是异步的。
- Akka Streams 由各个处理阶段构造而来。典型的流是由源、一些中间流程和处理槽构成的。Scala DSL 是丰富的库，用于装配通常所需的处理阶段。
- 事件流可以转换为可被参与者处理的消息。
- Reactive Streams 是用于实现背压的 API。既可以用于识别具有背压支持的消息框架，也可用于创建更具移植性的反应式应用。

第 **8** 章

CQRS 与事件溯源

本章内容

- 命令查询职责分离(Command Query Responsibility Segregation，CQRS)的基础知识
- 反应式系统中的 CQRS
- 命令与查询
- 将 CQRS 与事件溯源(Event Sourcing，ES)结合使用

　　正如前几章所述，反应式范式是思考分布式计算的一种强有力的方式。本章将通过探究第 1 章介绍的两种设计模式来继续构建，这两种设计模式就是：命令查询职责分离(CQRS)和事件溯源(ES)。不过应该注意，虽然这些技术可以共同协作并且天然适用于反应式编程，但它们绝不是设计反应式系统的唯一方式。

　　为了达成探究这两种设计模式的目标，我们来看看一种常见的应用类型：数据库驱动的应用，此类应用是现今人们构建的许多(也可能是全部)系统的基础。我们将探究在分布式环境中构建这类应用时面临的挑战，并且讲解如何才能通过反应式范式来使用 CQRS/ES 以便应对这些挑战。

　　首先，我们需要澄清一下数据库驱动的应用指的是什么。这个词对于许多人而言可能代表着不同的含义，不过究其本质而言含义很简单：一种接收和存留数

据的软件应用,并且会提供检索数据的方法。

在探讨了面向 CQRS/ES 的驱动因素之后,本章将阐释相对于典型的单体式、数据库驱动的应用的概念和替代方案。本章不仅介绍反应式应用是消息驱动的这一理论概念,还会将这一概念融入实践,也就是使用 CQRS 命令和 ES 事件作为实际的消息。

8.1　面向 CQRS/ES 的驱动因素

关系数据库管理系统(RDBMS)往往是以结构化查询语言(Structured Query Language,SQL)数据库的形式存在的,会直接影响应用的构建方式。由于我们已进入负担得起并且更为灵活的计算时代,因此像 Java Enterprise Edition (Java EE)、Spring 和 Visual Studio 这样的框架让 SQL 成了系统开发的基础规范。在 SQL 之前,大型机系统都是业务的集中计算区域,并且用户受限于使用死板的终端、报告等。SQL 数据库提供了一种可访问的、易于使用的存储模型;编程人员很快就会变得依赖这些 SQL 数据库提供的功能,甚至围绕它们来构建系统。桌面 PC 持续增长的数量导致面向这些数据库构建的系统数量不断增长,并且从僵硬的信息管理系统领域解放出来的系统对于整个计算领域而言意义极为重大。遗憾的是,传统的解决方案具有清晰的限制条件,这妨碍了应用的分布并且通常会造成像 ACID 事务这样的单体式设计。下面我们将探讨 ACID 事务、关系数据库的缺陷以及 CRUD。

8.1.1　ACID 事务

通常,单体式应用都允许使用跨领域边界的数据库事务。在这种环境下,用事务来确保在订单被添加到订单表之前先将顾客添加到顾客表的做法是完全可行的;之所以能够让这些单独的表写入操作一次性完成,就是因为所有的数据都存留在同一个数据库中。这些事务通常被称为 ACID 事务[1],它们具有以下属性:

- 原子性(Atomicity)允许将多个操作作为单个单元执行。原子性是事务的基础,其中对于顾客地址的更新可以与为顾客创建订单的操作在同一个工作单元中进行处理。
- 一致性(Consistency)意味着强一致性,因为对于数据的所有变更都会被所有的处理进程同时并且以相同顺序察觉。这也是事务的特征之一,并且代价很大,因为像传统的数据库驱动的应用(通常是单体式应用)是无法分布的。
- 隔离性(Isolation)提供了针对其他并发事务的安全保障。隔离性规定了在

---

[1] https://msdn.microsoft.com/en-us/library/aa480356.aspx。

被其他进程读取时，处于变更中的数据的行为应该是什么样的。较低的隔离级别可以提供对于数据的较高并发访问，但是也有很大概率出现对于数据的并发访问副作用(读取到过时数据)。较高的隔离级别可以让读取变得更加纯净，但是代价更高并且会带来处理进程阻塞其他进程的风险，更糟糕的是，在两个或更多个写操作彼此无限期阻塞时可能出现死锁的情况。

- 持久性(Durability)意味着事务一旦被提交，那么即使停电或者出现硬件故障，也要保持有效。

反应式应用是可分布的。让 ACID 事务跨分布式系统的做法是不可行的，因为数据的位置跨越了地理位置、网络或硬件边界。跨越这些边界类型的 ACID 事务是不可能存在的，因此遗憾的是，我们需要切断对于传统 RDBMS 的依赖。分布式系统无法兼容 ACID。

之所以说传统的 RDBMS，是因为有些关系数据库(比如 PostgreSQL)已经迭代演化并且突破了关系型限制，它们具有像对象关系存储和异步复制这样的允许分布式处理的功能。

8.1.2　传统的 RDBMS 缺乏分片

这些基于 RDBMS 的系统无法分片。分片是一种使用一些片键来分布数据的方式。可以使用分片来智能化地共同存放数据，从而也就让数据可以分布存储了。分片提供了跨机器硬件和地理位置边界的横向扩展，因此允许伸缩性和数据的分布存储。典型的分片示例就是照片共享应用，其中会使用用户的唯一 ID 作为片键。用户的所有照片都被存储到数据库的同一区域。如果没有分片的能力，那么传统的 RDBMS 就不得不在面临问题时为同一个物理数据库增加更多的硬件和存储，这被称为纵向扩展，并且只能使用互联互通的硬件进行扩展。横向扩展是跨地理位置或机器边界的扩展。分片是实现分布式的一种方式，并且为按照 CQRS 划分系统的做法铺平了道路。

8.1.3　CRUD

正如第 1 章中讨论的，创建、读取、更新、删除(Create、Read、Update、Delete，CRUD)指的是对单一位置的部分数据进行直接修改。使用 CRUD 后，所有的更新都具有破坏性，你会丢失对于数据前置状态的所有感知，其中就包括删除，这是所有更新中最为彻底的更新。使用 CRUD 后，有价值的数据会持续丢失。这里没有状态迁移的概念——只能获得所有对象的当前状态。例如，已完成的订单就是这种情况。新订单、已完成订单、处理中的订单等所有概念全部丢失了。任何订单行为的历史全都不存在，这样就无法跟踪订单如何从 A 点变为 Z 点。CRUD 无法被轻易地分布处理，因为这样一来领域就是可变的。所有的分布实体都可能随时随地被修改，并且难以获知单一真实源。使用 CRUD 后，总是会具有单一真实源；对于 CRUD 实体的所有其他引用都只能通过副本或引用来实现。

毋庸置疑，CRUD 最常用在关系数据库中。在创建数据库结构时，要遵循那些受广泛认可的最佳实践，以免存储冗余数据，并且允许使用主键和外键来体现关系。例如，使用外键将顾客表与具体的订单关联表关联起来，并且通过订单表中关于顾客的外键字段来连接。CRUD 模型无法扩展，这是由于数据结构具有相互依赖关系，并且这些数据结构都是绑定在一起的。如果唯一可行的分布方式就是分布整个对象，那就相当于没有进行分布。表结构通常会遵循业务对象的模式，使用层级关系来体现。然后我们会尝试叠加一层面向对象的领域结构，将所有内容串起来。虽然这种方法是许多应用的基础，但是隐含的代价可能会很高。有时候，CRUD 对于简单应用而言是非常完美的。我们可使用通讯录作为这种简单系统的典型示例。通讯录这个维护联系方式的应用没有额外的视图，只包含存储在数据库中的联系方式属性。此外，通讯录与其他任何领域都没有关系，或者在理想情况下只与少数几个其他领域有关系。大家应该可以理解，构建这类应用会非常容易，并且如果确实足够简单的话，那么使用这类应用就是完全可行的。然而，在我们看到过的大部分真实可用的应用中，仅仅使用 CRUD 是不够的或者说是不正确的。我们需要另一个解决方案并且需要一种避免所有这些麻烦的方法。对于那些系统而言，CQRS 的应用通常要与事件溯源结合起来。

8.2　CQRS 的起源：命令、查询以及两条不同的路径

尽管许多人直到今天才熟悉 CQRS，但其实 CQRS 在 2008 年年初就出现了。CQRS 由 Greg Young 提出，Greg Young 是一位独立顾问，还是一位企业家。正如 Young 所说，"CQRS 只不过创建了两个对象，而这两个对象之前是一体的。分离依据就是方法到底是命令还是查询。这一定义与 Meyer 在 Command and Query Separation 中的描述相同：命令就是任何改变状态的方法，而查询就是任何返回值的方法。"

曾经使用的单个对象会被一分为二(查询和命令)，并且这两个对象具有不同的路径。典型示例就是订单的创建，这是针对订单命令对象或模块来完成的，而对于未完成订单的查看，则是针对订单查询模块来实现的。

顾名思义，CQRS 指的就是命令、查询及其分离。本章将详细探讨这些概念，不过本节主要对分离进行介绍。

由于 CQRS 可以与事件溯源完美结合，因此我们通常将使用这个模型构建的

系统称为 CQRS/ES。

　　遗憾的是，"分离"这个词(CQRS 中的 S)通常具有一种负面含义，比如在应用于人际关系时。不过，在应用于反应式系统的上下文时，分离则是回弹性的聚焦点。词典中将分离定义为"将某人或某事设置为与其他人或其他事分隔开来的动作或状态"。这一分隔设置使得 CQRS/ES 能够作为一种反应式模式使用。分离实质上是在隔离 CQRS/ES 系统的两端，从而为整个系统提供容错性。如果一端出现问题，不会导致全面的系统故障，因为两端是隔离开的。这一模式通常被称为隔板(bulkheading)。

　　隔板这一概念来自船运行业，如图 8.1 所示，隔板就是防水密封舱，用于隔离船体的破损处。图 8.1(由一位知名的纽约艺术家绘制)中有几个隔板。即便有一个隔板受损，这艘船也仍然能够正常航行。

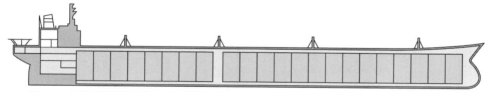

图 8.1　用隔板分隔的防水密封舱能确保一个或多个隔板的损坏不会造成整艘船下沉

　　如图 8.1 所示，就算有一个隔板受损，水也不会流到另一个隔板中，从而限制了受损范围。要让整艘船沉没或者完全出故障，就必须破坏多个隔板。

　　CQRS 中的隔板模式可通过查询端(领域端)故障来揭示，这种故障会妨碍领域中某个区域的变更。由于已经实现了命令端，因此为读取领域的上一个已知状态所必需的所有数据仍旧可用，并且数据的客户端可以不受影响地读取数据。

　　分离的另一个作用就是可以优化数据的写入和读取。相较于像单体式 CRUD 应用中那样使用单一管道来处理写入(命令)和读取(查询)，CQRS 实现了两种不同的路径：命令和查询，因此也就实现了某种程度的隔板。

　　这种划分隐含着单一职责原则(Single Responsibility Principle，SRP)。SRP 规定，每一个上下文(服务、类、函数等)都应只有一个变更原因——实质上就是单一职责。命令端的单一职责就是接收命令并且变更其中的领域；查询端的单一职责就是提供各种领域和处理过程的视图，让客户端对于查询数据的消费尽可能简单。通过分离以及专注于每条路径的单一目标，我们就可以独立地改进写入端和读取端。另外，我们已经在命令端函数和查询端之间设置了隔板，其中一端发生的任何故障都不会直接影响另一端的响应性。

　　许多应用在读取和写入之间具有明显的不平衡。像海量交易或能源这样的系统，可能在交易或能源读数方面具有数量惊人的写操作，但数据的查看次数却少得多，或者至少会在读取之前将数据聚合起来。查询端通常需要以聚合投射

(aggregate projection)形式存在的复杂业务逻辑，这些聚合投射就是关于领域的视图，通常看起来与领域本身并不十分相似。典型的例子就是包括顾客详情信息、订单历史和一组销售联系人记录的视图。命令端希望持久化。用单个模型封装这两项任务会让每项任务都得不到很好的处理。

在图 8.2 中，有四个分别代表销售、顾客、库存和发票领域的 CQRS 命令模块。每个领域都有特定的目的，仅专注于较小的关注区域，而不必关心其他模块或数据的查询方式。领域关注点都是在每个命令模块中干净地完成建模的；Order to Cash 查询模块会处理呈现所需的所有繁重工作，呈现中包含对数据的连接和旋转处理以便满足客户端需求。Order to Cash 查询模块是 CQRS 中的重要模块，并且是独立存在的，可以跨所有命令模块积累和返回数据。

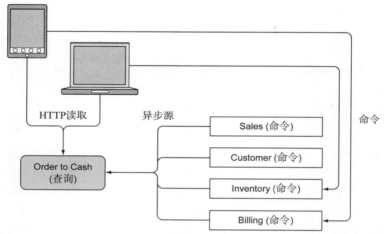

图 8.2　两条不同的路径：特别构建的领域和查询模块，它们关注单一任务

图 8.2 包含了遵循各自独立路径的读取(查询)和写入(命令)，它们会在实时层面彼此独立，这意味着在读取和写入期间，数据读取和数据写入之间没有关联性。需要牢记的是，异步关系存在于命令端和查询端之间，还会随时间推移持续从命令端向查询端趋于同步。查询数据总是会等待以便以上一个已知状态为客户端提供服务，从而提供读取方面的最高性能和简单性。查询存储仅为服务于客户端这个单一目的而存在，可以构建于多个领域或数据源之上。客户端可以使用读取的数据来构造针对领域(命令端)的命令。那些命令总是会被发送到单个命令端并且可能会对查询端进行变更，不过是以一种最终一致的、异步的方式来实现的。

图 8.3 展示了如何应用隔板到 CQRS 系统中。

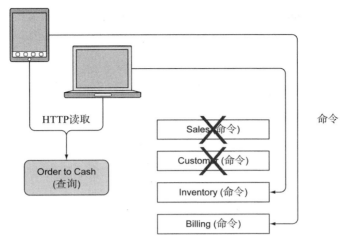

图 8.3　CQRS 的天然隔板，有两个命令模块不可用，但系统的其余部分仍旧可以运行

　　图 8.3 显示，销售和顾客命令系统已经关闭或变得不可用。CQRS 提供的天然隔板允许用户完整地访问填充显示和发出命令所必需的数据，不过那些命令将由于目标系统的不可用而执行失败。我们可以将这些命令放在某个地方排队，这样它们就不会执行失败，不过这样的做法其实没什么价值，因为只有在故障系统再次变得可用时，这些命令才有效。更好的做法是设计一种类似于可以减缓这些情况所带来的影响的冗余系统。要点在于，发生故障的可能性总是存在的，我们所能做的最佳处理就是以可行方式包容故障。

8.3　CQRS 中的 C

　　命令端有时候也称为写入端，但命令端并不仅仅局限于命令处理，它只代表领域本身。从理论上讲，命令端绝不会直接进行读取操作[1]。命令端是针对高吞吐量的写操作来调优的，并且可以选用专用于这个目的的特定数据库和/或中间件选项，这是有别于查询端的。本章将介绍使用事件溯源的 CQRS，以我们的经验看，事件溯源是最有价值的模式。不过，在需要进行读写分离时，单独使用 CQRS 也没什么问题。

8.3.1　什么是命令

　　在定义命令之前，我们先回顾一下第 1 章对于消息的定义：消息就是一种用

---

　　[1] 像 Akka 持久化这样的最新技术允许使用内存中的领域状态来提供对于领域的简单且高性能读取，但读取的大部分工作都留给查询端来处理。

于跨服务边界通信的不可变数据结构。反应式系统的其中一项特性就是：系统是消息驱动的。一种允许消息驱动的消息类型就是命令。命令由客户端或服务发送到其他各种 CQRS 服务。

命令就是执行处理的请求，并且通常是变更状态的请求。命令是必要的。尽管天然具有权威性，但命令其实是一种让系统采取一项操作的期望，因而，命令可能会由于验证错误而被拒绝。命令遵循动词-名词格式，其中动词就是请求的操作，而名词就是操作的接收方。下面是两个典型的命令：

```
CreateOrder(...)
AddOrderLine(...)
```

8.3.2　拒绝

拒绝是 CQRS 系统中的重要概念，但在处理命令这一概念时可能会令人困惑。由于天然具有权威性，因此通常认为命令会被接受，这是因为命令是由权力方递交的必要事项。如本章之前所述，在 CQRS 上下文中，命令更像是请求，因此接收方有权拒绝。拒绝通常是某种业务规则违背或属性验证失败的结果。典型的例子就是 CreateOrder 命令被拒绝。请求被拒绝的可能原因是，发送方没有使用正确的凭据来创建订单或者可能信用额度已透支。

正如第 4 章所探讨的，命令端的命令处理程序还是相关领域的防腐层。另一个有意思的方面就是命令的结构，其中可能包含多个需要验证的属性。这种结构代表着如下很有吸引力的问题：当拒绝发生时，是一次向发送方报告一个错误还是一组错误？8.3.7 节将探究这个问题的答案。由于命令校验会产生性能方面的代价，因此有时候不会使用命令校验，比如存在海量交易的场景。

8.3.3　原子性

目前大家似乎全都支持微服务范式，这在很大程度上是因为《反应式宣言》广受推崇。微服务范式规定要构建许多服务，每个服务仅执行一小部分专注处理，这也就意味着原子性。原子性表明每个服务都会解决一个特定问题，而无须知晓或关心其他服务的内部处理机制。这一理念完美契合《反应式宣言》的理念，它们是如此契合，以至于原子性可以轻易地作为《反应式宣言》的第五个支柱特性。

原子性允许使用针对较小问题的解决方案。问题越小并且隔离性越大，问题就越容易解决。可尝试避免在服务代码中横切关注点。如果有外部关注点或极端情况试图侵入服务，就要找到一种方法来优雅地应对这样的情况，并且要以一种非特定方式进行处理。思考下面这样的服务：提供书籍折扣。典型业务用例就是，如果一本书是在实体书店而非线上购买的，那么这本书就适用较小的折扣。相较于添加跟踪一本书是否是在实体书店购买的能力，我们可以用一种更为抽象的方式来支持这一能力，比如添加折扣属性，折扣属性并不与触发折扣的外部功能相耦合——只表示折扣结果。这类抽象设计将产生服务中更为开放的核心行为并且导致较低的耦合。

8.3.4　杂而不精

"杂而不精"这句话想必大家都听过，指的是一个人具备各种各样的技能，但对于任何一种技能都并不精通。从许多方面看，这句话都恰当地反映了基于 CRUD 的解决方案的情况。第 1 章探究过一个由几个服务构成的单体式购物车示例。我们下面通过查看一个单独的服务来深入研究这一设计，这样就能明白为何说这样的设计杂而不精了(见图 8.4)。

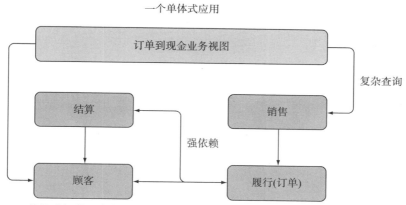

一个单体式应用

图 8.4　单体式订单服务的详细视图；在同一应用实例中，领域之间具有强依赖关系

在图 8.4 中，与订单有关的所有一切都位于一个单体式应用中，这是为了满足事务特性，并且所有一切都是使用传统的 RDBMS 技术构建的，从而造成各个子系统被绑定在一起，因为它们会以某种方式进行交互。这个应用无法扩展，并且如果某一部分出现故障，那么整个应用都将无法运行。

在图 8.4 所示的订单功能中，我们使用单个领域聚合来表示订单。针对这个对象，我们要操作三个命令行为(创建、更新和删除)以及查询行为(读取)。问题在于，该领域聚合旨在表示当前状态并且对于数据投射(查询)并不十分有利。通常，在投射数据时，我们需要某种形式的聚合，因为除了订单之外，我们还希望在屏幕上看到其他信息。因而，我们必须借助该领域聚合构建数据访问对象(DAO)投射，继而也就需要使用基于底层 SQL 连接构建的动态查询。这样的设计会是一团糟，并且会变成需要为查询优化而持续重构的噩梦。到头来，我们就要尝试在超出设计支持的情况下使用该领域聚合。

8.3.5　行为的欠缺

典型的单体式应用(通常基于 CRUD)中让人头疼的、代价高昂的主要部分就是缺乏进行需求扩展所需的数据。第 1 章详细探讨过这个主题，但现在很有必要回顾一下这一主题，因为这正是 CQRS/ES 大放异彩之处。使用 CRUD，就会具有四个行为：创建、读取、更新和删除。这些行为在本质上都是总结式的，旨在修改当前的状态模型；它们缺乏捕获目的所需的历史差异。这种意图上的丢失会对业务数据的价值造成显著影响，因为我们将无法判定用户的动机，而这是理解用户群的最主要手段。在使用 CRUD 模型的情况下，实际上会丢失大量的数据。

为了更好地理解用户需求，我们必须创建针对用户使用习惯的描述资料，这样才能准确地预期他们未来的需求。创建这样的资料需要一份操作的详尽视图，该视图可以捕获用户执行的特定决策。这种级别的数据捕获不仅可以让我们预测用户未来的需求，还可以回答未来可能会被提出的问题(参见第 1 章)。此外，我们还可以跨整个用户群聚合这些结果，以便发现与系统上下文有关的所有模式类型。实际上，这种方法还带来了额外的好处，那就是可以进行大数据分析。

构建这类系统需要发挥组件的专注性以及专业性。系统组件必须追求功能的精深而非繁杂。CQRS/ES 为这类应用的专注性提供了思考体系和工作基础。为了展示 CQRS/ES 的专注性和专业性，我们需要设计一个简单的订单跟踪系统。我们需要以命令形式定义领域聚合及其行为，并且以历史事件的形式记录那些行为(如果有效的话)。其中我们不仅可以访问领域聚合的当前状态，还可以溯源到目前为止过去任意时间的状态。基于这种结构，我们就有了一份天然的审计日志，可以从中推断动机，并且拥有了旨在进行分布处理的一种架构。

8.3.6　订单示例：订单命令

本小节将介绍一种大家十分熟悉的被称为订单的构造。我们之前对订单进行过介绍，理论上订单更易于我们理解 CQRS 中的不同之处。如果想要尝试更为有意思的领域，可以查看第 5 章的航班领域或者阅读后面两章。

订单领域看起来如图 8.5 所示。

订单领域是单独且原子的服务，其中唯一的交互方式就是借助通过 HTTP 发送到服务的命令，不过使用其他任何传输协议也可以完成这一任务。订单服务如何与图 8.5 右上角部分的其他服务进行交互呢？这些服务也接收命令并且也会发出有意义的业务事件。这些事件可以消费那些能够触发自身事件的服务。

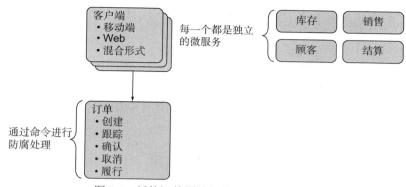

图 8.5　新的订单领域与其他领域是分离的

　　订单命令在功能上会变更订单状态，但从技术上看，并没有什么对象变更会出现，因为不可变对象是反应式应用的一等公民。命令应该尽可能细粒度，因为源自那些命令的事件都是应用事件驱动特性的构造块。例如，ChangeOrder 命令会触发 OrderChanged 事件。这个事件无法提供与订单变动有关的见解，因此消费订单事件的其他任何系统都必须消费每一个 OrderChanged 事件并且进行问询以判定订单变更是否具有相关性。

　　一种更好的、更具表达性的选择就是将事件分解为 OrderShippingAddress-Changed、OrderTotalChanged 等。其中涉及的命令如下所示：

- CreateOrder
- ChangeBillingAddress
- ChangeShippingAddress
- PlaceOrder

正如第 5 章探讨过的(其中讲解了领域驱动设计)，Order 是聚合根并且包含 OrderLine 实体。对于订单行记录的所有访问都是通过聚合根 Order 来进行的。

　　现在我们已经理解了命令的概念，8.3.7 节将介绍一种干净的方式以确保这些命令都是有效的。

8.3.7　不间断命令验证

　　不间断命令验证对于所有微服务的响应性和可用性而言都是很重要的。接收命令的微服务应该将这些命令的验证作为防腐层的职责，并且不允许污染内部的领域。同时，应该容忍和预料到失败；领域的客户端可能并不完全理解它们正发送的命令的输入和输出。可以返回肯定确认来表示命令已被接受并且尽最大努力去处理和生成由此产生的事件，也可以创建便利的失败验证的集合。客户端可以监测这些验证、进行修复处理，并且再次发送命令。当团队正在平行工作、微服

务正在迭代演化的时候，这一技术尤为有价值，可以进行快速的代码修复以便加
速集成过程。与尝试阅读另一个团队的文档以了解领域的迭代演化相比，处理眼
前的命令失败要容易得多。

我们永远不会面临运行中断的情况，因为我们构建的是反应式可响应应用。
不间断意味着要防范空值、空字符串以及数值与文本的转换兼容性，还包括可以
针对有效值的已知集合进行验证的较为复杂的结构。

代码清单 8.1 中的示例使用了 Scalactic 库。实现的详情可能会有所不同，但
契约才是重要的一点。使用基于 HTTP 的 REST，就可以将命令响应的契约表示
为包含失败验证的 JSON(JavaScript 对象表示法)列表的 400-错误请求，或者表示
为 204-已接受响应，这意味着命令被认为是有效的并且系统将尽最大努力处理命
令。代码清单 8.1 展示了对于虚拟的 Order 领域对象如何实现一些验证。

代码清单 8.1：Order 验证

```
trait ValidationFailure {
  def message: String
}

case class InvalidId(message: String) extends ValidationFailure
case class InvalidCustomerId(message: String) extends ValidationFailure
case class InvalidOrderType(message: String) extends ValidationFailure
case class InvalidDate(message: String) extends ValidationFailure
case class InvalidOrderLine(message: String) extends ValidationFailure
case class InvalidOrderLines(message: String) extends ValidationFailure

object OrderType {                       ← 一种可以针对订单类型
                                            进行验证的结构
  type OrderType = String

  val Phone = new OrderType("phone")
  val Web = new OrderType("web")
  val Promo = new OrderType("promo")
  val OrderTypes: List[OrderType] = List(Phone, Web, Promo)
}

import org.scalactic._
import Accumulation._
import OrderType._

case class OrderLine(
  itemId: String,
  quantity: Int
)
```

```
case class Order private[Order] (          ◄────  Order 的领域聚合
  id: String,
  customerId: String,
  date: Long,
  orderType: OrderType,
  orderLines: List[OrderLine]
)

object Order {

  def apply(customerId: String, date: Long, orderType: OrderType, orderLines:
    List[OrderLine]): Order Or Every[ValidationFailure] =
    withGood(
      validateCustomerId(customerId),
      validateDate(date),
      validateOrderType(orderType),
      validateOrderLines(orderLines)
    ) { (cid, dt, ot, ols) => Order(UUID.randomUUID.toString, cid, dt, ot,
      ols) }

  private def validateId(id: String):        ◄────
    String or Every[ValidationFailure] =
    if (id !=null && !id.isEmpty)
      Good(id)
    else
      Bad(One(InvalidId(id)))
```

默认的构造函数是私有的，因此可以通过在同伴对象中使用 apply()方法来确保创建时得到正确验证。所有的验证都会执行并且引发对订单的默认构造函数的调用(也就是创建订单并且返回)或者返回失败的集合

```
  private def validateDate(date: Long): Long Or Every[ValidationFailure] =
    if (date > 0)
      Good(date)
    else
      Bad(One(InvalidDate(date)))
  private def validateCustomerId(customerId: String): String or
    Every[ValidationFailure] =
    if (customerId !=null && !customerId.isEmpty)
      Good(customerId)
    else
      Bad(One(InvalidCustomerId(customerId)))

  private def validateDate(date: Long): Long Or Every[ValidationFailure] =
    if (date > 0)
      Good(date)
    else
      Bad(One(InvalidDate(date)))
```

```
    private def validateOrderType(orderType: OrderType): OrderType Or
      Every[ValidationFailure] =
      if (OrderTypes.contains(orderType))
        Good(orderType)                                每项验证都应该尽可能详尽地
      else                                             进行处理,这些验证都很简单
        Bad(One(InvalidOrderType(orderType)))

    private def validateOrderLines(orderLines: List[OrderLine]):
      List[OrderLine] Or Every[ValidationFailure] =
      if (!orderLines.isEmpty)
        Good(orderLines)
      else
        Bad(One(InvalidOrderLines(orderLines.mkString)))
  }
```

可以尝试使用代码清单 8.1 中的代码构造两次订单,一次使用有效属性,另一次尝试使用无效属性进行构造,这样就会出现代码清单 8.2 所示的输出。

代码清单 8.2:Order 验证示范

```
scala>
import com.example._
println(Order("cust1", 1434931200000L, OrderType.Phone,        正如此处所示,订
    List(OrderLine("item1", 1))));                             单创建成功了
Good(Order(14bad175-0fd9-4710-aa5b-
    c75006dc1246,cust1,1434931200000,phone,List(OrderLine(item1,1))))

scala>
import com.example._                                           订单未被创建并且
println(Order("cust1", 1434931200000L, OrderType.Phone,        返回两项验证
    List(OrderLine("item1", 1))));
Bad(Many(InvalidCustomerId(), InvalidOrderType(crazy order)))
```

代码清单 8.2 展示了如何通过不间断命令验证将失败当作业务的自然组成部分来接纳。其中表明,客户端是有缺陷的并且已经预料到无效数据的存在,不过不允许这些无效数据污染领域。代码会转而将验证结果干净地返回到客户端,这样客户端就可以正确地修改调用了。

8.3.8　冲突解决

现在我们有办法根据查询和命令来分解和分布应用了,接下来需要关注其中所要付出的一小部分代价,也就是数据一致性。要理解这个问题,请思考以下示例:塔台向一架位于 5000 米高空的飞机发出了一个命令,要求将高度降低 2000

米。然后在进港前会向同一架飞机发送同一个命令，而空港对于这架飞机飞行高度的最近一次获知的信息是 5000 米。这类行为很容易引发灾难。为了预防这种情况的出现，需要在每个命令中包含期望的聚合版本。只有匹配当前期望的聚合版本的命令才会被处理。问题在于，一项操作(命令)可能是针对基于某个领域聚合的过时假设来处理的。在分布式应用中，必须特别关注聚合版本。每次变更任何一部分的聚合状态时都会建立一个版本，并且变更将引发一个或多个事件被持久化到数据存储中，该存储可以被称为命令端的事件存储。每个命令从开始到结束都是原子的，这意味着，如果另一个命令传入，那么只有在前一个命令已经变更(修改)聚合状态之后才会处理新传入的命令。

8.4 节将介绍如何查看所有这些有价值的领域数据，现在我们使用查询端(CQRS 中的 Q)来将这些数据的查询划分成各个独立且原子的服务。

8.4　CQRS 中的 Q

本节将介绍如何处理读取数据与其派生来源的领域数据之间的阻抗不匹配。更新查询数据的异步特性提供了与数据源的干净隔离，从而不会干扰到命令端或查询端的任何运行时行为。不过这里具有较小的代价：这一设计将成为不一致性的受害者，其中领域的当前状态与依赖于这些状态的查询存储之间将总是存在一些延迟。可以确保的是，如果一系列互联的 CQRS 系统中的所有活动都停止，那么所有的数据最终都会保持一致，从而实现最终一致性。这些存储有时候又称为领域的投射。与 CQRS 和事件溯源的结合使用相反，单独使用 CQRS 时，并不会规定命令端的变更会对任何指定的查询端造成怎样的影响。

8.4.1　阻抗不匹配

当涉及为系统的客户端提供服务时，首先会遇到的挑战之一就是对象关系的阻抗不匹配。即使是非工程师人员也应该很容易理解图 8.6。将小水管和大水管连接在一起，当水从源头流出遇到较小水管的更大阻力(也就是例子中的阻抗)时，水会被往回推，并通过上游的泄漏点流出而浪费掉。在图 8.6 中，泄漏点位于大水管与水龙头的连接处。查看数据所需的查询通常都与和领域相关的数据的结构外观有所不同，这也是一种阻抗不匹配。

阻抗不匹配(impedance mismatch)这个词源自电气工程术语阻抗匹配(impedance matching)。在电路设计中，阻抗会妨碍来自某个源的电流流动。概念就是：当一个组件向另一个组件提供电能时，第一个组件的输出端具有与第二个组件的输入端相同的阻抗。因而，当这两个组件的阻抗相同时，才能实现电能的最大化传输。

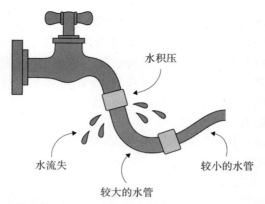

水积压

水流失

较小的水管

较大的水管

图 8.6   水流中的阻抗不匹配。水从大水管流入小水管，从而造成非预期的
反向流动并且造成水的流失

当读取和写入之间存在阻抗不匹配时，就会对标准的 CRUD 关系型应用形成
严峻的挑战。采用 CRUD 的面向对象领域模型依赖于封装和隐藏底层属性与对象
的技术。这个问题会产生 CRUD 语义，也就是需要使用对象关系映射(ORM)，必
须暴露底层内容以便转换为关系模型，因而也就违背了面向对象编程(OOP)的封
装法则。这个问题虽然并非特别严重，但却会削弱我们进行分布式处理的能力。

图 8.7 展示了软件中的一种阻抗不匹配。

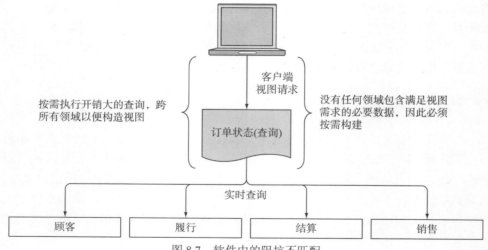

客户端
视图请求

按需执行开销大的查询，跨
所有领域以便构造视图

没有任何领域包含满足视图
需求的必要数据，因此必须
按需构建

订单状态(查询)

实时查询

顾客

履行

结算

销售

图 8.7   软件中的阻抗不匹配

使用图 8.7 作为参考，假设我们希望查看完整的订单状态以便获得订单的历
史全貌，比如谁销售出去的、购买了什么、发货内容是什么、收了多少现金，等
等。由于领域被很好地分解了，甚至被分解成了单独的服务，因此 Order to Cash

视图实际上并不存在——当然也就并非一等公民。订单状态必须基于客户端需求通过跨所有必要领域进行查询来构建，而这是难以保持协调一致的一项高成本操作，更不用说可扩展性方面的成本了。我们明显缺失的就是作为一等公民的查询。这一场景揭示了现实与客户端期望的查看方式之间的阻抗不匹配。由于大水管对小水管造成了冲击，因此尝试实时拼凑出一种客户端呈现形式的做法是会出问题的，这样虽然不会导致水的流失，但会造成性能降低并且加大风险和错误。

8.4.2　什么是查询

　　CQRS 查询就是对领域或领域组合进行任意读取。相关的领域数据被认为是领域的投射。投射就是领域状态在某个时间点的一种快照，并且将与派生来源的事件保持最终一致。命令端的领域很少会被直接读取，但会用于构建客户端可以快速读取的当前状态。在 CQRS 查询中，读取端不会执行计算；数据总是就绪的，等待根据客户端的需求而被读取和索引。存储成本很低，因此不同的客户端数据需求意味着多个投射，从而避免像添加辅助键这样的反模式，另外还可以避免更糟糕的局面——在投射内搜索造成的表扫描。查询投射可以像任意领域的最新状态那样简单，也可以像来自不同领域的数据那样复杂。图 8.8 展示了 Order to Cash 场景，这可以充当查询端的完美示例。

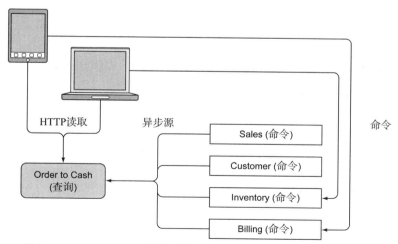

图 8.8　Order to Cash 查询端持续提供命令端事件以便实现自我构建

　　图 8.8 中包含销售、顾客、库存和结算的命令端，它们可以异步地为 Order to Cash 查询模块提供数据源。当客户端进行调用以便查看 Order to Cash 时，所有的数据就会被构建并且等待。

　　现在查看简单的员工事件数据投射，假设命令端在使用事件溯源(8.5 节将进行探讨)。对于这个例子而言,我们的目标是理解该例不包含某个员工的单一表示,而是有多个事件会表明员工从头至尾的所有状态变迁。在这个例子中,公司雇用了一名员工,修改了其薪水级别,后来这名员工被解雇了。这个例子使用了一个查询投射,它是关于这名员工的一个静态视图,以便展示这名员工在任意指定时间点的当前状态。领域没有提供员工的当前状态,而是展示随时间推移发生在这名员工身上的一系列事件。假定人力资源部门需要用一个视图来显示所有在职员工,于是需要 JSON 来表达事件数据的内容以便读取能够顺利进行。原因在于,单个领域的不同事件通常会被写入同一个事件日志/表,所以每个事件都拥有不同的历史痕迹,并且这些不同格式的事件并不适合使用列表形式来呈现。

表 8.1 展示了随时间推移发生在员工身上的事件。

表 8.1　发生在员工身上的事件

编号	事件
1	EmployeeHired({"id":"user1","firstName":"Sean", "lastName":"Walsh","payGrade":1,"version":0})
2	EmployeeNameChanged({"id":"user1","lastName":"Steven","version":1})
3	EmployeePayGradeChanged({"id":"user1","payGrade":2,"version":2})
4	EmployeeTerminated({"id":"terminationDate":"20150624","version":3})

员工的读取投射基于员工的 ID 索引,并且虽然这个示例仅展示了一名员工,但投射中其实包含所有的员工。

在第 3 个事件 EmployeePayGradeChanged 之后,就会出现如表 8.2 所示的员工读取投射。

表 8.2　解雇行为发生之前的员工读取投射

ID	lastName	firstName	payGrade
user1	Steven	Sean	2

在完成 EmployeeTerminated 事件,进而完成所有的事件之后,查询投射就会变成空的,因为这名员工已经不再存在于消费者的视线之中。注意,尽管由于解雇行为从职能上看这名员工已经不存在,但是事件日志仍旧存在。这些数据对于一些使用场景而言是很有价值的,比如回聘以及用于劳动合同目的的数据保存。

表 8.3 展示了解雇行为之后的员工读取投射。

表 8.3　解雇行为之后的员工读取投射

ID	lastName	firstName	payGrade
NA	NA	NA	NA

由于这个查询会在后台持续被更新，因此数据总是处于热状态，准备和等待被读取。这一在后台对读取数据进行的异步构建处理将消除大部分阻抗不匹配现象。

8.4.3　不必动态查询

在 CQRS 查询中，数据是被异步聚合的并且总是处于准备就绪和等待状态。CQRS 方法由于减少了延迟，因此在用户体验方面的差异有时候是惊人的；一眨眼的工夫界面就渲染完了。所见即所得。查询时并没有进行什么神奇的处理。数据库中的数据具有一定的大小和形状结构，并且这种大小和形状结构会被客户端原样接收，尽管这些数据会被处理为 JSON。读取端的这一独特设计使得更易于支持、跟踪异常，以及在不深入分析和调试代码的情况下对应用进行调试。

在 CRUD 场景下，查询的运行和维护将变得代价高昂，并且有时候需要持续调优。在旧的单体式应用中，客户端请求聚合领域数据的情况是很常见的——跨多个领域上下文混合的领域数据。尝试在运行时获取这些数据的做法是不可取的；之所以这样说，是因为我们已经完成了这样的处理，并且这样做会形成明显的问题源。这一模式需要领域层的适配器才能展示，并且会多次调用后端领域以便创建聚合数据传输对象(DTO)。另一种模式是，从展示层直接对数据库进行SQL/NoSQL 请求，绕过领域。如果这样设计系统，展示层和数据库就会紧耦合并且无法被分布部署。

8.4.4　对比 SQL 与 NoSQL 数据库

我们大多数人都曾在职业生涯的某段时间使用过 SQL(关系型)数据库，并且那些数据库运行良好。可以将 SQL 用于事件溯源以及 CQRS 查询端，具象化的列模型(其中每一列及其类型在设计时都是已知的并且在表中被列举出来)相较于NoSQL 而言是不灵活的。NoSQL 允许存储包含设计时无须知晓的任意数量属性的文档，这样一来，相较于包含严格表字段集合的关系型模型的构造而言，CQRS/ES 系统的构造速度更快且更敏捷。使用 NoSQL，就可以将对象及其各种字段序列化到一个表中。这个表还可以包含多种大小和形状不同的对象类型，从而能够轻易地存储领域类型的所有事件。使用 SQL，就必须事先知晓各个列并且在事件或读取存储随时间推移而变更时持续维护迁移脚本——通过使用如今现成的任意一种出色的开源 NoSQL 解决方案就可以避免大量的开销。

到目前为止，本章已经介绍了 CQRS 的不同路径以及命令和查询端的不同特性。它们的关联方式正是事件溯源天然适配以及完美契合 CQRS 之处，8.5 节将对这一点进行探讨。

8.5　事件溯源

事件溯源会让所有领域行为的源变成领域中已经发生的事件的累积。没有哪个订单会作为领域的一部分而存留在任何数据库中。任何时间点的订单状态都是事件的累积回放。可以独立于 CQRS 之外使用事件溯源,虽然这两者是互补的,因为命令会引发事件。之前讲解过,有鉴于遗留系统和基础设施,采用消息驱动架构的大型客户端会过于笨重;有时候必须做出妥协。本章将重点讲解 CQRS 和 ES 的结合使用。

8.5.1　什么是事件

事件代表领域中某件有意义的事情已经发生并且通常都是过去时,比如 OrderCreated 或 OrderLineAdded。事件都是不可变的,因为它们代表着在某个时间点发生的某件事情并且都会被持久化,这意味着它们会被存储在事件日志中,比如像 Apache Cassandra 这样的可分布数据库。在任意时间点,都可以通过在这一时间点之前顺序累积的事件来查看领域状态。这些事件甚至包含删除,删除同样是累加式的,就像其他所有事件一样。删除并不会像 CRUD 中那样真实发生,删除只是表明领域对象在这一时间点不再存在而已。事件是消息驱动的基础,并且是在微服务之间提供有意义通信的绝佳方式。因为一些领域可能具有大量事件,这会造成回放事件以便推导当前状态所需的耗时不断增加,所以出现了快照这一概念。稍后将对回放、内存中状态以及投射进行详细探讨。

如图 8.9 所示,一份订单就是随时间推移而产生的事件的合计。

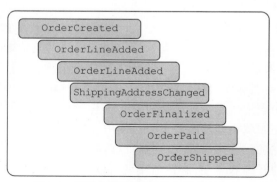

图 8.9　随时间推移的事件合计就是订单

事件溯源太棒了

2014 年春,许多在技术方面有影响力的人出席了 PhillyETE 大会。在那次会议期间，笔者与来自 Typesafe 的人士以及 Akka 团队的负责人 Roland Kuhn 博士共进了晚餐。其间 Greg Young 也参与进来，我们有幸进行了会面并且共同参与了一些讨论。

我们谈到了 CQRS 和 Akka，以及我们为一些微服务实现命令溯源的方式。Greg 从几个方面对我们的实践方式做了指导，其中最明显的用例涉及与命令相关的一次性操作，比如绝不会用事件回放来重复的信用卡交易。在这次探讨结束时，Roland 和 Akka 团队决定将几乎所有对于命令溯源的引用从 Akka 持久化文档中移除，并且只拥抱事件溯源。这样的结果非常好！

1. 快照

如果一个领域有数百万个事件，那么物化这一领域中的状态就毫无性能可言，解决方案是使用快照。快照涉及使用与事件日志分离的存储，这意味着对整个领域的状态定期进行保存。回放是指基于事件历史对状态进行全面或部分重建。在回放时，快照是会被首先检索的对象；发生在快照之后的所有事件都是基于快照回放的。

思考一下能源行业。代表大型工业蓄电池的领域涉及各种电量读数。每一秒都会产生读数来表示充电和放电的千瓦数。蓄电池状态包含千瓦时容量。这些事件会增加和减少这一容量。每一天都会将一个快照保存到数据库中，这样就无须回放所有的事件了。

2. 回放和内存中状态

回放就是对以各自存储机制存储的快照和事件的顺序检索。回放的实现与从表中读取最新快照一样简单，其中所需的就是查询自快照之后发生的所有事件，并且让领域对象逐个应用那些事件。Akka 持久化对于此处的处理有一种优雅的解决方案，因为回放和快照都是内置的。你需要将像订单这样的领域建模为持久化参与者。在实例化该参与者时，Akka 持久化会自动将快照和所有合适的事件作为消息发送给该参与者。基于此，当前状态的物化就只不过是从那些消息中构建参与者内部的私有状态而已。这一状态所起的作用就像订单的投射一样，并且可以用一种高性能且分布式的方式来对订单进行查询。

回放是事件溯源的一项重要特性，其中不会确保所有产生的事件都会被每一个消费者接收到并且被成功处理。活动部件之间并不存在完全可靠的消息传递——因此，在存在疑问时需要进行回放以便重建应用状态。

回放的另一有价值的应用就是发送数据。微服务通常无法确保像与之交互的服务那样具有相同的启动和停止时间。种子数据提供了一种能力，可以让服务在重新联机以及环境中的新服务被首次拉起时获取到缺失的所有事件。回放的帮助价值很大!

8.5.2　所有一切都与行为有关

使用事件溯源,就可以用事件模拟真实场景,并且不会丢失任何行为。在未来的某个时候,就可以回答业务可能将会提出的问题。事件会捕获映射到真实场景中的真实序列化行为。在查看 CRUD 概念时,我们会看到一组非业务操作:创建、读取、更新、删除。这些操作并非有意义的行为;幸运的是,我们可以不使用它们,而是通过事件来明确表示领域。

8.5.3　分布式事务之外的考虑事项

如果不使用可信赖的 ACID 事务(其中对于订单的更新可以包含对顾客的更新,从而形成单个操作单元),我们应该怎么办呢?这些事务都易于使用以确保多个操作的完成,其中使用了 ORM 并且对分布处理会造成很大影响。事实证明,这些跨边界事务在大多数时候都是不必要的。我们应该仔细思考罕见场景中的服务水平协议(SLA),在这些罕见场景中,有序事务必须作为单个单元来处理。在大多数情况下,都可以依赖跨微服务边界的最终一致性来取代传统事务。通常,强一致性都是应用设计中的默认考量。当一致性是我们的首选时,就可将一致性的优先级置于可用性之上,从而造成默认的高昂代价。

在需要较强一致性的情况下,可以采用 Saga 模式(第 5 章探讨过)。这一模式是使用 Akka 中的 Process Manager Pattern 来实现的。使用这一模式,就可以用一种编排形式来执行跨不同上下文的一系列命令或其他消息。Saga 模式是一种状态机,因此每个状态都具有面对故障的恢复逻辑。

8.5.4　订单示例

本小节将使用 Akka 持久化参与者将领域作为 CQRS/ES 命令端来建模。其中将展示如何通过使用版本来确保订单领域的一致性,还将展示对领域状态、命令和事件的建模示例。

因为领域状态是随时间推移而发生的事件的一种作用结果,所以通常有必要对不考虑任何一致性方案的领域的最近状态(受保障的最新状态)进行建模。可以通过使用像 Apache Cassandra 这样的分布式数据库并且通过使用一种读取投射(这是数据库中存储的当前状态的画像)来实现这一模型。不过,状态是最终一致的,并且不包括最近状态保障。

为了获得当前状态的最有保障的视图,需要使用 Akka 持久化来对领域进行建模。在参与者集群中使用单个持久化参与者来表示单一领域对象时，参与者可以包含当前状态并且可以是对领域对象的单点访问。在以这种方式使用参与者时，就可以无偿获得缓存，因为参与者可以包含多个针对每个新事件或回放事件来更新的内部变量。这一可变状态是可以接受的，因为它对于参与者而言完全是内部的，因而也就是线程安全的。这些参与者实现也是单例的(对于任意指定的聚合，处于运行状态的系统都只有一个实例)，因此在命令处理期间，当聚合正在进行决策时并没有竞争风险。

　　代码清单 8.3 展示了如何使用 Akka 持久化参与者对状态进行建模，还展示了被建模为持久化参与者的订单聚合的状态管理。

代码清单 8.3：持久化订单参与者

```scala
package com.example

import java.util.UUID
import akka.persistence.PersistentActor
import org.scalactic._
import Accumulation._
import OrderType._                          // 用于整洁封装的订单参
                                            // 与者的同伴对象
object OrderActor {
  object OrderType {
    type OrderType = String
    val Phone = new OrderType("phone")
    val Web = new OrderType("web")
    val Promo = new OrderType("promo")
    val OrderTypes: List[OrderType] = List(Phone, Web, Promo)
  }
                                            // 表明命令被接收的
                                            // 简单确认对象
  case object CommandAccepted

  case class ExpectedVersionMismatch(expected: Long, actual: Long)
                                            // 所有命令都必须指定订
  case class CreateOrder(                   // 单的上一个已知版本
    id: UUID,                    // 创建和添加订单记
    customerId: String,          // 录行的命令
    date: Long,
    orderType: OrderType,
    orderLines: List[OrderLine])

    // The add order line command.
  case class AddOrderLine(
    id: UUID,
```

```
      orderLine: OrderLine,
      expectedVersion: Long)

    case class OrderCreated(
      id: UUID,
      customerId: String,
      date: Long,
      orderType: OrderType,
      orderLines: List[OrderLine],
      version: Long)

    case class OrderLineAdded(
      id: UUID,
      orderLine: OrderLine,
      version: Long)
}

class OrderActor extends PersistentActor {

    import OrderActor._

    override def persistenceId: String = self.path.parent.name + "-" +
      self.path.name

    private case class OrderState(
      id: UUID = null,
      customerId: String = null,
      date: Long = -1L,
      orderType: OrderType = null,
      orderLines: List[OrderLine] = Nil, version: Long = -1L)

    private var state = OrderState()

    def create: Receive = {
case CreateOrder(id, customerId, date, orderType, orderLines) =>
    val validations = withGood(
      validateCustomerId(customerId),
        validateDate(date),
        validateOrderType(orderType),
        validateOrderLines(orderLines)
      ) { (cid, d, ot, ol) => OrderCreated(UUID.randomUUID(), cid, d, ot, ol,
      0L) }
      sender ! validations.fold(
        event => {
          sender ! CommandAccepted
          persist(event) { e =>
```

订单已创建和订单记
录行已添加的事件

这个参与者在集群
中具有单一实例

参与者的内部状态，每次处理
命令时都会修改这一状态

在订单未被创建时使用，
生成订单的初始化状态

```
      state = OrderState(event.id, event.customerId, event.date,
    event.orderType, event.orderLines, 0L)
      context.system.eventStream.publish(e)  ◄
      context.become(created)
    }
  },
  bad =>
    sender ! bad
)
}
```

在验证成功之后，就可以存储事件并且执行影响任意一端的逻辑，比如通过事件流将事件发送到干系方、转向新的命令处理程序以及更新状态

created 处理程序会处理除创建外的其他命令，这行命令展示了订单是如何添加的

```
def created: Receive = {  ◄
  case AddOrderLine(id, orderLine, expectedVersion) =>
    if (expectedVersion != state.version)
    sender ! ExpectedVersionMismatch(expectedVersion, state.version)
    else {
    val validations = withGood(
      validateOrderLines(state.orderLines :+ orderLine)
    ) { (ol) => OrderLineAdded(id, orderLine, state.version + 1) }
    .fold(
      event => {
        persist(OrderLineAdded(id, orderLine, state.version + 1)) { e =>
          state = state.copy(orderLines = state.orderLines :+
e.orderLine, version = state.version + 1)
          context.system.eventStream.publish(e)
        }
      },
      bad => sender ! bad
    )
  }
}
```

设置初始化命令处理程序以便创建分部函数，也就是聚合的第一个状态

receiveRecover 会从过去已发生的事件中构建状态。其中无须验证。当参与者被集群实例化时就会进行恢复

```
override def receiveCommand = create  ◄

override def receiveRecover: Receive = {  ◄
  case CreateOrder(id, customerId, date, orderType, orderLines) =>
    state = OrderState(id, customerId, date, orderType, orderLines, 0L)
    context.become(created)
  case AddOrderLine(id, orderLine, expectedVersion) =>
    state = state.copy(orderLines = state.orderLines :+ orderLine, version =
    state.version + 1)
}

def validateCustomerId(customerId: String): String Or
  Every[ValidationFailure] =
  if (Option(customerId).exists(_.trim.nonEmpty))
```

```
        Good(customerId)
      else
        Bad(One(InvalidCustomerId(customerId)))

    private def validateDate(date: Long): Long Or Every[ValidationFailure] =
      if (date > 0)
        Good(date)
      else
        Bad(One(InvalidDate(date.toString)))

    private def validateOrderType(orderType: OrderType): OrderType Or
        Every[ValidationFailure] =
      if (OrderTypes.contains(orderType))
        Good(orderType)
      else
        Bad(One(InvalidOrderType(orderType)))

    private def validateOrderLines(orderLines: List[OrderLine]): List[OrderLine]
        Or Every[ValidationFailure] =
      if (!orderLines.isEmpty)
        Good(orderLines)
      else
        Bad(One(InvalidOrderLines(orderLines.mkString)))
}
```

正如我们所看到的,Akka 持久化提供了一种优雅的方式来处理 CQRS/ES 领域设计的方方面面,其中包括干净且不间断的验证以及无妥协的数据一致性。接下来我们再次介绍存在于 CQRS/ES 这一新环境之中的一致性关注点。

8.5.5   再谈一致性

由于查询端和命令端之间存在间隔,也就是所说的关注点分离,因此查询端和命令端都是消息驱动的并且使用事件来保证最终一致性。一致性也就成了需要考虑的重要方面。一致性描述了分布式数据是如何跨分布式系统传播的,并且规定了跨分区边界查看数据的方式。计算领域中使用的三类一致性分别是强一致性、最终一致性和因果一致性,后面将对它们进行讲解。

1. 强一致性

强一致性会确保所有数据跨所有分区、在同一时间并且以相同顺序可见。强一致性的实现代价很高,并且会妨碍应用的分布式部署。令人惊讶的是,一段时间以来强一致性一直是系统开发中一致性的首选方法。在将数据库事务和像

Hibernate 这样的 ORM 结合使用时，就会得到这一级别的一致性，不过大部分情况下都没有需求表明需要这样的一致性。仔细思考强一致性的任何使用场景，由于支持这一级别一致性的唯一方式就是将相关系统紧耦合起来，因此这会导致单体式应用的出现。建议绝不要跨分布式边界来使用强一致性，因为代价太过高昂。

2. 最终一致性

最终一致性的成本较低且易于实现，我们应该力求让最终一致性成为一致性模式的首选。这样数据最终就会变得跨分区一致，不过时机和顺序无法保障。应该让最终一致性成为首选方案并且(希望是)唯一的一致性模型。最终一致性的典型流程就是：CQRS 命令端通过使用像 Akka 集群这样的某种总线发出事件；另一个微服务的读取端是事件监听器参与者，它会订阅 Akka 事件流中的事件；在接收到任何这样的消息时，事件监听器参与者就会判定消息如何影响它所监管的读取投射并且相应地变更那些投射以便匹配领域的最新状态。

3. 因果一致性

因果一致性是代价第二大的一致性模型，我们应该尽可能避免使用，虽然很可能会遇到需要使用因果一致性的使用场景。因果一致性会确保所有分区以相同顺序但并非同时看到相同的数据。可以将因果一致性视为跨微服务/领域的一种编排。

8.5.6　重试模式

在分布式的反应式应用中,实现 100%可靠的消息传递是很难且不太可能实现的，不过我们可以尽最大努力通过使用持久性消息传递(Kafka 或 RabbitMQ)或 Akka 集群中的消息递送语义来尽可能确保消息传递的可靠性。

Akka 消息传递语义允许我们重试参与者之间的消息递送，直到获知消息被递送到接收方为止。以下列表描述了这些语义：

- 至少递送一次是成本最小的重试方法,其中需要发送端维护优异的消息存储。使用至少递送一次的机制，发送方将总是需要尝试重新递送消息，直至接收到来自接收方的接收确认消息。使用这种机制，可能就会递送一条消息多次，因为接收方可能正在接收但是难以发送出确认响应。
- 正好递送一次是代价较大的消息传递方式,其中发送端和接收端都需要使用存储。使用正好递送一次的机制，消息在被接收之前就会被重试，并且要确保接收方只处理消息一次。

如果可能，应该总是使用至少递送一次机制。

8.5.7 对比命令溯源与事件溯源

命令溯源就是将命令而非事件作为日志记录的源，而事件溯源则是日志记录事件。命令溯源会造成如下问题：命令并不总是会引发领域状态的变更并且会被拒绝。因此，我们又怎么会希望将拒绝的命令用作领域的核心部分呢？这样做是毫无道理的，除非出于审计目的明确需要这样做，并且在这样的情况下，事件也应该被用作日志记录的源。

命令溯源的另一个问题在于，回放是 CQRS/ES 的重要组成部分。命令可能会引发副作用，比如一次性的信用卡交易，而事件则发生在这种逻辑之后并且可以在不具有任何副作用的情况下用于回放和重建领域状态。命令回放很复杂且容易出问题，应该避免使用。如果可能，请坚持使用事件溯源。

8.6 本章小结

- CQRS 让非单体式架构的实现变得容易，因为读取与写入操作是分离的，这两者通常会作为单独的应用而存在。
- CQRS 提供了一种简单的方式来实现隔板式应用。
- 关系数据库通常无法扩展，因为具有事务性。
- 事件溯源为消息驱动提供了良好的基础，并且会确保不会丢失任何历史行为。
- Akka 提供了一种开箱即用的优雅的 CQRS 和事件溯源解决方案。
- 仔细考虑一致性模型的选择，并且总是倾向于选择代价较小的最终一致性方案。

第 **9** 章

反应式接口

　　现在我们已经知道了如何构建包含 CQRS 命令或查询功能的微服务，那么具体如何一步步实现呢？客户端如何使用这些崭新的反应式应用呢？现在我们需要使用服务接口，从而将服务与使用场景连接起来。服务接口(或 API)就是供客户端以及其他服务与特定服务交互的方法。本章将介绍如何使用最常用的反应式工具和标准来创建服务接口，还会介绍如何为服务添加 RESTful 接口，并且讲解像身份验证、日志记录和引导启动这样的基础知识。

9.1　什么是反应式接口

反应式接口被视为服务的最外层。如今，占据压倒性优势的首选接口实现选项就是基于 HTTP 的表述性状态传输(REpresentational State Transfer，REST)。REST是一种轻量级接口，通常使用 JSON (JavaScript Object Notation，JavaScript 对象表示法)作为所选的负载。有时候也会使用可扩展标记语言(Extensible Markup Language，XML)，但结果更为冗长。本章将重点介绍如何为 UI 这样的 RESTful客户端提供服务，但不会讲解用作接口的流式处理。

9.1.1　API 层

反应式应用在所有层上都是反应式的，其中就包括 API 层。接口应该是非阻塞且可响应的。正因为位于反应式的 CQRS 服务之上，所以命令端接口的执行会很快，原因在于，传入的命令都是由服务实时接收并且立即响应的。查询端的执行也同样很快，因为查询数据的读取无须处理或连接，所以数据会立即返回。

本章虽然主要关注 RESTful API，但有时候也可以在服务之间使用序列化对象通信来解决问题，尤其是在那些服务都运行在同一个 Akka 集群上时。如果可以使用这一通信类型，请力求实现，并且免除 JSON Marshaling 的开销以便支持友好的样本类。

9.1.2　无头 API

无头 API(Headless API)描述了每个服务包含自身接口的需要。图 9.1 展示了两个包含无头 API 的服务。重要的是，每个服务都应该独立部署和扩展，并且每个服务都具有通向外部的接口。这种接口要提供对服务特定功能的访问，但不会规定服务数据应该如何展示或消费。服务消费与服务数据使用方式的分离是通过无头API 来实现的。

在过去，你可能已经构建过包含图形化用户界面(Graphical User Interface，GUI或 UI)的应用。

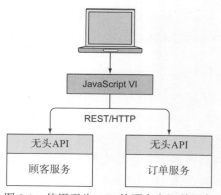

图 9.1　使用无头 API 的顾客和订单服务

UI 设计是与业务逻辑的实现紧耦合的，并且在许多情况下都包含嵌入的业务逻辑。无头 API 将特定功能领域作为接口提供，比如 REST，并且将

UI 呈现的业务留给了 UI 设计者和编码者，他们可以使用像 Angular.js 和 Backbone.js 这样的 JavaScript 库。以往的实现方式就是单体式应用，这种应用提供了所有的页面，其中使用了 Java Server Pages (JSP)、Java Server Faces (JSF) 或其他某种来自应用本身的后端 UI 机制。无头 API 将 UI 与应用解耦开来，从而解放了前端开发人员，让他们能够专注于为用户提供愉快的交互体验，而无须考虑解决业务问题。同样，API 层——应用——也不用关心原始数据的呈现方式。UI 开发人员则使用可用的服务 API 来构建最佳的、最具响应性的展示方式。后端则要提供一种轻量级的 RESTful 接口，如图 9.2 所示。

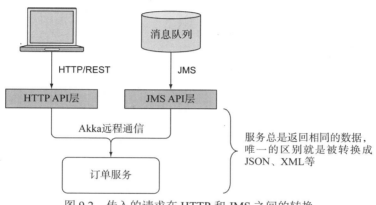

图 9.2　传入的请求在 HTTP 和 JMS 之间的转换

　　如前所述，微服务有一个可用于任意消费者的单独 RESTful 接口，比如 JavaScript 客户端。9.2 节将更为详尽地探讨 REST 和 JSON，其中包括接口通常的样式结构。

　　我们应该将 RESTful 或其他任何 API 视作位于服务逻辑之上的层，并且将函数视作服务的无声适配器。服务接口的选取很简单，可以使用消息队列来替代 HTTP，而服务执行职责的方式并没有任何区别。因此，最重要的就是不要在 API 层包含任何业务逻辑。你需要将传入的请求转换为服务层可以理解的请求，比如使用样本类作为有效负载将消息传递到服务参与者。在最终为客户端提供响应之前，来自服务的响应也会被转换回 API 协议 (HTTP/REST/JSON)。

9.2　表述性 RESTful 接口

　　REST 和 JSON 已经成为使用 HTTP 的服务接口的首选协议。相较于简单对象访问协议 (Simple Object Access Protocol，SOAP) 和 XML 而言，REST 更受欢迎一些。SOAP 冗长且复杂，而 XML 更冗长。REST 和 JSON 提供了一种更简单且更易用的解决方案。SOAP 并不简单，SOAP 需要一种以包含模式文档中的 XML 描述的严格接口，这样才能访问服务。REST 则简单得多。如果有可用的 RESTful 服务并且我们知道如何调用，那就一切就绪了。JSON 内的有效负载都是自由形式的，并且可以包含服务器期望的任何属性，这就带来了巨大的灵活性。

后面将揭示较老版本的 XML 与如今更常用的 JSON 之间的区别，还会介绍如何使用 REST 和 JSON 创建最具描述性且最直观的接口。

9.2.1 对比 JSON 与 XML

下面的示例展示了如何获取订单的 JSON 有效负载：

```
{"orderId": "12345", "status": "Shipped", "items": [{"itemId": 321, "name":
    "sink"}, {"itemId": 987, "name": "faucet"}, {"itemId": 756, "name":
    "drain"}]}
```

只要理解了以下几个概念，就可以阅读 JSON：
- 像订单或商品这样的任何对象都包含在大括号中。
- 对象的集合都包含在方括号中。
- 所有的属性名称都包含在引号中。
- 字符串类型的属性值都包含在引号中，数值类型的值则不用。

现在使用包含相同内容的 XML 对比一下 JSON：

```
<order><id>12345</id><status>Shipped</status><items><orderItem><itemId>321</
    itemId><name>sink</name></orderItem><orderItem><itemId>987</
    itemId><name>faucet</name></orderItem><orderItem><itemId>756</
    itemId><name>drain</name></orderItem></items></order>
```

可以看出，XML 有点样板文件的味道，并且难以阅读。但是，只要对 JSON 有一定的了解，就可以轻易地理解 JSON 片段。想象一下 XML 中的复杂数据结构会是多么笨重。

HTTP 头也被用于请求和响应，其中描述了有效负载类型以及其他的元数据。在使用 JSON 时，必须将 Content-Type 头信息设置为 application/json 这个值。

9.2.2 表述性 RESTful 接口 URL

在任何语言中，合格的 API 都要清晰地表述针对该 API 的任意指定调用的意图和能力。HTTP 得到应用已经有很长一段时间了；HTTP 规定了清晰的谓词以及对于任意指定调用的响应码，可以使用它们尽可能地标准化 RESTful API。下面是使用最频繁的谓词：

- POST——POST 表明创建了一些新的内容。对于像添加新的顾客订单这样的业务而言，就要使用 POST。
- PUT——PUT 意味着希望对已经存在的内容直接进行修改，比如修改订单的发货日期。
- GET——GET 是对于一项或多项内容的简单读取，比如读取订单。GET 可以包含查询参数(/orders?id=order1)或 URL 组成部分(/orders/order1)。后一种 URL 风格应该作为首选。
- DELETE——当希望删除某些内容时就要使用 DELETE，比如删除订单。

在将命令发出到命令端服务时，需要使用 POST。CQRS 应用仅使用 POST 或 GET 谓词。

响应码也很重要，应该始终如一地使用以满足通用目的。这些响应码包括：

- 200/OK——通常在成功获取时返回。
- 201/Created——一次成功的 POST 或 PUT 结果。
- 202/Accepted——表明请求将被处理，不过并不确保输出。这个响应码用于命令端接收命令并且尽最大努力处理那些命令。
- 400/BadRequest——表明 URL 不正确或者 POST 或 PUT 包含奇怪或不正确的数据。这个响应码用于返回失败的命令验证以及 JSON 格式化失败的原因。
- 401/Unauthorized——表明无法访问 URL。
- 404/NotFound——表明 GET 执行并没有在服务端找到可以返回的数据。
- 500/InternalServerError ——最不友好的响应类型，应该尽量避免。不过，这本来就是反应式应用以及所有其他应用的天性，处理过程有时候就是会失败。

9.2.3　Location

实际上，对于创建、读取、更新和删除 Web 应用而言，用于 POST、PUT 和 DELETE 的 URL 都是相同的；唯一的区别在于 URL 中使用的谓词。最佳做法是，为成功的 POST 返回“Location”HTTP 头信息。这种 HTTP 头信息的值就是一个 URL，这个 URL 表示为客户端进行后续访问而创建的实体。对于订单而言，这种 HTTP 头信息看起来如下所示：

```
"Location": "/orders/order1"
```

客户端应该会知晓一些关于服务端的信息并且将位置附加到服务端 HTTP 地址。仅返回如上相对 URL 是最佳做法；无须在服务实例之前添加主机名或 IP 地址，因为它们可能随时都会变更。

现在你已经熟悉了 REST 的最佳且最具表述性的用法，接下来介绍一些可用的反应式 API 库。

9.3　选择反应式 API 库

有大量的 Scala 和 Java 库可用于提供 RESTful HTTP 服务。本节将介绍最可能用到的一些候选库：Play、Akka HTTP 和 Lagom。Lagom 比较新，但似乎正在成为集群环境中协同工作的 RESTful 应用的首选框架，Lagom 正以一种专断的方式坚定地拥抱 CQRS 和事件溯源。

> **Lagom**
>
> Lagom 不只是 RESTful 框架，Lagom 还是本书探讨的所有内容的组合。Lagom 的意思是不要过大也不要过小，这是对应该如何使用领域驱动设计来衡量微服务大小的一种认定。Lagom 是对 Akka 和 Play 的抽象，其中包括 CQRS、事件源、将 Kafka 用作消息传递的基架以及将被用作默认数据库的 Apache Cassandra。虽然所有这些都可以被其他选择替代，但是我们认为，Lagom 是构建完全解耦、反应式和协作性微服务的最简单方法，可以降低人力、维护和硬件成本。
>
> 对 Lagom 与 Spring 这样的框架进行比较是不公平的，Spring 旨在构建独立工作的简单服务。问题在于，分布式微服务需要一种易于理解的方式来提供协作式微服务系统。对这些服务进行设计，让它们在解耦的情况下协同工作是十分棘手的命题，而 Lagom 很好地涵盖了这一命题。但事实是，构建可伸缩的系统并不像构建用于少数用户的系统那么简单。Lagom 提供了防护机制和抽象，使完成这一困难的任务变得更容易。

9.3.1　Play

Play 开源框架(https://www.playframework.com)很成熟，并且为许多企业提供了高水平的扩展支持。我们已经在大规模、高吞吐量的环境中成功使用了 Play。对于大型的饮食和健康客户端而言，使用 4 个 Play 服务实例的负载均衡集合，就可以通过由 Apache Cassandra 集群支持的 Play 将大量用户数据迁移到新一代的服务中，并且能够支持大约每秒 12 000 个 POST 请求。性能非常好！

Play 提供了一种稍微有点专断的方式来构建完整的、可用于生产环境的服务。Play 免除了我们为应用布局、日志记录、配置、本地化和健康监控而重新发明轮子的麻烦。Play 通常用于构建无状态的应用，其中包含由大型数据库支持的任意数量的 Play 实例。在这种场景中，应用状态都包含在数据库中，在操作之前必须读取它们。当应用节点是无状态的时候，状态就会包含在数据库中，而这就涉及因果一致性的问题(当必须在领域中执行原子顺序操作时)。在使用无状态之前,应该仔细考虑使用场景。可以使用与 Akka 集群耦合在一起的 Play,以便获取中间层里的原子性以及内存中状态,但是这种方法需要做一些处理工作,并且最好使用 Lagom 来完成这类工作。Lagom 的应用都是集群化的,并利用持久化参与者来表示领域聚合单例。图 9.3 显示了典型的 Play 运行时布局。

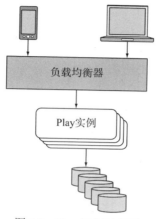

图 9.3 Play 运行时布局

图 9.3 中的架构很简单,负载均衡器会在所有 Play 实例之间传递请求。每个实例都由大型数据库集群(比如 Apache Cassandra)提供支持。

9.3.2 专断

专断这个话题值得单独讨论。作为创建新事物的初创公司的软件技术人员,我们要避免使用专断式的框架作为规则,以便在选择技术栈的各个方面时都能获得最大的灵活性。笔者曾经构建过一个复杂的物联网(IoT)能源应用,并且认为这个观点在当时那种环境中是有依据的。遗憾的是,当时是在构建框架,而不是仅仅关注于业务用例。使用框架来完成技术方面的繁重工作总是更好的,特别是在处理分布式应用的复杂性时。Play 的专断特性(就这一点而言还包括 Lagom)对于大多数团队都是有好处的。如果使用不那么专断的库(比如 Akka HTTP),团队就可能会以不同的方式构建相同类型的服务。

9.3.3 Play 应用的结构

Play 指定了一种默认的文件夹布局。在大多数情况下,不建议更改默认布局,因为对于具有 Play 经验的开发人员来说,加入一支团队并且能够立即识别出项目结构是非常有帮助的,这可以减少上手时的麻烦。Play 应用的结构如图 9.4 所示。

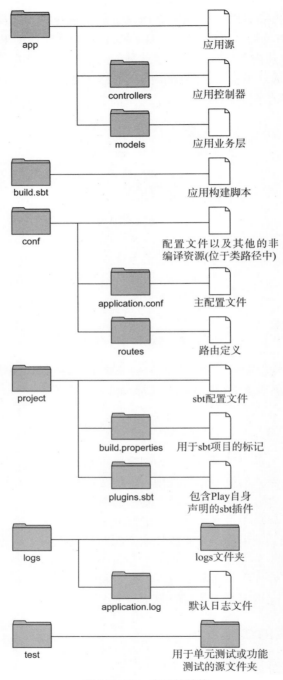

图 9.4　Play 应用的结构

除了图 9.4 所示的文件夹结构外，Play 还有其他文件夹结构，不过它们主要处理 UI 展示，并且没人希望将 UI 作为服务的一部分来提供，只要提供无头 API 即可。

9.3.4　简单路由

创建任何路由时需要做的第一件事就是在 conf 文件夹的路由文件中定义路由。下面将构建一个简单的路由以便处理 HTTP 客户端对于获取所有顾客订单的请求。代码清单 9.1 展示了订单获取路由文件。

代码清单 9.1：订单获取路由文件

```
# Routes
# This file defines all application routes (Higher priority routes first)
# ~~~~
GET     /orders controllers.OrderController.getOrders  ◄
```

指定 URL 以处理获取所有订单的请求，然后指定控制器和控制器函数以便处理请求

还可以使用一个冒号并在这个冒号的后面加上描述性名称来定义一些 URL 参数。这些 URL 参数默认都是字符串。为了将它们用作另一种类型来消费，比如 int，需要在右端指定类型，比如 getOrders(customerId: Int)。Play 会自动进行映射。

代码清单 9.2 展示了 OrderController，但为何要这样做呢？我们是在进行自上而下的设计，因此要创建第二层：控制器。控制器保存在 controllers 包中。

代码清单 9.2：OrderController

```
package controllers

import java.util.UUID
import javax.inject._

import akka.pattern.ask
import play.api.mvc._
import models._
import akka.actor.ActorRef
import akka.util.Timeout
import play.api.libs.json.Json
import services.OrderService.GetOrders
import scala.concurrent.ExecutionContext
import scala.concurrent.duration._
```

```
class OrderController @Inject() (orderService: ActorRef)(implicit ec:
    ExecutionContext) extends Controller {

  implicit val timeout: Timeout = Timeout(5.seconds)

  implicit def orderFormat = Json.format[Order]

  def getOrders = Action.async { _ =>
    (orderService ? GetOrders)
      .mapTo[Seq[Order]]
      .map(res => Ok(Json.toJson(res)))
  }
}
```

超时时间是针对用于顾客订单的参与者的问号(?)而专门使用的,也可以在应用配置中配置超时时间

这个函数会被映射到获取订单的路由文件。顾客的 UUID 将被自动处理,而参数将被 Play 解析为 UUID

在使用 Play JSON 时,必须最小化这一隐式写入的创建,以便 Play 知道如何输出到 JSON。这是最常见、最简单的方法,并且支持复杂的 JSON 输出

隐式的请求对象会在这里被传递,不过我们不会使用,因此这里将忽略这种请求对象

编译器知道这种返回类型的作用域中有 JSON 封送器,订单序列会被返回并将其包装在 HTTP OK (202)响应码中

参与者的问号并非表示类型安全,因此必须指定期望的响应类型,这样才能转换响应

9.3.5   非阻塞服务接口

API 应该自始至终都是非阻塞的,这意味着客户端仅持有打开的 socket(套接字)/handle(句柄)。所有的服务、数据库以及(最好不要使用的)实时服务调用都是使用非阻塞的 Future 来完成的,而结果都是在完成时异步处理的。Future 就是安排好的将在某个时候执行的计算处理,执行时机取决于资源可用性。处理 Future 结果的计算将被推迟,直到 Future 完成处理任务为止才开始执行。在 Future 可以访问 CPU 和相关资源以完成计算之前,与创建 Future 和处理结果有关的所有线程都是空闲的。在完成时,就会为回调逻辑分配线程以便使用 Future 结果反应式地完成任务。处理进程可用的线程数量是有限的,并且保持这些线程的可用性可以使计算资源在添加硬件之前达到最大限度。

Web 套接字   可以使用 Web 套接字技术从客户端完全无阻塞地实现从 UI 到后端的回调。实际上,尽管 Web 套接字会让 UI 更具反应式体验,但我们很少看到 Web 套接字的使用;通常,在接收到响应之前,客户端都会被阻塞。

与服务器级别的阻塞相比,客户端(移动设备、PC 等)阻塞的影响要小得多,因为阻塞只会发生在设备上,而设备只影响用户。第 1 章介绍过,通用可扩展性

定律规定，任何类型的阻塞都将影响扩展性并降低应用的反应特性。如果遇到阻塞，那么通过添加硬件来解决问题的做法是会遇到瓶颈的，并且当触及瓶颈时，进一步添加硬件只会使收益递减且降低扩展性。

　　现在介绍非阻塞技术的实际运用，其中会使用订单创建作为示例。客户端会以 JSON 格式发送新订单。服务会验证 CreateOrder 命令并且将该命令发送到订单服务，此处会暂停运行并且触发 OrderCreated 事件(本章稍后将介绍订单持久化参与者的实例化以及如何将 OrderCreated 事件持久化到数据库中)。代码清单 9.3 展示了 Scala 包对象中提供的订单领域对象。

代码清单 9.3：订单领域对象

```
case class OrderLine(
  itemId: UUID,
  quantity: Int)

case class Order(
  id: UUID,
  customerId: UUID,
  orderLines: Seq[OrderLine])
```

代码清单 9.4 展示了订单服务。

代码清单 9.4：订单服务

```
object OrderService {
  case object GetOrders

  case class CreateOrder(ustomerId: UUID, orderLines: Seq[OrderLine])
  case class OrderCreated(order: Order, timestamp: Long)
}

class OrderService extends Actor {

  val fakeOrders = Seq(
    Order(UUID.randomUUID(), UUID.randomUUID(),
      Seq(OrderLine(UUID.randomUUID(), 9))),
    Order(UUID.randomUUID(), UUID.randomUUID(),
      Seq(OrderLine(UUID.randomUUID(), 3)))
  )

  override def receive = {
    case GetOrders => sender ! fakeOrders
    case CreateOrder(order) =>
      println(s"generating event: ${OrderCreated(newOrder(cid, lines), new
```

返回的是虚拟的测试数据

虚拟订单被返回给 GetOrders 的消息发送方

```
        Date().getTime)}")
    }
```

在接收 CreateOrder 命令时，会在
println()中模拟 OrderCreated 事件

```
    def newOrder(customerId: UUID, orderLines: Seq[OrderLine]): Order =
        Order(UUID.randomUUID(), customerId, orderLines)
}
```

用于创建订单的辅助函数,其中会
生成唯一的 ID

代码清单 9.5 展示了将 URL 绑定到控制器函数的 Play 路由文件。

代码清单 9.5：Play 路由文件

```
GET     /orders controllers.OrderController.getOrders
POST    /orders controllers.OrderController.createOrder
```

指定要处理的路由并且将其
映射到控制器函数

最后，代码清单 9.6 展示了具有 JSON 封送的完整实现的 OrderController。

代码清单 9.6：OrderController

在与订单服务通信时，Play 会在超时的时候使用配
置好的错误响应(比如 InternalError)自动进行响应

```
class OrderController @Inject() (orderService: ActorRef)(implicit ec:
    ExecutionContext) extends Controller {

  implicit val timeout: Timeout = Timeout(5.seconds)

  implicit def orderLineFormat = Json.format[OrderLine]
  implicit def orderFormat = Json.format[Order]
  implicit def createOrderFormat = Json.format[CreateOrder]
```

这些格式支持自动封送
JSON 以及解封为 JSON

```
  def getOrders = Action.async { _ =>
    (orderService ? GetOrders)
      .mapTo[Seq[Order]]
      .map(res => Ok(Json.toJson(res)))
  }
```

异步返回所有订单并且将 200 HTTP
状态码包装到 OK 响应中

```
  def createOrder: Action[JsValue] = Action.async(parse.json) { request =>
    request.body.asOpt[CreateOrder].foreach { o =>
      orderService ! o
    }

    Future.successful(Accepted)
  }
}
```

创建订单的处理程序会尝试提取 CreateOrder 命令并
且乐观地使用 Accepted 进行响应。你还可以进行更
多的处理，比如验证并且使用 BadRequest 进行可能
的验证失败响应，不过这里保持了代码的简洁

从中可以看出，使用 Play 构建完全特性化、响应式且 RESTful 的应用是非常简单的。9.4 节将介绍 Akka HTTP。

9.4　Akka HTTP：一个简单的 CQRS 式的服务

相较于 Play，另一个 RESTful 工具集 Akka HTTP 则有些不同并且功能更丰富。Akka HTTP 也是一个开源产品，Akka HTTP 是由 spray.io 团队创建的并且打上了 Spray 的标签，Spray 后来被 Lightbend 收购了，并且 Akka 团队对 Akka HTTP 进行了重写以便更好地适应整个 Akka 框架。Play 是表述性的，具有严格的路由定义，这些路由进而指向处理所有 URL 的函数，Akka HTTP 在更大程度上是在将服务接口处理为函数链。路由就是函数链，不过也可以根据各个路由的关注点来原子地定义单独的路由，然后在应用的顶层将它们链式串接起来。在图 9.5 中，步骤 1 和步骤 2 的路由在步骤 3 中被串联起来了。

有了 Akka HTTP，Play 框架中的专断方式就不复存在了；我们可以选择自认为合适的方式自由创建基于 REST 的微服务。选择使用何种 RESTful 工具集取决于团队的能力以及个人喜好。就像 Play 一样，Akka HTTP 包含运行时并且可以充当容器，也可以使用我们自己选择的容器并用作库。

```
1.  Val myGetRoute =
      path("hello") {
        get{
          ...
        }
    }


2.  Val myPostRoute =
      path("hello") {
        post{
          ...
        }
    }


3.  ... and at runtime startup
    val my Routes=myGetRoute-myPostRoute
```

图 9.5　Akka HTTP 路由的模块化

本节将深入探究使用 Akka HTTP 和 CQRS/ES 语义的完整 Web 服务。此处并不会实现任何持久化或真实的服务行为，这超出了本章的范畴，不过我们会将 CQRS 命令用于展示目的。考虑简单的订单领域。注意其中使用 Java UUID 作为唯一的领域标识符。订单及订单商品内容行可能展示得并不友好，因为使用了毫无意义的标识符来表示顾客、商品以及订单 ID，不过这些都是真实的领域对象，它们的存在只是为了满足命令和事件行为的需要。可以在 CQRS 查询端对视图进行建模，CQRS 查询端可以用其他友好的属性(比如顾客姓名和地址)来显示订单。

订单服务是接收 CQRS 命令作为消息接口的参与者。在真实环境中，订单服务会使用持久化参与者来表示订单，并且事件会被持久化到事件存储(数据库)中。代码清单 9.7 展示了实现为简单 Akka 参与者的订单服务，其中具有包含

CreateOrder 命令以及 OrderCreated 事件的同伴对象。订单服务的行为与之前代码清单 9.5 中的 Play 示例相同。

代码清单 9.7：OrderService

```
object OrderService {
  case object GetOrders

  case class CreateOrder(ustomerId: UUID, orderLines: Seq[OrderLine])
  case class OrderCreated(order: Order, timestamp: Long)
}
class OrderService extends Actor {

  val fakeOrders = Seq(
    Order(UUID.randomUUID(), UUID.randomUUID(),
      Seq(OrderLine(UUID.randomUUID(), 9))),
    Order(UUID.randomUUID(), UUID.randomUUID(),
      Seq(OrderLine(UUID.randomUUID(), 3)))
  )

  override def receive = {
    case GetOrders => sender ! fakeOrders
    case CreateOrder(order) =>
      println(s"generating event: ${OrderCreated(newOrder(cid, lines), new
      Date().getTime)}")
  }

  def newOrder(customerId: UUID, orderLines: Seq[OrderLine]): Order =
    Order(UUID.randomUUID(), customerId, orderLines)


}
```

接下来我们介绍用 Akka HTTP 实现的服务的 HTTP 接口。HTTP 接口特性仅包含满足接口以及与服务层交互所需的逻辑。HTTP 接口特性还会指定所需的资源，这是通过封装实现逻辑来实现的——在这个例子中也就是运行时对象。大家将注意到，这个路由仅处理以/order 作为前缀的 URL。get 和 post 路由都是在代码块中实现的。post 路由会假定 JSON 实体是新的订单并且基于这一假定进行反序列化。同样，在 post 路由中，首选的 CQRS 命令语义就是接收命令并且只返回反映接收到的命令的状态码。然后就会调用订单服务的 CreateOrder 命令。这里无法确保订单将被接收。实际上，首先要验证订单并且可能还要返回带有错误请求状态的失败验证，不过这里为了保持代码清单 9.8 的简单性而省略了验证过程。

代码清单 9.8：OrdersRoute

```
trait OrdersRoute extends SprayJsonSupport with AskSupport {

  def orderService: ActorRef
  implicit def ec: ExecutionContext
  implicit def timeout: Timeout   ◀─── 声明订单服务、执行上下文以及超时所需
                                       的资源，我们将在启动引导中实现它们

  implicit val DateFormat = new RootJsonFormat[java.util.UUID] {
    lazy val format = new java.text.SimpleDateFormat()
    def read(jsValue: JsValue): java.util.UUID =
      UUID.fromString(jsValue.compactPrint.replace("\"", ""))
    def write(uuid: java.util.UUID) = JsString(uuid.toString)
  }
                                              ◀── 定义 UUID 的 JSON
                                                  格式,这里处理起来
                                                  有点麻烦
  implicit val orderLineFormat = jsonFormat2(OrderLine)
  implicit val orderFormat = jsonFormat3(Order)
  implicit val newOrderFormat = jsonFormat2(NewOrder)   ◀──┐
                                                    按照 JSON 协议,
                                                    订单的其余部分
                                                    非常简单
  val ordersRoute =
    path("orders") {
      get {
        complete((orderService ? GetOrders).mapTo[Seq[Order]])  ◀──
      } ~
      post {
        entity(as[NewOrder]) { newOrder =>
          orderService ! CreateOrder(newOrder.customerId,
        newOrder.orderLines)
          complete((StatusCodes.Accepted, "order accepted"))
        }
      }
    }
}
```

path 指令会让与/orders 有关的
所有 URL 都在 get 或 post 路由
内部被处理

所有订单的 get 路由都被实现为对服务参与者使用的一
个问号。这个问号会假定服务将使用订单序列来响应发
送方。Akka HTTP 会使用订单的 Spray-JSON 封送处理
并且呈现为 JSON 集合

9.5 节将介绍如何在运行时包装所有内容，然后启动和运行应用。其中提供了
特性、订单服务、超时和执行上下文中所有抽象需求的具体实现。在按下任何按键
之前，这个运行时对象都会在 sbt 终端运行。这种技术是从 Akka 文档中借鉴而来
的，是一种非常优雅的停止进程的方法。其中需要将路由指向在扩展的特性中设置
的订单路由。这是构建在运行时连接的可组合路由的好方法。结果将产生一种用于
单独路由的干净、模块化的设计，参见代码清单 9.9。

```
object OrderWebService extends OrdersRoute {

  implicit val system = ActorSystem("order-system")
  override implicit val ec: ExecutionContext = system.dispatcher
  override implicit val timeout = Timeout(5.seconds)
  override val orderService = system.actorOf(Props(new OrderService))

  def main(args: Array[String]) {

    implicit val materializer = ActorMaterializer()

    val route = ordersRoute

    val bindingFuture = Http().bindAndHandle(route, "localhost", 8080)

    println(s"Serving from http://localhost:8080/\nPress any key to kill...")
    StdIn.readLine()
    bindingFuture
      .flatMap(_.unbind()) // trigger unbinding from the port
      .onComplete(_ => system.terminate()) // and shutdown when done
  }
}
```

为参与者设置反应式流以便实现针对较快或较慢消费者的背压

绑定到 HTTP 进程的主机和端口

本章的示例代码包含了以上所有内容并且的确能够运行。代码已经由 postman 测试，对于这里使用的工作负荷，我们使用了 URL http://localhost:8080/orders。

- get 路由没有任何 body 信息。要确保将 Content-Type HTTP 头信息设置为 application/json。
- post 路由可以使用以下 JSON 负荷。注意，客户端仅提供了顾客和订单内容行；orderId 是由服务生成的并且会产生一个完整的订单。

```
{
  "customerId": "e9adbed8-dae1-4d5b-92f0-2f056d3e4195",
  "orderLines": [
    {
      "itemId": "050dea2d-448b-4ae6-a128-a1d381e396d2",
      "quantity": 9
    }
  ]
}
```

Akka HTTP 是功能性的，既可以简明扼要，也可以错综复杂，这取决于我们如何使用它。为了尽可能简单，我们建议将任意单一路由与指定的 CQRS 命令或查询端关联起来。

接下来，思考一下 RESTful 服务所需的 Lagom。

9.5　Lagom：订单示例

Lagom 是一种完全开源的解决方案，不仅可以构建 Web 接口，还可以构建完全反应式、可扩展的应用。Lagom 是为了响应单体式应用向微服务迁移而开发出来的并且支持大规模应用。Lagom 还解决了正确设计完全反应式的应用栈的难点，因此具有高度的专断性。从 Lagom 的角度(实际上也是我们自己的观点)看，CQRS 和事件溯源就是规模化构建这些系统的最佳方式。为了便于开发，Lagom 默认提供 Apache Cassandra 数据库和 Kafka 消息传递支持，将它们作为存储和分布式事件发布订阅的最佳选择，从而进一步明确了自己的观点。分布式发布订阅是一种极佳方式，可以让服务以松散耦合的方式进行交互。事件的发布者不需要知道订阅者，订阅者也不需要知道事件的来源。Lagom 构建在多年来已融入 Play 和 Akka 的可靠性的基础之上，不过也提供了一些抽象，使得构建难度得以降低。与 Play 一样，Lagom 允许在 IDE 中使用代码热交换，因此在代码变更之间不需要进行开销极大的编译/部署。尽管目标是让反应式应用尽可能简单，但这些应用并不易于使用或并不简单。事实上，要支持由于物联网(IoT)而产生的海量数据，如今构建应用所需的方式与十年前构建应用的方式已经有了很大的不同。由于大量的用户和数据，系统现在变得更加复杂，并且复杂性正在以惊人的速度增长。

注意：本章仅关注 Lagom 的 RESTful 功能。可以在 http://www.lagomframework. com 上查看 Lagom 的全部功能。

Lagom 是定义 RESTful 接口的另一种方式，其中控制器会描述它们处理的路由。在 Lagom 中，所有内容都在一个地方，不需要像在 Play 中那样使用路由文件保持两部分内容的同步。代码清单 9.10 展示了其中的差异。

代码清单 9.10：Lagom OrderService

```
class OrderService extends Service {
  val fakeOrders = Seq(
    Order(UUID.randomUUID(), UUID.randomUUID(),
      Seq(OrderLine(UUID.randomUUID(), 9))),
    Order(UUID.randomUUID(), UUID.randomUUID(),
      Seq(OrderLine(UUID.randomUUID(), 3)))
```

```
)
```

同样，从这个服务返回虚拟的订单集合

```
implicit val orderLineFormat: Format[OrderLine] = Json.format
implicit val orderFormat: Format[Order] = Json.format
```

这些隐式格式使得
Lagom 可以将订单
封装为 JSON

```
def getOrders: ServiceCall[NotUsed, Seq[Order]] =
  ServiceCall { _ =>
    Future.successful(fakeOrders)
  }
```

回调路由的函数调
用会返回虚拟订单

```
override def descriptor = {
  named("orders").withCalls(
    restCall(Method.GET, "/orders/get-orders", getOrders)
  ).withAutoAcl(true)
}
```

这个描述符表明了要处理的 URL 以及
将它们映射到函数的方式

```
}
```

从中可以看出，Lagom 是一种能够实现分布式能力的完整框架，并且在 Web 服务方面是简单而紧凑的。

9.6　Play、Akka HTTP 和 Lagom 之间的对比

Akka HTTP 不过就是代码而已，并没有什么神奇之处，但 Akka HTTP 提供了对于整个 HTTP 服务来说极佳的整体结构。实际上，代码清单 9.10 中的代码都包含在单个文件中。从鸟瞰的角度可以很容易地看到所有一切。Akka HTTP 没有 Play 那么神秘，Play 的做法是将路由和封送器结合在一起，并且在编译和运行时进行了一些神奇的处理。Akka HTTP 虽然要求开发人员具备更多的专业知识，但也提供了很大的灵活性。如何选择取决于团队的专业知识以及风险容忍度和/或正在构建的系统。Lagom 是整个 Web 服务的一种混合体，Lagom 的描述符位于文件中，但是相较于 Akka HTTP，Lagom 更像 Play。

Paly 的好处在于，Paly 使得应用在模式和外部库方面的标准化工作变得更为容易。这项好处对于以下情况而言很重要：

- 团队较大并且没有足够的管控或代码审查。
- 人员流动频繁并且难以雇用到顶尖人才。

在类似于这样的环境中，对于更具进取心的开发人员而言，可能很难消化处理业务领域的方方面面。他们可能希望将框架中的某些组件换成较新、炫酷甚至更好的一些组件。开发人员可能会承担较大的压力，从而导致代码依赖关系的阻滞，而这可能会导致人员流动。

Lagom 具有专断性，Lagom 不仅规定了如何最好地构建无头 API，而且规定了如何通过使用 CQRS 和事件溯源来构建分布式微服务。如果希望构建单个微服务，将之作为微服务的内聚集合的一部分，并遵循本书其他部分内容中解释的标准，那么建议参考 Lagom。

表 9.1 展示了这些框架之间的差异。从中可以看出，表 9.1 涵盖了所有特性，而不仅仅是 RESTful 特性。

表 9.1　对比 Akka HTTP、Lagom 和 Play

特性	Akka HTTP	Lagom	Play
功能设计	是	否	否
自包含	是	是	无需路由文件
CQRS	可选	是	否
事件溯源	可选	是	否
默认集成 Kafka	否	是	否
默认集成 Apahce Cassandra	否	是	否
有状态领域	是	是	否

9.7　本章小结

- RESTful 接口是一种干净、常见的方法，可以为服务提供无头 API。
- 将 HTTP 与 JSON 配对使用可以提供一种富有表现力的方式来访问服务，同时描述它们的功能。
- 提供反应式的 RESTful 应用程序的三个最佳选择是 Play、Akka HTTP 和 Lagom。
- RESTful 接口会基于响应和验证的表示形式来与 CQRS 命令端交互。
- Lagom 框架使用领域驱动设计、CQRS 和事件溯源来构建协作式的微服务系统。

第10章

生产上线准备

现在，你已经知道了如何设计具有响应性、伸缩性、回弹性和消息驱动特性的应用。下一步就是确保当应用进入生产系统的混乱世界时，这些反应式设计特性能够转变为实际的行为。

过去，开发与运维相隔太远，有时候甚至会带来灾难性的后果。对于这个问题，现代技术领域的解决方案就是 DevOps，DevOps 旨在通过企业文化转变、集成工具和自动化这一组合来填补这一漏洞。完整介绍 DevOps 远远超出了本书的讨论范围，不过大多数适用于 DevOps 的内容通常也适用于反应式应用。

本章将介绍反应式应用在运维上与其他架构应用的一些不同之处，并且就开发人员可以做的一些事情提出建议，以使这些应用在生产环境中更易于管理。

正如现代技术领域中经常出现的情况一样，我们从测试开始讲解。

10.1 测试反应式应用

参与者都是消息驱动的，因此我们需要知道一点，就是每个参与者都会接收消息。参与者甚至可能在将来的某个时候对消息做出反应，但这还算不上编写测试的基础，对吧？

识别参与者行为的常见模式会让测试的设计更加容易。在识别出需要测试的行为之后，就可以应用对应的测试模式。Akka TestKit 有助于实现常见的测试模式。

10.1.1 识别测试模式

通过引发一些副作用(例如写入数据库)来对接收的消息进行反应的参与者，可以借助向其传递消息并观察外部对象上的结果来进行同步测试。可使用的一种方式就是实例化参与者并且直接调用 receive 方法。这种方式省略了一些初始化步骤，这些步骤很难正确执行，并且可能导致错误的测试。相反，如图 10.1 所示，作为替代方案，应该为测试的参与者创建 TestActorRef 以处理详细信息。测试用例会向测试的参与者发送一条消息，就像在最终的应用中一样。在消息被发送之后，测试用例会使用外部对象上的断言来验证测试是否产生了预期的结果。

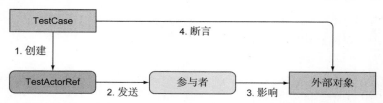

图 10.1 对于具有外部副作用的参与者，可以使用受影响对象上的传统断言进行测试

当参与者通过更改一些内部状态来对消息做出反应时，也会出现类似的情况，如图 10.2 所示。正如之前描述的副作用情形一样，解决方案就是使用 TestActorRef 创建参与者。同样，测试用例会向参与者发送一条异步消息。区别在于，除了访问 ActorRef 之外，测试用例还需要访问参与者。底层参与者是作为 TestActorRef 的属性提供的。测试用例使用底层参与者上的断言来确认内部状态是否如预期那样发生了变更。

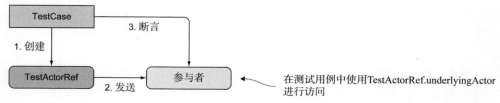

图 10.2 如果预期的反应是更改内部状态，则断言可以获得对底层参与者的引用

对于使用 Ask 模式来返回 Future 的参与者，也可以使用 TestActorRef 的方式进行测试，如图 10.3 所示。由于测试是同步的，因此会在与测试用例相同的线程上执行处理，并且 Future 会立即完成。测试用例可以使用 Future.get 并且检查结果上的断言。

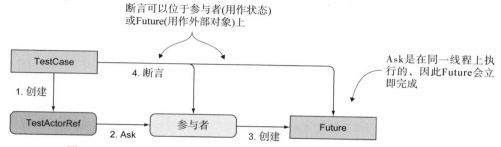

图 10.3　TestActorRef 可以通过检查返回的完整 Future 来测试 Ask 模式

10.1.2　测试并发行为

之前所有的用例都使用 TestActorRef 来同步测试参与者。不过，异步地执行测试会更好，也就是向参与者发送一条消息并生成另一条消息。异步测试可以使用 TestKit。

异步请求-回复是参与者系统中的常用模式。参与者会接收消息，而发送方则期望得到回复。通常，发送方就是另一个参与者，不过对于测试而言，发送方可以是测试用例本身。可以使用 ImplicitSender 特性对 TestKit 进行扩展来进行这样的测试，如图 10.4 所示。TestKit 期望参与者系统被传递到构造函数并且使用参与者系统来异步执行参与者。ImplicitSender 特性会确保来自参与者的回复被发送回测试用例。

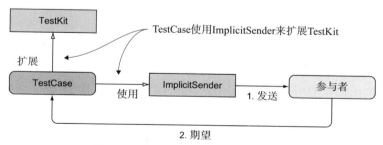

图 10.4　使用 TestKit 指定期望的回复

由于参与者是异步执行的，因此时间就变成了测试中的因子。TestKit 可以强制执行对于参与者响应的快慢程度的预期，甚至允许使用比例因子来反映测试服务器的速度。

> **测试后的清理工作**
>
> 当使用测试规范扩展 TestKit 时，就会将 ActorSystem 传递给构造函数。要确保在测试结束时关闭 ActorSystem，就像下面这样：
>
> ```
> import akka.actor.ActorSystem
> import akka.testkit.TestKit
> import org.scalatest.{BeforeAndAfterAll, Matchers, WordSpecLike}
>
> class TestMyActor extends TestKit(ActorSystem("TestSystem"))
> ➥ with WordSpecLike with Matchers with BeforeAndAfterAll {
>
>   override def afterAll {
>     TestKit.shutdownActorSystem(system)
>   }
> }
> ```
>
> 如果参与者系统未关闭，那么测试参与者就会持续运行并且最终消耗掉所有的系统资源。

如果接收方参与者的反应是向其他参与者发送消息，而不是只回复发送方，那么可以考虑使用 TestProbe 类的两个实例来代替发送方和接收方参与者，如图 10.5 所示。TestProbe 类扩展了 TestKit，使得可以发送、接收和回复消息并且创建有关接收到的消息的断言。

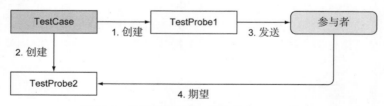

图 10.5 使用 TestProbe 代替多个 ActorRefs

最后，集成测试可能需要多个完整的参与者系统互相交换消息。每个 TestProbe 实例都接收一个 ActorSystem 对象作为构造函数的参数，因此可以在同一个 Java 虚拟机(JVM)中执行两个参与者系统。如果这种方法还不满足需求，并且需要多个 JVM，那么可以参阅 akka-multi-node-testkit 的最新文档。

10.2 应用安全防护

当把一个系统连接到另一个系统时，必须同时考虑期望和非预期的通信。应用安全防护不仅仅涉及启用和调用 HTTPS 以完成任务,这一过程从一开始就要知道如何识别威胁。

　　过去,安全性通常都是在开发结束后才考虑的。最近,被广泛报道的入侵事件增加了人们对应用程序安全防护的关注度。适用于反应式应用安全防护的原则与适用于传统应用安全防护的那些原则并没有什么不同。关键在于采用严谨的方法来管理及应对威胁。

　　本节将介绍 STRIDE 方法,还会介绍如何使用边界服务和 HTTPS 来应对识别出的一些威胁。

10.2.1　认识 STRIDE 中定义的威胁

　　当安全专家评估应用时,他们通常会使用名为 STRIDE 的威胁分类体系。这一威胁分类体系是由微软开发的,并且毫不奇怪,名称 STRIDE 就是不同威胁类别的英文缩写:

- 假冒身份(Spoofing identity)——假冒另一个用户的身份来执行操作。
- 篡改数据(Tampering with data)——在数据被处理时或被存储后更改数据。
- 否认(Repudiation)——否认用户执行了某些操作。
- 信息泄露(Information disclosure)——在没有适当授权的情况下访问信息。
- 拒绝服务(Denial of service)——阻止系统为有效请求提供服务。
- 提升权限(Elevation of privilege)——获得比预期更大的操作权限。

系统化是很重要的。检查系统中的每个接口,并针对每个接口提出有关 STRIDE 的所有六个方面的问题。请保持所有工作处于正轨。图 10.6 展示了这些威胁的具体示例。

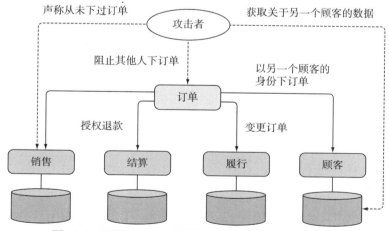

图 10.6　使用 STRIDE 模型识别和分类应用面临的威胁

提示：使用免费的 Microsoft Threat Modeling Tool 是开发和管理威胁模型的一种绝佳方式。Microsoft Threat Modeling Tool 提供了一个绘图工具，用于对应用的数据流建模、生成基于 STRIDE 的数据流威胁模型、分析威胁并跟踪相应的应对措施。可以从 https://www.microsoft.com/en-us/download/details.aspx?id=49168 下载 Microsoft Threat Modeling Tool。尽管这一工具可以用于对任何操作系统中的任何应用进行威胁建模，但其 2016 版本仅适用于 Windows。

以下是一些简单的问题，可以帮助你入门：

- 内部参与者如何知道它们正在接收来自可信发送方的消息？如果攻击者找到了将消息直接发送到打算供内部使用的服务的方式，那么应该由发送方执行的检查就可以被绕过。这种情况至少会使应用面临数据篡改、否认和信息泄露的威胁。
- 参与者如何知道它们正在向可信接收方发送消息？如果参与者总是向原始发送方发送回复，则存在信息泄露的风险，因为发送方的地址可能是伪造的。
- AJAX 和 WebSocket 连接是否像对页面的初始 HTTPS 请求一样安全？挂载假冒身份攻击的一种方法是：以用户的身份进行认证，然后更改后续请求中传递的用户名。可能的解决方案如下：不在请求中传递用户名(这可能需要维护服务器上的会话状态)，并在请求中包含带有数据的加密签名，以检测数据是否发生篡改。
- 是什么限制了资源消耗？我们假设应用为每个新用户启动一个新的参与者，那么攻击者就可以假装成同时有许多用户正在使用应用，从而耗尽所有内存，这样就会造成服务器拒绝向合法用户提供服务。反应式系统的伸缩性使得系统可以水平扩展。自动扩展可以抵御攻击，但也可能在月底导致昂贵的账单。
- 内部服务可以被完全绕过吗？如果应用使用具有 HTTP 接口的 NoSQL 持久化服务，那么这种威胁就更加需要关注。直接访问数据存储的行为等同于向几乎任何类型的威胁敞开大门。

直接攻击系统要比间接攻击系统容易，因此网络访问是应对许多威胁的共同主题。10.2.2 节将介绍一些限制与外部世界接触的方法(我们将力求让自己的工作更容易，而让攻击者的工作更困难)。

10.2.2　御敌于国门之外

反应式应用和传统应用之间的两个重要区别是：反应式应用倾向于拥有许多微服务，并且它们可能分布在多个服务器上，这样攻击面就比较大了。减轻这种威胁的一种方法是创建网关服务来处理来自系统外部的请求，然后确保进入系统的其他路径在网络层面被阻拦掉。图 10.7 展示了如何将这一方法应用于之前描述的系统。

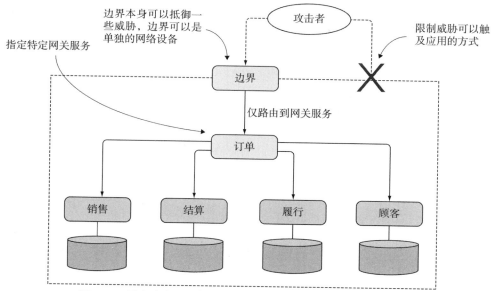

图 10.7　只允许客户端访问少数网关服务的做法可以减少攻击面

有很多方法可以创建边界，以防止流量触及未经授权的端点，这些方法包括：
- 防止通过互联网直接访问私有子网络中的服务。
- 使用虚拟专用网络(VPN)加密和验证系统组件之间的所有通信。
- 使用防火墙监视和阻止进入系统的消息。

以上每种方法都有优点和缺点，既可以单独使用，也可以与其他方法结合使用。这些方法的共同之处在于：它们将受保护的组件放在一块共同的威胁区域内——一组组件共享一组威胁和防御，并且彼此之间具有一致的信任级别。

10.2.3　添加 HTTPS

HTTPS 为 HTTP 消息建立了传输级别安全性(TLS，Transport Level Security)，这意味着在两个端点之间对消息进行加密，因此客户端可以安全地与服务器通信。但是应该与哪个服务器通信呢？HTTPS 可以回答这个问题，HTTPS 使用了发送回客户端进行验证的加密证书。现代浏览器会自动处理这种验证。基于这些信息，浏览器就可以确定已连接到预期的服务器。

1. 评估 HTTPS 带来的好处

HTTPS 还具有反向验证的能力，因此客户端也可以向服务器提供证书。这种形式的身份识别在如今的互联网上很少使用。相反，应用会依赖于用户名和密码等手段。如果从 STRIDE 威胁模型的角度评估 HTTPS，就会发现：

- 位于边界服务之前的 HTTPS 会防御发生在客户端(浏览器)和应用之间的威胁。尽管 HTTPS 在设置 cookies 中的安全标志方面有一些好处，但对保护受危害的客户端几乎没有什么帮助。可将此方法视为防御身份假冒、数据篡改和信息泄露威胁的主要手段。
- 服务之间的 HTTPS 对于确保客户端在有效服务检查证书时与之进行通信而言非常有用。如果还非常需要对客户端进行验证，则需要客户端证书。在相同威胁区域内的服务之间使用的 HTTPS 通常是冗余的。当跨威胁区域的边界使用 HTTPS 时，需要考虑的事项与边界服务类似。

使用 HTTPS 会限制组件(如负载均衡器)的选项，因为 HTTP 头对于中间节点是不可见的。在大多数情况下，HTTPS 在浏览器和应用之间的边界上是有意义的，但对于应用内的服务器之间的通信则没有任何意义。

2. 终止 HTTPS

接收和解密 HTTPS 连接的位置被称为连接终止点。过去，计算开销非常大，常常需要专门的硬件来执行安全套接字层(SSL，Secure Sockets Layer)加速。对于现代处理器，这种方法不是必需的，但是将终止与其他函数隔离仍然是有意义的。通常，终止函数与负载均衡会被结合使用。以下是其他一些方法：

- 可以为 HTTPS 配置 Akka HTTP。
- Play 框架提供了一种灵活的面向 Web 的前端。
- HAProxy 或 Nginx 可被用作负载均衡器并且用于终止连接。

Akka HTTP 使用的 SSL 配置模块最初是 Play 框架的 WS 模块的一部分，因此上述前两种方法有很多共同点。现在应用已经过良好的测试，并且是安全的，可以投入生产了。当然，世事无常。有时候，难免会出现问题，这就需要检查应用日志以了解发生了什么。

10.3　对参与者进行日志记录

日志显然是由消息驱动的。大家可能期望不需要做任何事情就可以将日志记录直接应用到反应式系统中，但事实并非如此。原因在于，日志实现通常会做一件参与者不应该做的事情(也应该极力避免此种情况)：执行同步 I/O。在最常见的日志记录包中，关于消息是同步记录还是异步记录的决定并不来自日志记录器。相反，这一决定是由写入消息的组件做出的，这个组件通常被称为 Appender。Appender 通常在运行时配置，这意味着应用代码在这方面是没有选择权的。日志配置中一处小的更改就可能会对性能产生巨大的影响。

出现这种情况是因为日志库的设计很简单，以便可以用于任何应用；它们不以在应用中内置成熟的消息传递系统为假设前提。在反应式系统中，复杂的消息传递正是我们能够使用的一个特性。解决方案就是使用这个特性，接下来的设计选择是将之集成到参与者中。Akka 会帮我们搞定！

10.3.1　可堆叠日志

日志记录是横切关注点，这意味着许多组件都需要日志记录，除此之外这些组件之间几乎没有任何关系。实现这些关注点的一种方法是使用可堆叠特性——一种用于组合两个不同类的函数的设计模式。Akka 以 ActorLogging 的形式提供了可堆叠日志，如代码清单 10.1 所示。

代码清单 10.1：在参与者之上堆叠 ActorLogging

```
import akka.actor.{Actor, ActorLogging}

class SimpleLogging extends Actor with ActorLogging {   ← 堆叠 ActorLogging 以便获得集成到 Akka 消息传递中的日志

  override def receive = {
    case msg => log.info("Received {}", msg)   ← log()方法类似于其他日志记录包中的对应方法
  }
}
```

堆叠 ActorLogging 会生成 LoggingAdapter，LoggingAdapter 实现了常见的功能，比如 error、warn、info 和 debug。除非启用了日志，否则不会评估参数或执行字符串插值，因此没有必要将这些调用封装在某些包的 isDebugEnabled 函数中。

警告：日志仅在参与者内部使用，因此线程安全不是问题。注意不要将引用传递到参与者线程的范围之外，例如在 Future 中引用。

LoggingAdapter 会将所有日志消息发送到 Akka 事件总线——一种内部的发布和订阅系统，用于传递之前介绍过的许多内置通知，例如参与者生命周期事件、死信通知和未处理的消息错误。

Akka 日志记录用于将事件传递给选择和配置的其他一些日志包。

10.3.2　配置日志系统

日志记录是通过 application.conf 中的属性来配置的，默认情况下只记录到 stdout。对于生产环境而言，则需要进行更多的控制。首选的配置是组合使用 Java (SLF4J)的 Simple Logging Façade(http://www.slf4j.org)与 logback(http://logback.qos.ch)。

如图 10.8 所示，可在将事件发布到事件总线之前对日志事件进行过滤，而其余的日志记录由日志事件订阅方进行处理。我们通常希望在日志事件到达 Akka 事件总线之前进行过滤；否则，生产系统可能会被尚未过滤的调试消息阻塞。Akka 使用的方法是提供 LoggingFilter 接口和具体的实现(比如 Slf4jLoggingFilter)，Slf4jLoggingFilter 使用了 SLF4J 后端配置，而不是自己重新定义一套配置。

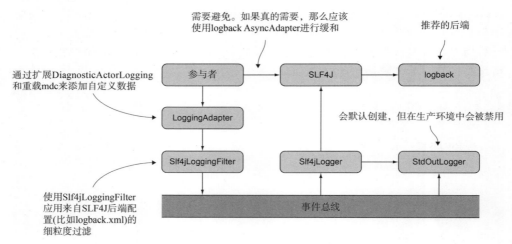

图 10.8　Akka 通过 SLF4J 与日志进行集成

当日志事件被发布到事件总线时，日志记录器就可以读取它们。可以正常使用 logback 配置提供的 Slf4jLogger。如果应用被部署到 Docker 这样的容器化环境中，那么最好使用 logback ConsoleAppender 而不是默认的 stdout，因为前者提供了对筛选器进行配置的更多控制选项。

集成包括为日志系统设置配置参数。代码清单 10.2 展示了可以设置的一些值，Akka 文档中有更多的设置介绍。

代码清单 10.2：application.conf 中的日志配置

```
akka {
  loggers = ["akka.event.slf4j.Slf4jLogger"]
```

推荐的设置，用于替换默认的 StdOutLogger

在生产环境中应考虑只对 INFO 甚至
更高级别进行过滤

```
loglevel = "DEBUG"
logging-filter = "akka.event.slf4j.Slf4jLoggingFilter"
log-config-on-start = on
log-dead-letters = 10
log-dead-letters-during-shutdown = on
actor {
  debug {
    lifecycle = on
    autoreceive = on
    receive = on
    unhandled = on
  }
}
}
```

有关辅助的日志记录参数，
请参阅 Akka 文档

基于后端日志包激活
附加的过滤器

日志记录常用的参
与者事件和消息

提示：如果在场景中需要直接调用日志包，比如直接调用内置了日志的第三
方 JAR，那么一定要配置中间过程阶段，比如 logback AsyncAppender，以防止阻
塞 I/O。

有时候，记录参与者接收到的每条用户消息的做法是很有帮助的。可以通过
在 LoggingReceive 特性中封装 receive()函数来轻松实现这种类型的日志记录，如
代码清单 10.3 所示。

代码清单 10.3：日志记录参与者接收到的每条消息

```
import akka.actor.Actor
import akka.event.LoggingReceive

class WrappedLogging extends Actor {

  override def receive = LoggingReceive {
    case _ => {}
  }
}
```

添加 LoggingReceive 以记录
参与者接收到的每条消息，需
要在 application.conf 中配置
akka.actor.debug.receive = on

应用的 receive()函数位于
LoggingReceive 代码块中

当单体式应用出现问题时，通常可以通过分析与单个请求相关的日志消息来确
定发生了什么事情。对于反应式应用而言也如此。不同之处在于，在反应式应用中，
与单个请求相关的日志消息可能跨多个微服务。有一些日志选项与远程消息传递有
关，但是跨多个 JVM 将日志拼接在一起以便跟踪分析的做法是很难从头开始实现
的。作为替代，可以考虑使用专门的系统来收集和管理分布式跟踪事件。

10.4　跟踪消息

Akka 没有提供跟踪机制，但是有几种解决方案可用，所以没有必要从头开始构建。10.5 节将介绍的两种监控工具都包括跟踪特定于 Akka 的模块的能力。不过，专用的跟踪解决方案由于被设计为满足通用目的，因此可以同时覆盖参与者和非参与者系统组件。

从概念上讲，跟踪很简单。无论何时消息被发送或接收，处理消息的系统都会生成跟踪事件。然后这些事件会被发送到公共收集器，在那里它们会被关联在一起，并且可以运行查询，如图 10.9 所示。简单实现的结果就是可以将发送的消息数量迅速增加到原来的三倍。实际的消息会更大，因为必须添加跟踪信息，其中包含发送消息时来自发送方的一条跟踪消息，以及接收消息时来自接收方的另一条跟踪消息。系统中三分之二的流量将被发送给单个收集器。这种通信流量的集中处理无法很好地扩展，而且如果想要跟踪同一参与者系统中参与者之间的消息以及系统之间的消息，那么这种扩展将会更加难以处理。跟踪库可以管理发送到收集器的消息。理解一些基本策略并选择跟踪包就足以让我们入门了。

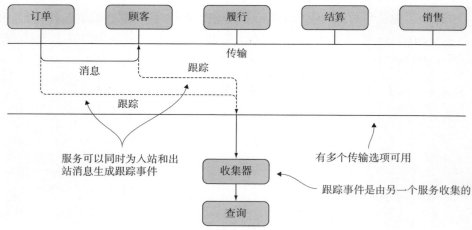

图 10.9　跟踪处理需要使用服务、传输层和收集器里的工具来累积跟踪事件，
请检查一下所选跟踪包中可用的选项

不同的跟踪类型

本节描述了与跨多个应用组件处理单个事务有关的事件跟踪。跟踪还可用于描述多个事务过程中来自单个组件的事件。这种低级别跟踪的例子有 dtrace 和 ktrace。

可以通过在单条跟踪消息中累积跟踪事件并且将许多事件发送到收集器来减少消息量。你可以通过动态调优来更好地完成此项任务，以便在同时发送的事件数量和事件发生与发送到收集器期间的延迟之间取得平衡。好的跟踪包就可以帮助应对这些问题。

　　另一种减少消息量的策略是对事件进行抽样，而不是跟踪每条消息。跟踪消息链的决策可能是随机的，基于与初始事件一起传递的参数，或者基于其他一些条件。一种可用的方法就是，在初始化事件时进行决策，并且通过后续消息继续落实决策。也可以将决策推迟到数据被收集之后，但是尚未写入持久化存储时才进行。

　　除了决定跟踪哪些事件以及如何收集这些事件之外，还必须识别出要用于事件关联的数据。一种方法就是使用来自日志消息的应用数据，比如顾客标识符、产品库存单位(SKU)、发票编号、账号等。在小型测试环境中，这种方法可能就足够了，但是在生产环境中，很快就会崩溃。查询过于复杂，开发人员必须在正确的位置和消息级别向日志添加正确的信息。如果生产操作关闭了调试，调试消息将无法提供帮助！

　　与其依赖特定于应用的信息，不如使用一致的策略来标记事件。一种被广泛采用的策略是 Dapper 模式。

10.4.1　使用 Dapper 模式收集跟踪数据

　　2010 年，Google 在一篇标题为《Dapper——一种大规模分布式系统的跟踪基础设施》的论文中描述了 Dapper 模式。当来自外部世界的初始消息被接收时，Dapper 模式就会触发一棵附加消息树。初始消息会被分配跟踪 ID。在图 10.10 中，这个唯一标识符是由订单服务指定的。

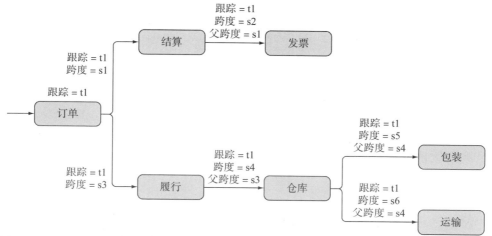

图 10.10　原始输入会被分配跟踪 ID，跟踪 ID 会与产生的每条消息一起被传递。每条消息都有
　　　　　唯一的跨度 ID，如果存在前一个(父)跨度，那么前一个(父)跨度也将被传递

后续的每条消息都会被分配唯一的跨度 ID,跨度 ID 会与跟踪 ID 一起被传递。在本例中,来自订单服务的首条消息会被分配跨度 ID s1,它会与跟踪 ID 一起被传递到结算服务。当结算服务进而将一条消息发送到发票服务时,这条消息也会被分配唯一的跨度 ID。新的跨度 ID 会与初始的跟踪 ID 和父消息的跨度 ID 一起被传递。对于从订单服务到履行服务的消息,将重复使用相同的模式;这会持续到仓库、包装和运输服务。使用这些数据,就可以构造为响应单条初始消息而触发的整张消息图,并且可以使用跟踪 ID 将任何消息直接关联回原始请求,而不必遍历整个过程中的每个步骤。

Dapper 模式存在的一个小缺点是:当多条消息聚集在一起触发单条出站消息时,无法识别出这种情况。图 10.11 显示了一个简单的例子,其中"选择运输方"参与者中的两条消息之一可以被认为是包含运输方选择的出站消息的父消息。通常,选择到达发送参与者的最终消息的做法是最简单的。

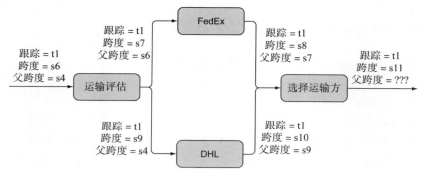

图 10.11　Dapper 模式会假设每条消息都有父跨度。在收集多条消息时,
对于将哪个跨度称为"父跨度"的选择可能是随意的

如下这些实现都基于 Dapper 那篇论文中的理念:

* Dapper——在编写本书时,Google 提供的初始实现并非开源的,但是这篇激发了许多其他努力的研究论文可以在 http://research.google.com/pubs/pub36356.html 上找到。
* Zipkin——Zipkin(http://zipkin.io)是 Twitter 使用的一种开源实现,Zipkin 大量借鉴了有关 Dapper 的研究论文,提供了一些由 OpenZipkin GitHub 小组支持的集成库,另外还有更多的集成库是由社区支持的。Zipkin 很有意思,因为它支持多种传输,包括 HTTP、Kafka 和 Scribe。
* Jaeger——Uber 推出的一个较新的开源项目,有关 Dapper 的研究论文和 Zipkin 都是 Jaeger 的灵感来源(http://github.com/uber/jaeger)。
* Lightbend Telemetry——Lightbend Monitoring 的专有组件,并且已经与 Jaeger 和 Zipkin 集成在一起。因为已直接嵌入 Akka 中,所以 Lightbend

Telemetry 可以透明地提供能力，用作被监控参与者的配置的一部分(https://
developer.lightbend.com/docs/monitoring/latest/extensions/opentracing.html)。

● Spring Cloud Sleuth——专为 Spring Cloud 提供的开源实现，具有直接集成
到 Zipkin 的特性。可以考虑使用这种实现，特别是在同时包含 Spring 和 Akka
组件的混合环境中(http://cloud.spring.io/springing-cloud-sleuth)。

● Apache HTrace——在编写本书时还处于 Apache 孵化器状态的开源实现，
可与 Zipkin 直接集成，并提供了 Java、C 和 C++库(http://htrace.incubator.
apache.org)。

存在多个可用于跟踪的 API 会导致必须为应用选择某个 API 的问题。根据所
选跟踪系统的特性(例如采样、注解和不同的传输)，这一选择任务将变得更加复
杂。某些库是可用的，但在编写本书时，还没有一个库得到官方支持。你需要查
看系统跟踪文档的现有功能部分，以便找到最新的开发内容。

10.4.2　减少对 OpenTracing 的依赖

OpenTracing(http://opentracing.io)可通过提供可以使用可插入提供程序来配置
的标准工具来应对实现依赖。OpenTracing 是由 Ben Sigelman 发起的，Ben 也是谷
歌发布的那篇 Dapper 研究论文的作者之一。

OpenTracing 基于一种语义模型，这种模型可以顺畅地映射到多种编程语言。
我们需要在整个应用中使用特定于语言的 OpenTracing API，并且配置哪个跟踪
实现将只在一个地方接收数据。因为并不是每个跟踪实现都支持完整的语言集，
所以在选择提供程序时我们应该考虑应用的所有组件。表 10.1 显示了一些可用的
组合。

表 10.1　大多数提供程序都支持 Java API，但不支持专门的 Scala API，
可查看 http://mng.bz/Gvr3 以获取最新的支持信息

提供程序	Scala	Java	JavaScript	Go	其他
Zipkin		√		√	
Jaeger		√	Node.js	√	Python
AppDash				√	
LightStep		√	√	√	Python、Objective-C、PHP、Ruby、C++
Hawkular		√			
Instana	√	√	Node.js		PHP、Ruby
SkyWalking		√			

在 OpenTracing 中，跨度具有如下特性：

- 能够开始新的全局跟踪或者连接已有跟踪。
- 具有名称。
- 具有开始和结束时间戳。
- 可能具有与其他跨度的关系，比如是其他跨度的子跨度或者位于其他跨度之后。
- 可以具有标签，这些标签具有名称和原始值，比如字符串、布尔值或数字。
- 可以具有一些日志项，这些日志项具有名称和任意值。

OpenTracing 会启用一个跨度来识别多个父跨度，这是 Dapper 的一大缺点(之前探讨过)。但是，如果使用的可插入提供程序没有此功能，则只会使用一个父跨度。

除非使用 Lightbend Telemetry 技术，否则必须使用参与者进行一些集成，因为 Akka 并没有内置对任何 OpenTracing 提供程序的支持。

10.4.3 集成 OpenTracing 与 Akka

前面已经介绍过，跟踪涉及跨度的概念，跨度是具有自己的跟踪度量的处理块。在传统的系统中，跨度可以围绕 servlet 来放置，用于接收和响应 HTTP 请求。在处理 HTTP 请求的过程中，应用可能会围绕期间发生的服务调用或数据库操作来创建额外的子跨度。

在 Akka 中，最明显的跨度位置就是参与者的 receive 函数的周围。图 10.12 显示了这种方法。在接收到每条消息时，就会启动新的跨度以覆盖整个接收处理期间。当一个参与者向另一个参与者发送消息时，会将有关跨度的上下文信息附加到消息中。当接收参与者开启跨度时，就会使用上下文信息将父跨度表示为发送方。

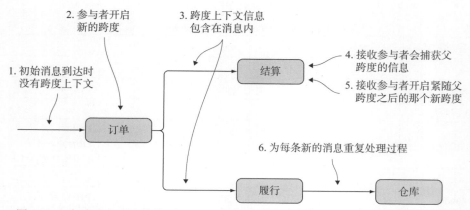

图 10.12　每个参与者在接收到消息时都会开启一个新的跨度。如果在消息中找到关于发送跨度的跟踪信息，那么这个新的跨度将记录对父跨度的引用

在开始集成之前，需要在 build.sbt 中添加 OpenTracing API 作为依赖项。本小节中的示例是使用版本 0.31.0 创建的，请将如下内容添加到 libraryDependencies 部分：

```
io.opentracing" % "opentracing-api" % "0.31.0"
```

OpenTracing API 由于通用于多种语言和许多设计模式，并且是使用 Java 而非 Scala 编写的，因此第一步是创建一些适配器以便更好地适用于 Akka。接下来将介绍一种构建适配器的方法。之后，将使用适配器来配置示例参与者并且使用跟踪器实现来配置应用。

1. 构建 OpenTracing 的接口

每条消息都带有附加的跟踪、跨度和可选的父标识符。此外，你还需要收集每个参与者发送或接收的每条消息的元数据并将它们发送到跟踪服务器。在反应式系统中，消息包含跟踪信息，并且会配备 receive() 函数以便接收和管理跟踪跨度。OpenTracing 需要跟踪器支持两种格式以便携带跟踪信息：二进制格式和文本映射格式。为了满足便利性和可读性，这里选择文本映射格式。代码清单 10.4 展示的简单特性可以混合到消息的定义中。

代码清单 10.4：具有泛型携带者信息的可跟踪消息

```
trait Traceable {
  val trace: Map[String, String]   ◄── 跟踪信息以不可变映射
                                        的形式存在于消息中
}
```

注意：OpenTracing 并不需要应用知晓跟踪器携带了哪些信息。这些信息可以简单到只包含跟踪 ID 和跨度 ID，也可以根据跟踪器的需要进行扩展。

Traceable 特性由于遵循反应式规范，因此是不可变的。你需要使用函数将跟踪信息从当前跨度转换为不可变映射。不过当前跨度在哪儿呢？被跟踪的每一个参与者都有一个变量来持有当前跨度，还有一个函数来告知跟踪器将跨度上下文信息转换为映射，映射可以添加到 Traceable 消息中。代码清单 10.5 展示了如何在特性中提供所有这些可以添加给要跟踪的参与者的信息。

代码清单 10.5：持有 span 变量并能够转换为可跟踪的表示形式的特性

```
import io.opentracing.{Span, Tracer}
import io.opentracing.propagation.TextMap
import io.opentracing.propagation.Format.Builtin.TEXT_MAP
trait Spanned {
                        ◄── 来自参与者
                            的跟踪器
  val tracer: Tracer
```

```
var span: Span = _                    ← 跨度状态是 var 而非 val

def trace(): Map[String, String] = {
  var kvs: List[(String, String)] = List.empty    ← 跨度状态会被转换
  tracer.inject(span.context(), TEXT_MAP, new TextMap() {   为键值对列表
    override def put(key: String, value: String): Unit =    ← inject() 函 数
      kvs = (key, value) :: kvs                               是由底层跟
                                                              踪器提供的
    override def iterator() =              ← 注入处理程序无须从
      throw new UnsupportedOperationException()   消息中提取数据
  })
  Map(kvs: _*)   ← 可使用键值对列表来创建不可变映射，不可
}                    变映射可以包含在 Traceable 消息中
}
```

　　现在我们已经有办法持有跨度并且将跨度上下文信息添加到一条出站消息
了，所需完成的最后一部分工作就是接收那些消息并且提取跨度上下文。

　　就像日志记录一样，跟踪也是横切关注点，并且可堆叠特性简化了具体实现。
Receive 只不过是 PartialFunction[Any, Unit]的类型别名而已，因此其可堆叠版本需
要重载 isDefinedAt()和 apply()函数。isDefinedAt()函数只会传递给堆叠的 Receive。
apply()函数则完成以下处理:

- 从传入的消息中提取跨度上下文。
- 使用对传入的跨度的引用开启新的跨度。
- 调用底层 Receive 的 apply()函数。
- 完成跨度。

可以像代码清单 10.6 那样实现可堆叠跟踪。

代码清单 10.6: 用作提取跨度上下文的可堆叠特性的消息拦截

```
import akka.actor.Actor.Receive

import io.opentracing.{SpanContext, Tracer}           ← 导入 OpenTracing
import io.opentracing.propagation.Format.Builtin.TEXT_MAP    API 组件
import io.opentracing.References.FOLLOWS_FROM
import scala.util.{Failure, Success, Try}
                                        ← 需要来自参与者的已封装
class TracingReceive                      的 Receive 和跨度状态
➥ (r: Receive, state: Spanned)
➥ extends Receive {   ← 让特性可堆叠

  override def isDefinedAt(x: Any): Boolean =   ← 用 isDefinedAt()函数代理
  ➥ r.isDefinedAt(x)                              封装的 Receive
```

```
override def apply(v1: Any): Unit = {
  val operation: String = v1.getClass.getName    ← 可以将传入的消息
                                                    类型用作操作名称

  val builder: Tracer.SpanBuilder =
  ➥ state.tracer.buildSpan(operation)    │ 开始构建新的跨度

                                                    从传入的消息中
                                                    提取跟踪信息
  state.span = extract(v1) match {    ←
    case Success(ctx) =>
      builder.addReference(FOLLOWS_FROM, ctx).    │ 创建对发送方的引
      ➥ startManual()                            │ 用，并且开启跨度
    case Failure(ex) =>
      builder.startManual()    ←
  }                                               如果没有接收到跟踪信息，就开启一
  r(v1)    ←                                     个新的没有引用的全局跨度
  state.span.finish()    ←
}                                                 调用封装的 Receive
                                                                     接下来将要探讨
                                 完成跨度                            的 extract()函数
  def extract(v1: Any): Try[SpanContext] = ???    ←
}
```

extract()函数被实现为 Try，因为 extract()函数可能会以多种方式失败，而我们并不希望仅仅因为跟踪信息不能提取就让整个 Receive 失败。因此，如果 extract()函数失败，就会启动新的全局跟踪并继续处理。如果传入的消息并非可跟踪的，或者如果跟踪信息丢失，抑或如果配置的跟踪器无法读取这些信息，extract()函数可能就会失败。除了错误处理之外，extract()函数主要关注 Java 和 Scala 集合数据类型之间的映射转换，如代码清单 10.7 所示。

代码清单 10.7：extract()函数会转换数据类型并处理错误

extract()函数无须将数据放入消息中

```
import io.opentracing.propagation.TextMap             OpenTracing API
import java.util.{Iterator => JIterator, Map => JMap}  使用 Java 集合而
import scala.collection.JavaConverters._               非 Scala 对等项
def extract(v1: Any): Try[SpanContext] = v1 match {
  case m: Traceable =>    ←
    if (m.trace.isEmpty) Failure(new NoSuchElementException("Empty trace"))
    else Try(state.tracer.extract(TEXT_MAP, new TextMap() {
      override def put(key: String, value: String): Unit =
      ➥ throw new UnsupportedOperationException()
                                                        检查消息是否可以
                                                        携带跟踪信息
      override def iterator(): JIterator[JMap.Entry[String, String]] =
        m.trace.asJava.entrySet().iterator()
    })) match {
```

```
      case Success(null) =>
      ➥ Failure(new NullPointerException
      ➥ ("Tracer.extract returned null"))
      case x => x
    }

  case _ =>
    Failure(new UnsupportedOperationException
    ➥ ("Untraceable message received"))
}
```

如果没有找到跟踪数据，那么 extract()函数可以返回 null 而不是抛出异常

否则，就返回提取的跟踪信息

无法携带跟踪信息的信号消息

最后，同伴对象(参见代码清单 10.8)中的 apply()函数会让这一特性的堆叠变得更加顺畅。

代码清单 10.8：同伴对象

```
object TracingReceive {
  def apply(state: Spanned)(r: Receive): Receive =
    new TracingReceive(r, state)
}
```

将 Receive 声明为第二个参数列表以便特性可以轻易堆叠

现在我们已经完成了 Akka 与 OpenTracing 之间干净的集成，可以通过配备一些参与者来享受便利性了。

2. 配备参与者

将跟踪添加到参与者类似于添加日志记录，可在其中包含合适的库并且围绕想要跟踪的事件添加配置项。我们再次使用第 2 章的旅行指南/游客参与者系统，源代码位于 http://mng.bz/oKwk。第一步是使用之前定义的 Traceable 特性修改消息以便携带跟踪信息，如代码清单 10.9 所示。

代码清单 10.9：添加跟踪能力

```
object Guidebook {

  case class Inquiry(code: String)
  ➥ (val trace: Map[String, String])
  ➥ extends Traceable
}
```

添加跟踪信息作为第二个参与者列表

将消息标记为 Traceable

提示：如果样本类有多个参数列表，那么只有第一个参数列表中的参数会用于生成 apply、unapply、equality 和其他优势特性。在向消息添加跟踪信息时，为了充分利用样本类，可以使用多个参数列表。如果在第二个参数列表中声明跟踪信息，那么参与者的其余部分基本可以忽略它们。

旅行指南消息现在就是可跟踪的，下一步就是在已有的 Receive 实现上堆叠
TracingReceive。要为这一步做准备，就应该修改 Guidebook 构造函数，使其包含
一个跟踪器。接下来，要将 Spanned 特性添加到参与者，以便持续跟踪当前跨度，
并将特性堆叠起来。最后，添加对 trace()函数的调用并作为构造 Guidance 消息的
一部分。将这些步骤组合在一起时，Guidance 参与者将发生代码清单 10.10 所示
的变更。

代码清单 10.10：为支持跟踪而对参与者所做的变更

```
import java.util.{Currency, Locale}

import akka.actor.Actor
import Guidebook.Inquiry
import Tourist.Guidance
import io.opentracing.Tracer          跟踪器会被传递
                                       到类的构造函数

class Guidebook(val tracer: Tracer)
 extends Actor
 with Spanned {          将跨度状态添加到参与者

  def describe(locale: Locale) =
    s"""In ${locale.getDisplayCountry}, ${locale.getDisplayLanguage} is
      spoken and the currency is the
      ${Currency.getInstance(locale).getDisplayName}"""
                                        在 receive()函数上堆
                                        叠 TracingReceive
  override def receive = TracingReceive(this){
    case Inquiry(code) =>
      println(s"Actor ${self.path.name} responding to inquiry about $code")
      Locale.getAvailableLocales.filter(_.getCountry == code).
        foreach { locale =>
          sender ! Guidance(code, describe(locale))(trace())
        }                                          将 跟 踪 信
    }                                              息 添 加 到
}                                                  消息中
```

可以看出，集成对于参与者来说并不是太具有侵入性，尤其当考虑到拥有在
应用中传递的每条消息的完整映射是多么有用时。跟踪每条消息是否有意义取决
于我们自己。一些跟踪系统具有更多的选择，这取决于配置到应用中的跟踪器。

3. 配置跟踪器

OpenTracing 带来的好处之一，在于可以在单个位置处理跟踪器的配置，用作
应用初始化的一部分。在基于 Akka 的系统中，配置跟踪器意味着将跟踪器添加

到驱动程序中。为此，首先要将跟踪库包含在 build.sbt 中作为依赖项。对于这个示例而言，需要使用匹配跟踪 API 版本的模拟跟踪器。可将以下内容添加到 libraryDependencies 部分：

```
io.opentracing" % "opentracing-mock" % "0.31.0"
```

模拟的跟踪器本身就十分易于配置，如代码清单 10.11 所示。

代码清单 10.11：实例化跟踪实现和更新 Props

```
import akka.actor.{ActorRef, ActorSystem, Props}
import io.opentracing.Tracer                              导入OpenTracing API 和
import io.opentracing.mock.MockTracer                     模拟实现

object GuidebookMain extends App {
  val tracer: Tracer =
    new MockTracer(MockTracer.Propagator.TEXT_MAP)        实例化跟踪器

  val system: ActorSystem = ActorSystem("BookSystem")

  val guideProps: Props = Props(classOf[Guidebook], tracer) ◄─── 将跟踪器添
                                                                  加到 Props
  val guidebook: ActorRef =
  ➥ system.actorOf(guideProps, "guidebook")
}
```

可以通过进行类似于 Guidebook.Inquiry 消息和 Tourist 参与者中的变更来完成以上实现。就像第 2 章一样，可以使用 sbt "-Dakka.remote.netty.tcp.port=2553" "runMain GuidebookMain"和 sbt "runMain TouristMain"来启动单独 JVM 中的系统。

你应该可以看到，交换的消息与之前完全一样，但是现在它们也被跟踪了！因为本例只使用了模拟的跟踪器，所以跟踪会显示为附加的控制台消息。当选择跟踪实现时，需要按照使用说明将模拟的跟踪器替换为实际的跟踪器。这些变更应该影响 GuidebookMain 和 TouristMain 驱动程序，而不是影响参与者本身或消息。对参与者和消息所做的变更是通用的，并且应该无须更改地使用任何支持 OpenTracingAPI 的跟踪器。

祝贺大家！我们已经配备了一个反应式系统以便使用多个跟踪库。

运维一个完整的跟踪解决方案时涉及的内容可能远多于应用所需的跟踪处理。有时候，我们只希望获悉哪些参与者在交换消息，而完整的跟踪解决方案显得大材小用。对于找出参与者之间路径的轻量级解决方案，请考虑 Spider 模式。

10.4.4　使用 Spider 模式找出路径

相较于提供每条消息的跟踪信息，Spider 模式仅识别参与者系统中的路径。随着系统扩展为许多参与者，Spider 模式相比预期会更有用。Spider 模式因为是轻量级的，所以非常适合于跟踪单个参与者系统中参与者之间发生的交互。这些路径可能会变得非常复杂！

在 Spider 模式中，每个参与者都会持续跟踪其他具有以下行为的参与者。

- 向参与者发送了消息。
- 被发送了消息。
- 被参与者创建。

单独的消息不会被跟踪，因此这类消息没有必要携带唯一的标识符。应用内的消息定义可以保持不变。作为替代，一条新的消息会被添加到应用。如图 10.13 所示，这条新的消息是探针，用于告知每个参与者收集参与者具有的所有连接信息，并将它们传递给集合参与者，还可以将同一个探针转发给每个参与者，以便它们执行相同的操作。初始探针将被分配唯一的标识符，参与者需要使用标识符来确保它们不会对同一个探针进行多次响应。信息将通过已有的 Akka 传输进行传递。

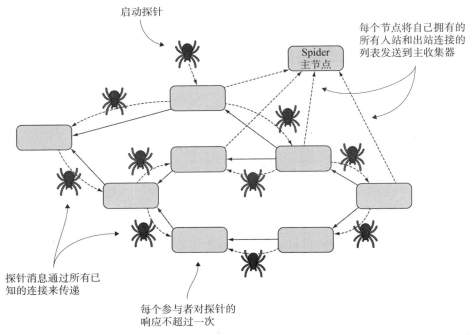

图 10.13　Spider 模式对于找出参与者之间的连接而言是非常有用的

实现 Spider 模式时需要参与通信的参与者记录其他参与者的 ActorRefs。这种方法的缺点在于，Actor 特性没有使用简单的扩展点来拦截消息，所以配置可能会入侵 Actor 代码。

Raymond Roestenburg 更详细地描述了 Spider 模式，详见 http://letitcrash.com/post/30585282971/discovering-message-flows-in-actor-systems-with。这篇内容详尽的文章还描述了扩展 Spider 模式的方法以包括诊断数据、创建监听器以复制所有接收到的消息，以及那些可能需要杀死的运行缓慢的参与者。

为了使用 Spider 模式杀死运行缓慢的参与者，你需要知道参与者正常情况下应有的执行速度，这样就可以识别出不健康的参与者，而让健康的参与者完成它们的任务。要想了解应用的总体健康状况，就需要进行监视，这是 10.5 节将要讨论的主题。

10.5　监控反应式应用

如果向所有参与者添加大量的日志消息，打开所有默认日志记录，并将系统配置为跟踪每条消息，那么你应该能够发现应用速度低于所需运行速度的临界瓶颈。如果启用所有这些配置，那么很可能日志本身就是瓶颈。而另一个极端就是，禁用日志记录和跟踪可能会使故障排除变得困难或无法实现。

虽然没有唯一的正确方法可以获得合适的监控量，但是一些核心指标已经被证明是有用的，比如使用 Lightbend Monitoring 监控的核心指标以及使用 Kamon 自定义的指标。

10.5.1　使用 Lightbend Monitoring 监控核心指标

在传统的系统中，监控重点就是监控系统健康状况的间接度量，例如请求线程、内存使用和 I/O 操作。相比之下，参与者系统的内部则专注于管理参与者要执行的工作队列。结果就是，监控主要关注于计数，比如参与者的数量、邮箱大小、每分钟的消息量等。图 10.14 展示了计数是如何反映在 Lightbend Monitoring 仪表板显示的默认参与者指标中的。

反应式应用，尤其是那些基于强领域驱动设计的反应式应用，可以使用那些能够更为贴近地映射到领域模型的指标。在从仪表板深入到更详细的展示时，Lightbend Monitoring 就会展示愈加专门针对参与者系统的指标，例如某个类型的参与者有多少，以及共享同一路由器的参与者组的邮箱大小，等等。Lightbend Telemetry 组件还具有对 OpenTracing 的支持特性。

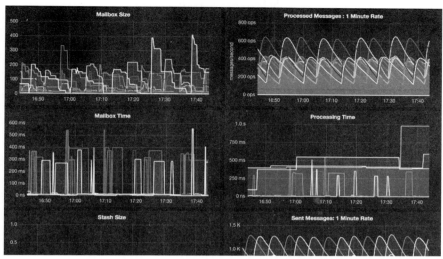

图 10.14　Lightbend Monitoring 仪表板强调计数和比率

由于参与者和消息会被映射到领域模型，因此可以提出与指标有关的一个真实问题："这样做有意义吗？"例如，如果订单参与者比活动订单多 50%，则需要对这种情况进行调查。同样，如果 1%的用户每秒单击 5 次或更多次，那么这个统计数据可能就表明是机器人在操作。重要的是保持对系统运行情况的好奇心。

10.5.2　使用 Kamon 创建自定义指标

Kamon(www.kamon.io)是用于监控 JVM 应用的一款开源工具，它能很好地与用于反应式系统的几个流行工具集集成，这些工具集包括 Akka、Spray 和 Play 框架。Kamon 因丰富的后端集成类目而大放异彩。对于简单的开发工作，可以使用后端将指标直接转储到应用日志中。在更高级的配置中，可以做出各种选择。由于 JMX 得到了商业监控工具的广泛支持，因此也可以使用 JMX 作为连接到企业系统的桥梁。

Kamon 的另一个好处是支持自定义监控指标。其中可以为非常重要的度量创建配置项。缺点在于，Kamon 需要你做一些开发工作，而这部分内容的相关文档很少。此外，你还需要熟悉 AspectJ，以及了解 Kamon 使用的 Akka 和 Spray 配置的内部原理。

10.6　应对故障

分布式系统通常不会一次性完全出故障。通常都是单独的服务出现故障。传统架构中的设计难题之一就是确定哪个组件负责恢复其他哪些组件。有时候，由此带来的结果就是日志中出现无穷无尽的错误消息，但没有自动恢复。在参与者系统中，答案是明确的：每个参与者都是监管层次结构的成员，并对所有子参与者负责。

实际上只有一条恢复策略：重启。一些基础的设计考量是：参与者系统中要重启的部分有多少、如何防止重启期间大量消息的积累，以及如何确保数据不丢失或者至少丢失量最小。

Roland Kuhn 开发了一些更先进的用于处理故障的治理模式，他与 Brian Hanafee 和 Jamie Allen 合作，在《反应式设计模式》(*Reactive Design Patterns*，曼宁出版社，https://livebook.manning.com/#!/book/kuhn/Chapter-1/)一书中对这些治理模式进行了分类。

10.6.1　决定要重启的对象

当单个子参与者失败时，在整个生命周期事件中监管者都会收到通知并且决定要如何处理。最重要的决策就是，失败处理应该只应用于失败的参与者，还是应用于所有其他受监管的子参与者。在这种策略中，配置可以提供特定于监管者接收到的每种类型的可抛出响应。

通常，监管者没有足够的信息来进行最佳决策。例如，如果参与者遇到网络错误，那么这种错误可能会是影响单个请求的暂时问题，也可能是更普遍的问题。如果问题不能立即自行解决，那么不断地重新启动单个参与者或一组参与者反而会让问题恶化。如果多个参与者系统使用相同的策略，那么所有系统都可能同时重启，而当问题被清除时，可能就会立即导致对同一服务的大量请求。解决这个问题的一种方法是使用补偿策略。在补偿策略中，监管者要在重启之前添加延迟。延迟的时间长度随每次重启而随机增加。

10.6.2　路由考量

ActorRef 在重启后仍然存在，因此其他参与者可能会在重启的参与者准备好处理消息之前继续发送消息。如果一个参与者需要很长时间才能重新启动，那么我们可能希望在一段时间内暂停向它发送新的请求，如图 10.15 所示。

要让多个远程路由器知道可能有多个参与者重启，这样的处理过程会变得非常复杂，特别是考虑到网络可能是导致重启问题的原始来源的情况下。最好的做法几乎总是允许消息在重启期间继续排队，或者使用带有考虑工作负载的池策略的本地路由器，比如 SmallestMailboxPool。

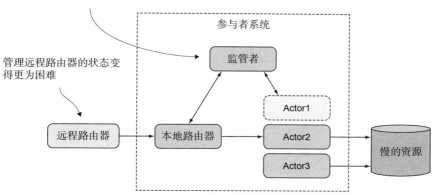

图 10.15　如果恢复需要很长时间，则可能需要暂停向冗余参与者发送消息

10.6.3　某种程度上的恢复

分配给系统再次运行的时间量称为恢复时间目标，它是故障恢复的两个关键度量之一，另一个关键度量是恢复点目标。恢复点度量的是有多少信息(如果有的话)由于故障而永久丢失(见图 10.16)。

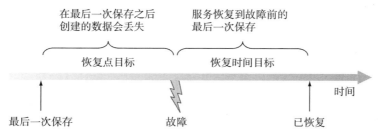

图 10.16　恢复点目标度量的是可能丢失的数据量，而恢复时间目标度量的是
系统预期恢复到该点的速度

在诸如第 8 章介绍的 CQRS 设计中，恢复时间和恢复点的分离是由设计本身明确的。当参与者失败时，命令端很容易丢失来自尚未执行的命令的数据。查询端不能丢失任何数据，但是构建新的缓存会延迟完全恢复的时间。

在传统的事务数据库设计中，恢复点是由最后一次成功提交的数据库来定义的。如果提交边界与一条完整消息的处理完成无法对应起来，那么数据库可能会处于不一致的状态，这就需要手动干预来纠正了。

恢复保存到磁盘的数据不在本书的讨论范围之内。在大多数情况下，这条原则专注于确保写操作是冗余的，这样单个组件的失败就不会丢失数据了。

10.7   部署到云端

几乎可以肯定的是，应用需要打包部署到某种云环境中，比如 Amazon Web Services (AWS)或 Google App Engine。至少，可以方便地生成适合于主机操作系统的包，比如适用于 Debian/Red Hat Linux 系统的 deb 或 rpm 包、适用于 Windows 的 msi 或适用于 Mac OS X 的 dmg。通过使用 sbt 原生包装器，就可以完成所有这些任务，甚至完成更多的任务。

单独打包应用并不能保证应用在所有环境中都能成功运行。在限制了可移植性的运行时环境中，很容易产生隐藏的依赖关系。一种著名的移除依赖关系的方法就是 Twelve-Factor Application(十二要素应用)。

10.7.1   要素隔离

由 Adam Wiggins 在 www.12factor.net 上正式提出的"十二要素应用"这一概念，描述了一种用于构建在平台即服务(PaaS)环境中易于管理的应用的方法。这种方法是基于 Adam 使用 Heroku 的经验而创建的，但是同样适用于其他环境。

在这十二个要素中，其中一个要素就是管理代码库，从而让每一个组件都是独立的可部署应用。这种部署策略在反应式应用中可以被进一步改进。

1. 管理代码依赖关系

随着反应式设计的演进，参与者可能会从一个参与者系统迁移到另一个参与者系统。有时候，同时使用同一个参与者的本地和远程实例的做法是合理的。在设计良好的应用中，参与者如何分布并不重要。部署配置可以根据需要进行演进。

如果每次变更部署决策时都必须重构代码库，这将会非常不方便。至少，每个参与者系统都应该作为单独的代码库进行管理,其中包含编写 main()函数、提取环境变量、创建参与者系统、设置路由器、启动初始参与者，以及执行在变更部署时发生更改的其他任何处理。图 10.17 显示了总体思路。

可以使用对领域模型有意义的任何方式对参与者本身进行打包。在相对较小的应用中，可以方便地在接收消息的参与者的同伴对象中定义这些消息。随着系统的增长，这种方法可能会在接口契约及相应的实现之间产生多余的依赖关系，此时将它们重构为单独特性的做法就是有意义的。

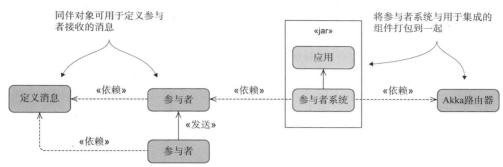

图 10.17　组织应用构建组件，以便可以将协作的参与者组织到
相同或不同的参与者系统中

最终，应用的复杂性可能会增长到必须显式地管理消息的序列化程度。Akka
包含一个扩展点，也就是 akka.serialization.Serializer，这个扩展点可用于配置序列
化器或注入自定义实现，甚至允许通过 akka.actor.serialization-bindings 配置将不同
的序列化器用于不同的类。

2. 配置环境变量

Akka 强大的配置系统允许我们动态配置应用的许多方面，而无须重新编译代
码。但是，在每个部署环境中都需要更改配置的某些方面。例如，开发和生产环
境通常需要不同的数据存储 URL。为每个环境保存单独的 application.conf 文件将
非常笨拙且容易出错。相反，这些值应该由环境变量提供。

application.conf 中引用环境变量的语法非常简单，如代码清单 10.12 所示。

代码清单 10.12：实例化跟踪实现和更新 Props

```
akka {
    enabled-transports = ["akka.remote.netty.tcp"]
    netty.tcp {
        hostname = ${?HOST}        ← $HOST 环境变量的值将
        port = 2552                  被替换
    }                    在像 Docker 这样的容器化环境
}                        中，需要使用默认端口并且让容器
                         处理端口映射
```

在从应用中提取环境依赖项时，就可以对应用进行打包了。

10.7.2　将参与者 Docker 化

sbt native packager 插件使得为应用构建 Docker 镜像的工作变得很容易。这个

插件需要添加到 project/plugins.sbt 文件中才能启用，如代码清单 10.13 所示。

代码清单 10.13：添加 sbt native packager 插件列 project/plugins.sbt 文件中

```
addSbtPlugin("com.typesafe.sbt" % "sbt-native-packager" % "1.3.4")
```

接下来更新 build.sbt 以便启用该插件，如代码清单 10.14 所示。

代码清单 10.14：更新 build.sbt 以便启用 sbt native packager 插件

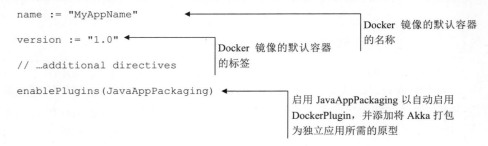

```
name := "MyAppName"                                    Docker 镜像的默认容器
                                                       的名称
version := "1.0"
                        Docker 镜像的默认容器
// …additional directives    的标签

enablePlugins(JavaAppPackaging)
                                   启用 JavaAppPackaging 以自动启用
                                   DockerPlugin，并添加将 Akka 打包
                                   为独立应用所需的原型
```

设置 Docker 标签

　　默认情况下，Docker 标签取自 build.sbt 中的 version 属性。如果愿意，也可以在 build.sbt 中重写这个属性的值。例如，为了将镜像总是标记为 Docker 中最新的版本，可以添加下面这行命令：

```
version in Docker := "latest"
```

此时，如下命令

```
sbt docker:stage
```

会生成 Docker 文件并且在 target/docker/stage 目录中暂存所有的项目依赖。如果 Docker 服务器是在本地运行的，则需要使用如下命令来执行构建镜像的额外步骤。

```
sbt docker:publishLocal
```

可使用 docker 命令来验证以上过程已生效，如下所示：

```
$ docker images
REPOSITORY      TAG      IMAGE ID        CREATED         SIZE
myappname       1.0      fe20268f78d9    6 seconds ago   662.9 MB
java            latest   861e95c114d6    2 weeks ago     643.2 MB
```

许多云提供者都可以使用 Docker 镜像。一种简单的入门方法就是安装 docker-machine 并查看可用驱动程序的最新文档。

10.7.3　其他打包选项

如果应用并不运行在 Docker 容器中，那么可以选择其他的打包选项。

sbt native packager 是围绕格式插件和原型插件来构建的。格式插件描述了应用文件如何被打包以用于不同的目标系统。除了前面描述的 Docker 格式外，sbt native packager 还包含用于 Windows、Linux(Debian 和 RPM)以及 Oracle 的 javapackager 工具的格式。原型插件与应用的结构和脚本化有关。原型涵盖了各种场景并且可以高度自定义以便适用于其他场景。

10.8　本章小结

- Akka TestKit 简化了对参与者行为的测试。可以组合一些常用的模式来创建必要的测试条件。
- 应用安全性首先要处理威胁模型，威胁模型用于分析应用可能受到攻击的不同方式。STRIDE 系统提供了一种系统化的方法来管理威胁模型。
- 加密传输可以限制应用的受攻击面。
- 日志记录有副作用，就像其他任何 I/O 操作一样。日志消息的处理应该像反应式应用中的其他任何消息一样以相同的方式来对待。Akka 内置了对基于消息的日志记录的支持，其中使用了 SLF4J 和 logback。
- 跟踪涉及配置、传输层、收集器和查询引擎。OpenTracing 提供了用于跟踪的 API，以及一些用来与 OpenTracing 集成的其他开源库。
- Kamon 和 Lightbend Monitoring 为基于 Akka 的系统提供了可被定制的监控指标。
- 从故障中恢复的能力是由恢复时间目标和恢复点目标衡量的。恢复时间目标衡量的是恢复稳定所需要的时间。恢复点目标衡量的是数据丢失的程度。
- 对环境的依赖应该从应用中分离出来，并由运行时环境提供。
- sbt native packager 可以将应用组装成 Docker 格式以便部署到云容器服务，它还支持其他几种原生打包格式。